Heft 649

DEUTSCHER AUSSCHUSS FÜR STAHLBETON

Numerische Modellierung des Ermüdungsverhaltens von normal- und hochfestem Beton

von

Dennis Birkner
Steffen Marx
Abedulgader Baktheer
Josef Hegger
Rostislav Chudoba

1. Auflage 2024

Herausgeber:
Deutscher Ausschuss für Stahlbeton e.V. – DAfStb

DIN Media GmbH

Vorwort

Durch den Ausbau der Windenergie in Deutschland wurde in den vergangenen Jahrzehnten der Bau von zyklisch beanspruchten Windkrafttürmen stetig vorangetrieben. Für solche Tragstrukturen ist die zutreffende Bestimmung des Ermüdungswiderstandes entscheidend für die Standsicherheit, aber auch für einen wirtschaftlichen Materialeinsatz. Gleichzeitig unterstreicht der zunehmende Instandsetzungsbedarf von Brückenbauwerken im Bundesfernstraßennetz den Bedarf an aktuellen Erkenntnissen für die Beschreibung des Ermüdungswiderstandes von Stahlbeton- und Spannbetonkonstruktionen. Einige der derzeit in Anwendung befindlichen Bemessungskonzepte stammen aus den 1990er Jahren und bedürfen einer umfassenden Weiterentwicklung. Dies trifft insbesondere für die Verwendung von hochfesten Betonen zu, da deren Ermüdungswiderstand in den derzeitigen Nachweisformaten überproportional abgemindert werden muss. Die für eine Normenfortschreibung notwendigen Ermüdungsuntersuchungen an Beton, Betonstahl und deren Verbund sind allerdings mit einem enormen Zeit- sowie Kostenaufwand verbunden und können in einem überschaubaren Zeitraum nur im Verbund von mehreren Forschungsinstituten erfolgen. Aus diesem Grund wurde das Verbundforschungsvorhaben „WinConFat – Materialermüdung von On- und Offshore Windenergieanlagen aus Stahlbeton und Spannbeton unter hochzyklischer Beanspruchung" initiiert. Durch den Zusammenschluss der folgenden acht Forschungseinrichtungen und drei Industriepartner wurden wichtige Fragestellungen zum grundlegenden Materialverhalten von Beton, Betonstahl und deren Verbund unter Ermüdungsbeanspruchungen koordiniert untersucht.

Forschungseinrichtungen:

- Institut für Massivbau, Leibniz Universität Hannover
- Institut für Baustoffe, Leibniz Universität Hannover
- Lehrstuhl für Baustofftechnik, Ruhr-Universität Bochum
- Institut für Massivbau und Baustofftechnologie / Materialprüfungs- und Forschungsanstalt des Karlsruher Instituts für Technologie
- Lehrstuhl und Institut für Massivbau, RWTH Aachen University
- Institut für Massivbau, Technische Universität Dresden
- Lehrstuhl für Werkstoffe und Werkstoffprüfung im Bauwesen, Technische Universität München
- Bundesanstalt für Materialforschung und -prüfung, Berlin

Partner:

- Deutscher Ausschuss für Stahlbeton e. V. (DAfStb)
- Deutscher Beton- und Bautechnik-Verein E.V. (DBV)
- Max Bögl Bauservice GmbH & Co. KG

Gefördert wurde das Verbundforschungsvorhaben innerhalb des Zeitraums von 2016 bis 2021 überwiegend mit Mitteln des Bundesministeriums für Wirtschaft und Energie (BMWi), des DBV und von Max Bögl. Die wichtigsten Erkenntnisse aus diesem Vorhaben wurden in mehreren Titeln der „Grünen Hefte" des DAfStb veröffentlicht, siehe Tabelle 0. Eine übergreifende Zusammenfassung des Vorhabens wurde als DBV-Heft Nr. 52 veröffentlicht. Insbesondere diese Veröffentlichungen sollen zur praktischen Erkenntnisverwertung beitragen, die beabsichtigten Normenfortschreibungen ermöglichen sowie der weiteren Forschung und Anwendung als detaillierte Informationsgrundlage dienen.

Tabelle 0: Aus WinConFat hervorgegangene „Grüne Hefte“ des DAfStb

DAfStb-Heft	Titel	Autoren
644	Ermüdungsverhalten von Beton für unterschiedliche Probekörpergeometrien	Vivian Frei, Marc Thiele, Stephan Pirskawetz, Andreas Rogge
645	Modellhafte Beschreibung des Ermüdungswiderstands von druckschwellbeanspruchtem Beton unter Berücksichtigung von energetischen und frequenzbedingten Materialeffekten	Sebastian Schneider, Matthias Bode, Steffen Marx
646	Wasserinduzierte Ermüdungsschädigung von Beton	Christoph Tomann, Ludger Lohaus
647	Untersuchungen zum Ermüdungswiderstand von Beton im Bereich sehr hoher Lastwechselzahlen	Kerstin Willers, Lutz Gerlach, Nico Herrmann, Frank Dehn
648	Zum festigkeitsabhängigen Ermüdungswiderstand von Beton	Sebastian Schneider, Boso Schmidt, Steffen Marx, Marco Basaldella, Bianca Kern, Nadja Oneschkow, Ludger Lohaus
649	Numerische Modellierung des Ermüdungsverhaltens von normal- und hochfestem Beton	Dennis Birkner, Steffen Marx, Abedulgader Baktheer, Josef Hegger, Rostislav Chudoba
650	Ermüdung von biegebeanspruchten Betonbauteilen aus normal- und hochfesten Betonen	Dennis Birkner, Steffen Marx, David Ov, Rolf Breitenbücher
651	Ultraschallprüfungen zur Erfassung der Schädigungsentwicklung unter verschiedenen Umweltbedingungen und unter zyklischer Druckschwellbelastung	Raúl Beltrán, Vivian Frei, Steffen Marx
652	Ermüdungsverhalten von Betonstahl im Langzeitfestigkeitsbereich, bei Variation der Prüfmethodik sowie unter kombinierter Einwirkung von Korrosion	Stefan Rappl, Kai Osterminski, Christoph Gehlen
653	Verbundverhalten unter Druck- und Zugschwellbeanspruchung von normal- und hochfesten Betonen	Marc Koschemann, Manfred Curbach, Homam Spartali, Abedulgader Baktheer, Josef Hegger, Rostislav Chudoba

Inhaltsverzeichnis

1 Einführung und Stand der Forschung

1.1 Einführung

Turmkonstruktionen von Windenergieanlagen erfahren eine Biegebeanspruchung infolge der Wind- und Wellenbelastung. Diese führt zu linear veränderlichen Dehnungsgradienten im Turmquerschnitt, wodurch der äußere Turmrand stärker beansprucht wird als der innere. Infolge dieser Ermüdungsbeanspruchung kommt es zu einer Degradation des Betons am äußeren Turmrand und es lagern sich Spannungen nach und nach in den inneren Bauteilquerschnitt um. Diese Spannungsverteilung und die damit verbundene Spannungsumlagerung sind auch für viele weitere ermüdungsbeanspruchte Betonkonstruktionen wie z. B. Brücken charakteristisch. Der Großteil der in der Literatur dokumentierten Versuchsergebnisse wurde in Versuchen an kleinformatigen Betonproben oder kleinmaßstäblichen Bauteilen gewonnen. Eine Ableitung der im realen Bauteil auftretenden Spannungsumlagerungen ist hierbei nur bedingt möglich, da von Maßstabseffekten auszugehen ist, die bisher wenig erforscht sind und deshalb nicht berücksichtigt werden können. Ferner liegen nur für Lastwechselzahlen $\leq 2 \cdot 10^6$ Versuchsergebnisse einzelner Bauteilversuche vor. In Windenergieanlagen treten jedoch höhere Lastwechselzahlen auf, da meist deutlich niedrigere Belastungsniveaus als in üblichen Ermüdungsversuchen vorliegen. Zum Schließen dieser Forschungslücke wurde der Effekt der Spannungsumlagerung in biegebeanspruchten Bauteilen unter Ermüdungsbeanspruchung im Arbeitspaket 1.2 des Verbundvorhabens WinConFat näher untersucht. Für die Ermüdungsversuche wurde der am Institut für Massivbau der Leibniz Universität Hannover entwickelte Resonanzprüfstand verwendet, da mit diesem Versuch an großmaßstäblichen Betonbauteilen im Very-high-Cycle-Fatigue-Bereich möglich sind. Ein weiterer Schwerpunkt dieses Arbeitspakets lag in der numerischen Simulation der Spannungsumlagerungen in ermüdungsbeanspruchten Biegebauteilen. Die Simulationsrechnungen erfolgen mit dem Programm ANSYS Mechanical. Hierzu wurde ein geeignetes Materialmodell entwickelt und anhand der durchgeführten Versuche kalibriert. Mit dem Modell lassen sich auftretende Betondegradationen numerisch simulieren und Aussagen zur Lebensdauer von ermüdungsbeanspruchten Betonbauteilen ableiten. Die Ergebnisse des Arbeitspakets 1.2 werden in Kapitel 3 vorgestellt.

Die aktuellen Bemessungsregeln erfassen den Effekt der Amplitudenwechsel innerhalb der Lastszenarien auf das Ermüdungsverhalten von Beton nur unzureichend und können sowohl zu unsicheren als auch zu unwirtschaftlichen Ergebnissen führen. Eine rein experimentelle Untersuchung der Reihenfolgeeffekte bei zyklischer Beanspruchung von Beton ist aufgrund der Vielzahl möglicher Kombinationen von Versuchsparametern nicht realisierbar. Zur umfassenden Beschreibung des Ermüdungsverhaltens von Beton unter Druckschwellbeanspruchung ist deshalb die Unterstützung durch realitätsnahe Modelle zum Ermüdungsverhalten erforderlich. Die Entwicklung einer kombinierten experimentellen und numerischen Methodik zur Charakterisierung von Reihenfolgeeffekten bei der Druckschwellbelastung von Beton war das Ziel des Arbeitspakets 1.5 des Verbundvorhabens WinConFat. Zur Erläuterung der in der Literatur dokumentierten Ansätze zur Modellierung der Betonermüdung unter Druckbelastung wurde eine vergleichende Studie zur Qualität der Vorhersage ausgewählter repräsentativer Modelle vorgestellt, die verschiedene Kategorien von Schädigungshypothesen für elementare Belastungsszenarien abbilden. Weiterhin wurden am Institut für Massivbau der RWTH Aachen umfangreiche experimentelle Untersuchungen zum Einfluss der Belastungsreihenfolge auf das Ermüdungsverhalten von Zylinderproben durchgeführt. Die durchgeführten Studien haben gezeigt, dass die triaxiale Spannungsumlagerung des Materialvolumens einen grundlegenden Mechanismus der Ermüdungsentwicklung darstellt. Zur Erfassung dieses Mechanismus wurde im Rahmen des Forschungsvorhabens ein neues numerisches Microplane-Modell für Betonermüdung entwickelt. Dieses Modell wurde im thermodynamischen Rahmen formuliert und kann für realistische 3D-Simulationen verwendet werden. Basierend auf den durchgeführten experimentellen und numerischen Untersuchungen wurde eine erweiterte Bemessungsregel vorgeschlagen, die den Einfluss der Belastungsreihenfolge auf die verbleibende Ermüdungslebensdauer berücksichtigt. Diese Regel ist als eine Erweiterung der Palmgren-Miner-Regel (P-M-Regel) konzipiert worden. Eine exemplarische Umsetzung der Regel wurde anhand von numerischen und experimentellen Ergebnissen validiert und mit den vorhandenen Schädigungsakkumulationsregeln aus der Literatur verglichen. Die Ergebnisse des Arbeitspakets 1.5 werden in Kapitel 2 vorgestellt.

1.2 Numerische Modellierung von Beton (Stand der Forschung und Technik)

In den letzten Jahrzehnten wurden zahlreiche numerische Modelle zur Abbildung des Ermüdungsverhaltens von Beton entwickelt. Diese können in zwei Kategorien eingeteilt werden. Die erste Kategorie definiert das Ermüdungsverhalten von Beton als eine Funktion der Lastspielzahl mit einem hohen Anteil an empirisch gestützten Annahmen. Die zweite Kategorie führt Schädigungshypothesen im Rahmen der Kontinuumsmechanik ein. Als treibende Variable der Ermüdungsschädigung wird dabei ein Maß der Dehnung verwendet. Beispiele für Modelle aus beiden Kategorien sind in Tabelle 1-1 zusammengefasst.

Tabelle 1-1: Zusammenfassung repräsentativer Modellierungsansätze

Ansätze basierend auf der Lebensdauer		Ansätze basierend auf einem Maß der Dehnung		
Dehnungsapproximationen	Schädigungsapproximationen	Tensorielle Modelle	Microplane-Modelle	Diskrete Modelle
Liu und Zhou 2016 /1/ Le et al. 2019 /2/	Pfanner 2003 /3/ Pfister 2006 /4/	Alliche 2004 /5/ Desmorat et al. 2007 /6/	Kirane und Bažant 2015 /7/	Ueda und Konishi 2019 /8/

Modelle auf Basis der Lebensdauer

Analytische und empirische Formeln, die versuchen das Ermüdungsverhalten von Beton auf Basis der Ermüdungslebensdauer zu erfassen, wurden z. B. von /1, 2, 9/ vorgeschlagen. Bei diesen Modellen wird die Dehnungsentwicklung während der Ermüdungslebensdauer (auch als Ermüdungskriechkurve bekannt) allein aus experimentellen Daten abgeleitet. Die einfache Betrachtungsweise ohne Bezug zu den zugrunde liegenden Schädigungsmechanismen infolge Ermüdung lässt eine Vorhersage der Betonermüdungslebensdauer für andere Belastungsszenarien oder veränderte geometrische Konfigurationen nicht zu. Ein weiterer phänomenologischer Ansatz, der die Anzahl der Lastzyklen als schädigungstreibende Variable verwendet, wurde z. B. in /4/ innerhalb eines Schädigungs-Plastizitäts-Materialmodells vorgeschlagen. Ein ähnliches Konzept wurde für den Fall eines triaxialen Schädigungsmodells in /10/ verwendet. Es basiert auf der Annahme, dass ein Schädigungszustand eindeutig mit der eingebrachten Energie verbunden ist, unabhängig von der Belastungshistorie /3/. Allerdings widersprechen die experimentellen Beobachtungen den theoretischen Ergebnissen, die auf der Grundlage dieser Annahme ermittelt wurden /11/. Im Rahmen des bearbeiteten Projektes wurde dieser Modellierungsansatz berücksichtigt und evaluiert (siehe Abschnitt 2.1).

Modelle auf Basis des Dehnungsmaßes

Die in Tabelle 1-2 zusammengefassten Modelle, die eine Schädigung bei subkritischen Belastungsniveaus berücksichtigen, werden in tensorielle, Microplane- und diskrete Modelle unterteilt.

Makroskopische tensorielle Modelle

Mit steigender Computerleistung wurde die zyklenweise Simulation des Schädigungsprozesses infolge Ermüdung bei subkritischen Belastungsniveaus unter Verwendung impliziter Time-Stepping-Algorithmen für eine relativ hohe Anzahl von Zyklen möglich. Um konstitutive Beziehungen aufzustellen, die die Ermüdungsschädigungseffekte in einer verschmierten Weise unter Verwendung einer tensoriellen Zustandsrepräsentation abbilden können, wurde auf die bereits etablierte Schädigungsplastizität von Beton zurückgegriffen. Basierend auf der gewählten kinematischen Zustandsvariable, die die Entwicklung der Ermüdungsschädigung steuert, können drei Gruppen von Modellen unterschieden werden:

1. *Ermüdungsschädigung in Bezug auf die Gesamtdehnungsrate:*
   Die Viskoplastizitätsmodellierung wurde in /12/ verwendet, der vorschlug, die traditionelle Elastizitätsgrenze durch eine Irreversibilitätsbedingung zu ersetzen, um das Be-/Entlastungsverhalten zu erfassen. Der Ansatz wurde später von /5/ für die Formulierung eines Ermüdungsschädigungsmodells angepasst, das für eine effiziente Analyse eines einaxialen Ermüdungsversuchs auf Druck geeignet ist. Ein weiteres Modell, das die Gesamtdehnung als treibende Variable für die Ermüdungsschädigung verwendet, wurde zuletzt in /13/ veröffentlicht.
2. *Ermüdungsschädigung in Bezug auf inelastische Dehnung:*
   Motiviert durch die Hypothese, dass Ermüdungsschädigung mit dem mikroskopischen Gleiten (Relativverschiebung von Gesteinskorn und Zementmatrix) innerhalb der heterogenen Materialstruktur zusammenhängt, wurde eine Verbindung zwischen der Schädigungsrate und der inelastischen Dehnungsrate von

/14/ vorgeschlagen. In einem vergleichbaren Ansatz wurde von /15/ eine Formulierung vorgestellt, bei der die Schädigung mit den inelastischen Dehnungen in Form der Energiefreisetzungsrate verknüpft ist. Diese Formulierung wurde später von /16/ erweitert, um auch den Effekt des Kriechens einzubeziehen.

3. *Ermüdungsschädigung in Bezug auf Gleiten:*
   Um das Öffnen und Schließen, die mikroskopische Rissuferverschiebung und das Wachstum von Mikrorissen unter niederzyklischer Ermüdungsbeanspruchung abzubilden, wurde die Formulierung der dissipativen Mechanismen verfeinert, indem das Gleiten als schädigende Variable eingeführt wird. Die transparente, thermodynamisch basierte Formulierung bietet eine allgemeine Grundlage, auf der viele Forscher aufbauen und die Schädigungshypothese weiter verfeinern können. Ein Beispiel für diese Entwicklung ist das Modell für dissipatives Verbundschlupfverhalten innerhalb einer diskontinuierlichen Finite-Elemente-Formulierung /17/. Auf Basis dieser Formulierung wurde ein einheitliches Modell für monotone und niederzyklische Belastungen mit denselben Materialparametern vorgeschlagen /6/.

Tabelle 1-2: Klassifizierung von Modellierungsansätzen für Betonermüdung anhand der durch Ermüdungsschädigung gesteuerten Variablen

Modellierungsansatz	1	2	3	4	5
Ermüdungsschädigung basierend auf	Anzahl der Zyklen $\omega(N)$	positive Rate der totalen Dehnung $\omega(\varepsilon)$	unelastische Dehnung $\omega(\varepsilon^{p}, \varepsilon^{vp})$	Dehnung infolge Gleiten $\omega(\varepsilon^{\pi})$	kumulative Dehnung $\omega(\varepsilon^{\text{cum}})$
Ermüdungsmodelle	Pfanner /3/	Alliche /5/	Kindrachuk /14/	Mazars /18/	Kirane und Bažant /7/
	Pfister /4/	Mai /19/	Wu /15/	Desmorat /6/	
	Grünberg /20/	Liang /21/	Grassl /22/	Dominguez /23/	

Microplane-basierte Modelle

Triaxiale Spannungsumlagerungen aufgrund von Mikrorissentwicklungen im Beton stellen laut /7/ einen wesentlichen Anteil der grundlegenden Effekte bei der Entwicklung von Ermüdungsschädigungen unter subkritischer Belastung dar. Dieses Materialverhalten lässt sich nur mit einer anisotropen Darstellung der inelastischen Effekte in einem Materialmodell erfassen. Microplane-Modelle mit einer implizit anisotropen Repräsentation des Schädigungszustandes stellen einen geeigneten Rahmen dar, um diese Art der lokalen Spannungsumlagerung innerhalb der dargestellten Materialzone zu betrachten. Die Realisierbarkeit des Microplane-Modells für die Ermüdungsmodellierung unter Berücksichtigung der triaxialen Spannungsumverteilung bei subkritischen Belastungsniveaus wurde in /7/ beschrieben. Dieses Modell stellt eine feinere Auflösung der dissipativen Anteile infolge der Ermüdungsschädigung und deren Beziehung zu den zugrundeliegenden Degradationsmechanismen in der Materialstruktur her. Das wichtigste Merkmal dieses Modells ist die eingeführte Verbindung zwischen der Schädigungsentwicklung und der kumulativen volumetrischen Dehnung.

Diskrete Modelle

Eine tiefergehende Darstellung der beschriebenen Mechanismen der Spannungsumlagerung mit direktem Bezug zur Heterogenität des Betons ist mit diskreten Modellen (DM) möglich, in denen jedes Gesteinskorn als einzelner starrer Körper idealisiert wird /24–26/. Die diskrete Darstellung der Materialstruktur führt zu einer transparenten Modellierung von Lokalisierungsprozessen durch lokale dissipative Effekte, z. B. das Entstehen von Verschiebungsdiskontinuitäten (Rissen). Die Anwendung von DM bei der Ermüdung von Beton unter Druck wurde zuletzt in /8/ vorgestellt. Das Modell ist eine Erweiterung des in /27/ vorgeschlagenen Rigid-Body-Spring-Modells (RBSM) zur Simulation des monotonen und niederzyklischen Verhaltens von Stahlbetonwänden. Das erweiterte Modell /8/ verwendet einen empirischen Parameter, der die Schersteifigkeitsreduktion der Federn während der Ermüdungsbelastung steuert. Die so gewonnenen Ergebnisse werden in Form von Wöhler-Kurven dargestellt und liefern für die niederzyklische Ermüdung zutreffende Prognosen. Die hochzyklische Ermüdung wird von dem Modell hingegen noch unterschätzt.

Die genannten Ansätze lassen sich nur für einen sehr schmalen Bereich der Belastungs- und Designparameter validieren. Eine einheitliche Beschreibung, die auf einem robusten physikalischen Fundament steht und die gleichzeitig eine effiziente Simulation von Strukturen mit Bezug auf die Lebensdauer erlaubt, ist noch nicht vorhanden.

2 Modellierungsansätze zur Charakterisierung des Ermüdungsverhaltens von Beton unter Druckbeanspruchung

2.1 Vergleichende Studie zwischen ausgewählten Modellierungsansätzen für Betonermüdung

2.1.1 Allgemeines

Die Charakterisierung des Ermüdungsverhaltens von Beton ist eine herausfordernde Aufgabe, die in den letzten Jahrzehnten die wachsende Aufmerksamkeit der Forschung hervorgerufen hat. Umfangreiche experimentelle Untersuchungen zum Ermüdungsverhalten von normal- und hochfestem Beton wurden z. B. in /28–30/ vorgestellt. Während jedoch bei Metallen die mikrostrukturellen Mechanismen, die das Verhalten bei Ermüdungsschäden steuern, gut beschrieben sind, ist die Phänomenologie der Ermüdung von Beton noch nicht ausreichend dokumentiert. Daher werden fortgeschrittene numerische Modelle für die Ermüdung von Beton benötigt, um die grundlegenden Mechanismen, die die Entwicklung und Ausbreitung von Ermüdungsschädigungen steuern, umfassend zu beschreiben und zu interpretieren. Zur Erläuterung der existierenden Ansätze zur Modellierung der Betonermüdung unter Druckbelastung wird nachfolgend eine vergleichende Studie zum Verhalten ausgewählter Modelle vorgestellt, die verschiedene Kategorien von Schädigungshypothesen für elementare Belastungsszenarien repräsentieren. In die vergleichende Bewertung werden nur Modelle einbezogen, die das Potenzial haben, das hochzyklische Ermüdungsverhalten zu simulieren. Diese Anforderung begrenzt die Auswahl der Modelle auf phänomenologische Ansätze auf der Makroebene.

Die drei ausgewählten Modellierungsansätze, die unterschiedliche Ermüdungsschädigungshypothesen repräsentieren, werden mit dem Zweck untersucht, ihre Fähigkeit zu beurteilen, plausible Ergebnisse für Simulationen des Ermüdungsverhaltens von Beton unter Druckbelastung zu liefern. Die Modellierung von Alliche /5/ basiert auf der Viskoplastizitätstheorie. Zum Zweck der Ermüdungsmodellierung wird allerdings die traditionelle Elastizitätsgrenze durch eine Irreversibilitätsbedingung ersetzt /12/. Der in /6/ beschriebene Ansatz verknüpft die Schädigungsrate mit dem Betrag der inelastischen Dehnungsrate, basierend auf der in /31/ eingeführten Hypothese einer Ermüdungsschädigung durch kumulative Dehnung. Der dritte Ansatz ist ein pragmatisches, von Pfanner vorgeschlagenes Modell /3/, welches die Ermüdungsschädigung direkt mit der Anzahl der Zyklen in Beziehung setzt, basierend auf dem Konzept "gleiche Schädigung bei gleicher Energiedissipation". Die drei Ermüdungsmodellierungshypothesen sind in Tabelle 2-1 zusammengefasst.

Tabelle 2-1: Ermüdungsmodellierungshypothesen der untersuchten numerischen Modelle

Alliche 2004 /5/	Desmorat 2007 /6/	Pfanner 2003 /3/
basierend auf der von Marigo /12/ vorgeschlagenen Hypothese der Ermüdungsschädigung, bei der sich die Schädigung nur während der Belastungsphase entwickelt	basierend auf der von Lemaitre /31/ vorgeschlagenen Ermüdungsschädigungshypothese, in der die Schädigungsrate eine Funktion des Absolutwertes der Gleit-Dehnungsrate ist	basierend auf dem Konzept "gleiche Schädigung bei gleicher Energiedissipation" zwischen monotonem und Ermüdungsverhalten
$\dot{\omega} = \begin{cases} \text{loading stage } (\dot{\omega}) > 0) \\ \text{unloading stage } (\dot{\omega} = 0) \end{cases}$	$\dot{\omega} = f(\lvert\dot{\varepsilon}^{\pi}\rvert)$	$W^{\mathrm{da}}(\omega) = W^{\mathrm{fat}}(\omega, \sigma^{\max}, N)$

Nach einer kurzen Beschreibung jedes numerischen Modells werden elementare Untersuchungen des Modellverhaltens sowie das für jedes Modell erforderliche Kalibrierungsverfahren vorgestellt. Die untersuchten numerischen Modelle für Betonermüdung unter Druck werden kritisch bewertet. Die wichtigsten phänomenologischen Ermüdungsaspekte werden in dieser Evaluierungsstudie gemäß Bild 2-1 berücksichtigt. Die nachfolgend beschriebenen Ermüdungsaspekte bilden eine Grundlage zur Beurteilung und Bewertung der genannten Modellierungsansätze.

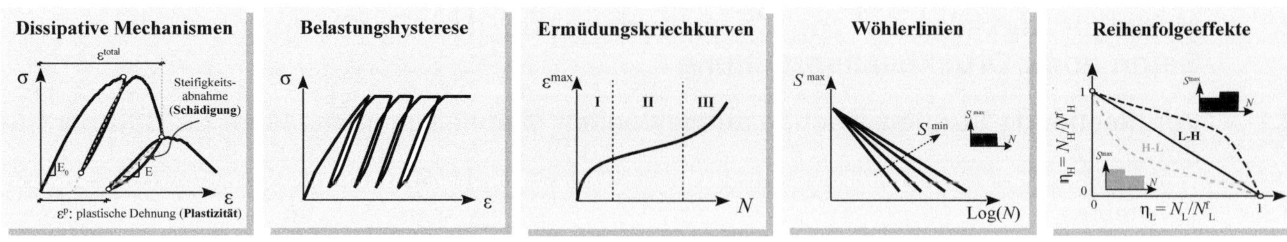

Bild 2-1: Phänomenologische Hauptaspekte des zyklischen und Ermüdungsverhaltens des Betons

1. **Dissipative Mechanismen**: definieren die inelastischen Prozesse, die innerhalb der Materialstrukturen auftreten und für die Energiedissipation während der Belastungshistorie verantwortlich sind, wie z. B. die Degradation der Steifigkeit und die Entwicklung von irreversiblen Dehnungen.
2. **Belastungshysterese**: repräsentiert die Verlaufsabhängigkeit der Spannungs-Dehnungs-Beziehung bei Belastung und Wiederbelastung /32–35/ und die Beziehung zur Energiedissipation aufgrund der inneren Reibung /36, 37/.
3. **Ermüdungskriechkurven**: Darstellung der nichtlinearen Entwicklung des Dehnungsverlaufes während der Ermüdungslebensdauer mit schnellem Dehnungswachstum in der ersten und letzten Phase und einem moderaten, nahezu linearen Dehnungswachstum in der mittleren Phase /38–40/.
4. **Wöhlerlinien**: definieren die Ermüdungslebensdauer unter konstanten Amplituden, d. h. sie beschreiben die Beziehung zwischen Spannungsniveau und der Anzahl der Zyklen bis zum Versagen /41–43/.
5. **Reihenfolgeeffekte**: Darstellung der Abhängigkeit des Betonermüdungsverhaltens von der Belastungsreihenfolge, die von vielen Autoren experimentell beobachtet wurde /44–49/.

2.1.2 Schädigungsmodell [Alliche 2004] /5/

Kurzbeschreibung des Modells:

Das Modell wurde im thermodynamischen Rahmen unter Verwendung des von Halm und Dragon /50, 51/ vorgeschlagenen Potenzials der freien Energie wie folgt formuliert:

$$\phi(\boldsymbol{\varepsilon},\omega) = \frac{1}{2}\lambda[\mathrm{tr}(\boldsymbol{\varepsilon})]^2 + \mu\mathrm{tr}(\boldsymbol{\varepsilon}\cdot\boldsymbol{\varepsilon}) + g\,\mathrm{tr}(\boldsymbol{\varepsilon}\cdot\boldsymbol{\omega})) + \alpha\mathrm{tr}\,(\boldsymbol{\varepsilon})\mathrm{tr}\,(\boldsymbol{\varepsilon}\cdot\boldsymbol{\omega}) + 2\beta\mathrm{tr}\,(\boldsymbol{\varepsilon}\cdot\boldsymbol{\varepsilon}\cdot\boldsymbol{\omega}) \tag{2-1}$$

mit λ, μ Lamé-Konstanten

α, β, g Materialparameter

Die thermodynamischen Kräfte, d. h. der Spannungstensor $\boldsymbol{\sigma}$ und der Energieratentensor $\boldsymbol{Y}$, ergeben sich als Ableitungen des freien Energiepotentials nach den jeweiligen Zustandsvariablen, d. h. dem Dehnungstensor $\boldsymbol{\varepsilon}$ bzw. dem Schädigungstensor $\boldsymbol{\omega}$, zu

$$\boldsymbol{\sigma} = \frac{\partial\phi(\boldsymbol{\varepsilon},\boldsymbol{\omega})}{\partial\boldsymbol{\varepsilon}} = \lambda\mathrm{tr}\,(\boldsymbol{\varepsilon})\boldsymbol{I} + 2\mu\boldsymbol{\varepsilon} + g\omega + \alpha[\mathrm{tr}\,(\boldsymbol{\varepsilon}\cdot\omega)\boldsymbol{I} + \mathrm{tr}\,(\boldsymbol{\varepsilon})\omega] + 2\beta(\boldsymbol{\varepsilon}\cdot\omega + \omega\cdot\boldsymbol{\varepsilon}) \tag{2-2}$$

$$\boldsymbol{Y} = -\frac{\partial\phi(\boldsymbol{\varepsilon},\omega)}{\partial\omega} = -g\boldsymbol{\varepsilon} - \alpha\mathrm{tr}\,(\boldsymbol{\varepsilon})\boldsymbol{\varepsilon} - 2\beta(\boldsymbol{\varepsilon}\cdot\boldsymbol{\varepsilon}) \tag{2-3}$$

Der elastische Bereich wird durch eine Grenzwertfunktion in der Form

$$f(\boldsymbol{\varepsilon},\boldsymbol{\omega}) = \frac{g}{\sqrt{2}}\varepsilon_{\mathrm{eq}} - [C_0 - C_1\mathrm{tr}\,(\boldsymbol{\omega})] \tag{2-4}$$

definiert, wobei C_0, C_1 Materialparameter sind und für $\varepsilon_{\mathrm{eq}}$ die von Mazars /52/ vorgeschlagene äquivalente Dehnung

$$\varepsilon_{\mathrm{eq}} = \sqrt{(\langle\varepsilon_1\rangle^+)^2 + (\langle\varepsilon_2\rangle^+)^2 + (\langle\varepsilon_3\rangle^+)^2} \tag{2-5}$$

anzusetzen ist. Dabei wird der positive Anteil des i-ten Eigenwertes des Dehnungstensors als $\langle\varepsilon_i\rangle^+$ bezeichnet.

Zur Berücksichtigung der Schädigungsentwicklung bei subkritischen Lastniveaus wird von Marigo /12/ vorgeschlagen, das Konzept der Elastizitätsgrenze durch ein irreversibles Be- und Entlastungskriterium in der Form

$$
\begin{cases} \text{if } \dfrac{\partial f(\boldsymbol{\varepsilon},\omega)}{\partial \boldsymbol{Y}^+} \cdot \dot{\boldsymbol{Y}}^+ > 0, \text{ loading stage } (\dot{\boldsymbol{\omega}} > 0) \\ \text{if } \dfrac{\partial f(\boldsymbol{\varepsilon},\omega)}{\partial \boldsymbol{Y}^+} \cdot \dot{\boldsymbol{Y}}^+ \leq 0, \text{ unloading stage } (\dot{\boldsymbol{\omega}} = 0) \end{cases} \tag{2-6}
$$

zu ersetzen. Die Schädigungsentwicklungsgleichung ergibt sich mit Materialparametern K, n dann zu

$$
\dot{\omega} = \left(\frac{f}{K}\right)^n \cdot \frac{[\varepsilon^+ : \dot{\varepsilon}^+]}{C_1 \operatorname{tr}(\boldsymbol{\varepsilon}^+)} \cdot \frac{\varepsilon^+}{\sqrt{2\operatorname{tr}(\boldsymbol{\varepsilon}^+ \cdot \boldsymbol{\varepsilon}^+)}} \tag{2-7}
$$

Nimmt man zur Simulation des Ermüdungsverhaltens von Beton unter Druckbelastung vereinfachend einen gleichmäßigen Spannungs- und Dehnungszustand innerhalb des Probekörpers an (d. h. $(\varepsilon_1 < 0)$ und $(\varepsilon_2 = \varepsilon_3 > 0)$), sind die Spannungs-, Dehnungs- und Schädigungstensoren in folgender Form definiert:

$$
\boldsymbol{\sigma} = \begin{bmatrix} \sigma_1 & 0 & 0 \\ 0 & 0 & 0 \\ 0 & 0 & 0 \end{bmatrix}, \boldsymbol{\varepsilon} = \begin{bmatrix} \varepsilon_1 & 0 & 0 \\ 0 & \varepsilon_2 & 0 \\ 0 & 0 & \varepsilon_3 \end{bmatrix}, \omega = \begin{bmatrix} 0 & 0 & 0 \\ 0 & \omega_2 & 0 \\ 0 & 0 & \omega_2 \end{bmatrix} \tag{2-8}
$$

Die spannungsgesteuerte Formulierung des Modells wird in /5/ beschrieben.

Elementare Verifikationsstudien und Kalibrierungs-/Validierungsverfahren:

Das numerisch simulierte Ermüdungsverhalten von Beton unter Druck mit einer Druckfestigkeit $f_c = 120$ MPa ist in Bild 2-2a), b) und c) dargestellt. Die Spannungs-Dehnungs-Kurve für den gesamten Ermüdungsverlauf im Belastungsbereich mit $S^{\max} = 0{,}90$ und $S^{\min} = 0.20$ zeigt Bild 2-2b). Die entsprechende Schadensentwicklung verdeutlicht Bild 2-2c). Die in Bild 2-2b) dargestellte Spannungs-Dehnungs-Beziehung für die Belastungsgeschichte mit konstantem Belastungsniveau zeigt, dass die Ent- und Wiederbelastung identisch verläuft. Dies ist auf die Annahme zurückzuführen, dass die Ermüdungsschädigung direkt mit der Gesamtdehnung verknüpft ist, ohne dass die Entwicklung der plastischen Dehnung während der Be- und Entlastungsschritte explizit unterschieden wird. Die vergrößerte Ansicht auf die untere Belastungsstufe zeigt die abnehmende Steifigkeit, die den prinzipiellen Aspekt der Ermüdungsschädigungshypothese von Marigo /12/ visualisiert.

Die Modellparameter wurden anhand der experimentellen Ergebnisse von Ermüdungsversuchen mit konstanten Amplituden kalibriert, die vom Projektpartner Institut für Massivbau der Leibniz Universität Hannover (IfMa-Hannover) durchgeführt und in /53/ vorgestellt wurden. In diesem Versuchsprogramm wurde das Ermüdungsverhalten des Betons C120 unter konstanten Amplituden an Zylinderproben mit den Abmessungen von 100/300 mm und einer Belastungsfrequenz von 5 Hz untersucht. Die Lamé-Konstanten λ, μ wurden aus den elastischen Eigenschaften, d. h. dem Elastizitätsmodul $E = 49000$ MPa und der Poissonzahl $\nu = 0{,}2$ ermittelt. Die anderen Parameter wurden durch die Anpassung der berechneten Wöhlerlinien an die experimentell erhaltenen Ergebnisse (siehe Bild 2-2d)) bestimmt. Der Vergleich wurde für zwei verschiedene Unterlaststufen, d. h. $S^{\min} = 0{,}05$ bzw. $S^{\min} = 0{,}20$, durchgeführt. Die ermittelten Materialparameter sind in Tabelle 2-2 zusammengefasst. Der Vergleich zeigt eine leichte Abweichung zwischen Experiment und Simulation für die Werte $S^{\min} = 0{,}20$ und $S^{\max} = 0{,}80$. In Hinblick auf die Streuung der experimentellen Ergebnisse auf der doppelt logarithmischen Skala sind die ermittelten Parameter relevant für weitere numerische Studien. Die numerischen Ergebnisse zeigen, dass das Ermüdungsverhalten unter konstanten Amplituden plausibel durch die Wöhlerlinien reproduziert werden kann.

Die Validierung anhand der experimentellen Daten aus den Versuchen mit schrittweise steigender Maximallast (Bild 2-2) erfolgt mit Bild 2-2e) und f). Dabei sind das prognostizierte Verhalten in rot und die gemessenen Kurven in schwarz dargestellt. Die entsprechenden Ermüdungskriechkurven für die oberen und unteren Belastungsstufen zeigt ebenfalls Bild 2-2f). Die Ergebnisse des numerischen Modells haben eine gute Übereinstimmung mit den Versuchsergebnissen.

Berechnungsaufwand:

Die in Bild 2-2d) dargestellten Wöhlerkurven wurden für bis zu mehreren Millionen Zyklen mit relativ kleinem Rechenaufwand berechnet. Zum Beispiel beträgt die Rechenzeit für die Simulation des Ermüdungsverhaltens eines einzelnen Materialpunktes bei 10^5 Belastungszyklen mit 100 Inkrementen in jedem Zyklus 920 Sekunden auf einem Computer mit 16 GB Speicher.

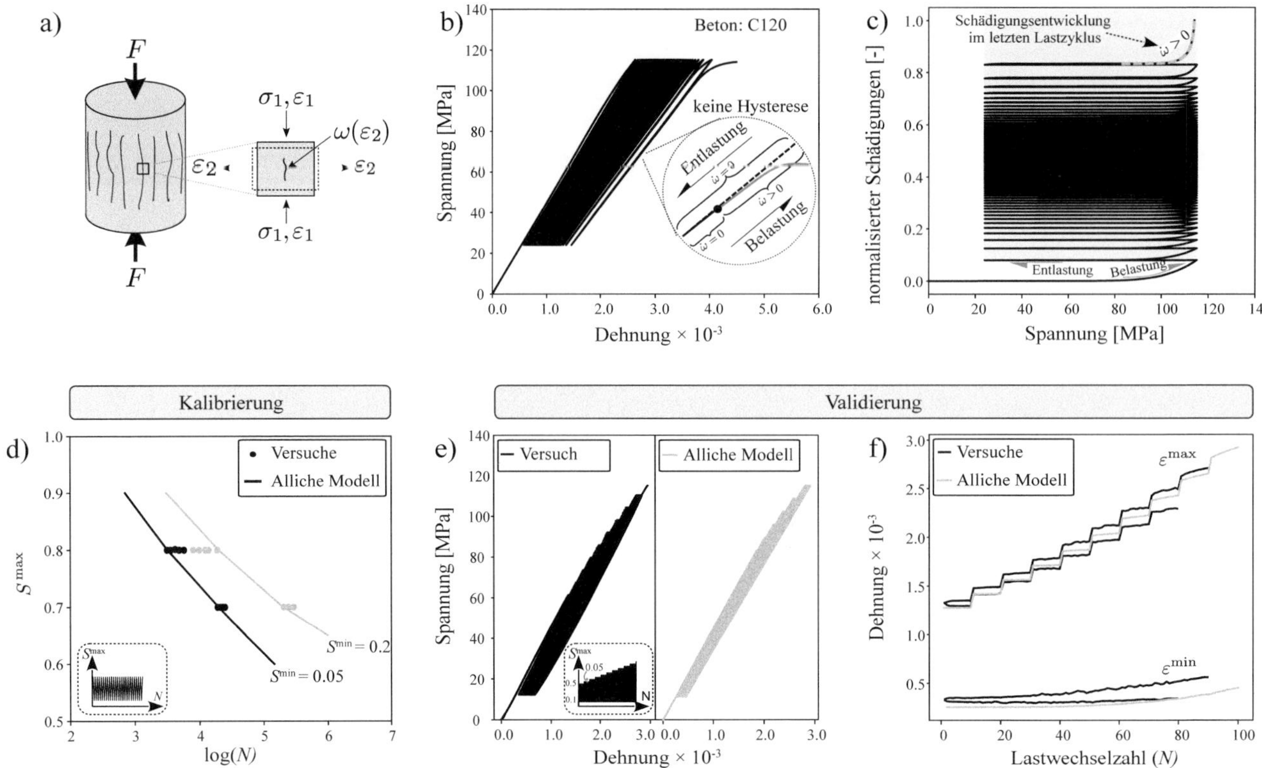

Bild 2-2: Elementare Verifikationsstudien und Kalibrierungs-/Validierungsverfahren des Alliche-Modells – a) Idealisierung der Zylinderprüfung; b) Spannungs-Dehnungs-Kurve unter zyklischer Belastung; c) entsprechende Schädigungsentwicklung; d) Modellkalibrierung; e), f) Modellvalidierung

Tabelle 2-2: Parameter des Alliche-Ermüdungsmodells für die untersuchte Betonklasse C120

Parameter	*k*	*l*	*C₁*	*K*	*n*	*A*	*b*	*g*	*C₀*
Wert	12500	18750	0,0019	0,00485	10	2237,5	-2116,5	-10	0.0
Einheit	[MPa]	[MPa]	[MPa]	[MPa x s^{-1}]	[–]	[MPa]	[MPa]	[MPa]	[MPa]

2.1.3 Schädigungs-Plastizität-Modell [Desmorat 2007] /6/

Kurzbeschreibung des Modells:

Das thermodynamische Potenzial des Desmorat-Modells hat die folgende Form

$$\rho\psi = \frac{1}{2}(1-\omega)\varepsilon{:}\,\boldsymbol{E}_1{:}\,\boldsymbol{\varepsilon} + (1-\omega)(\boldsymbol{\varepsilon}-\boldsymbol{\varepsilon}^{\pi}){:}\,\boldsymbol{E}_2{:}\,(\boldsymbol{\varepsilon}-\boldsymbol{\varepsilon}^{\pi}) + \frac{1}{2}Kz^2 + \frac{1}{2}\gamma\boldsymbol{\alpha}{:}\,\boldsymbol{\alpha} \tag{2-9}$$

wobei ω die freie Helmholtz-Energie, ρ die Dichte, $\boldsymbol{E}_1$ und $\boldsymbol{E}_2$ die Elastizitätstensoren sind, die den zerlegten elastischen Hooke-Tensor $\boldsymbol{E}_1 + \boldsymbol{E}_2 = \boldsymbol{E}$ darstellen, und $\boldsymbol{\varepsilon}$ der Dehnungstensor ist. Die Symbole K und γ bezeichnen den isotropen bzw. den kinematischen Verfestigungsmodul. Der Materialzustand wird durch vier interne Variablen dargestellt:

1. den Gleitdehnungstensor $\boldsymbol{\varepsilon}^{\pi}$,
2. die skalare Schädigungsvariable ω,
3. die skalare isotrope Verfestigungsvariable z und
4. den kinematischen Verfestigungstensor $\boldsymbol{\alpha}$.

Die Zustandsgleichungen zur Verknüpfung der thermodynamischen Kräfte ($\boldsymbol{\sigma}, \boldsymbol{\sigma}^{\pi}, Z, \boldsymbol{X}, Y$) mit den inneren Variablen erhält man durch Differenzierung des thermodynamischen Potenzials in Bezug auf jede interne Variable wie folgt:

$$\boldsymbol{\sigma} = \rho \frac{\partial \psi}{\partial \boldsymbol{\varepsilon}} = (1-\omega)\boldsymbol{E}_1 : \boldsymbol{\varepsilon} + (1-\omega)\boldsymbol{E}_2 : (\boldsymbol{\varepsilon} - \boldsymbol{\varepsilon}^\pi) \tag{2-10}$$

$$\boldsymbol{\sigma}^\pi = -\rho \frac{\partial \psi}{\partial \boldsymbol{\varepsilon}^\pi} = (1-\omega)\boldsymbol{E}_2 : (\boldsymbol{\varepsilon} - \boldsymbol{\varepsilon}^\pi) \tag{2-11}$$

$$Z = \rho \frac{\partial \psi}{\partial z} = Kz, \qquad \boldsymbol{X} = \rho \frac{\partial \psi}{\partial \boldsymbol{\alpha}} = \gamma \boldsymbol{\alpha} \tag{2-12}$$

$$Y = -\rho \frac{\partial \psi}{\partial \omega} = \frac{1}{2} \boldsymbol{\varepsilon} : \boldsymbol{E}_1 : \boldsymbol{\varepsilon} + (\boldsymbol{\varepsilon} - \boldsymbol{\varepsilon}^\pi) : \boldsymbol{E}_2 : (\boldsymbol{\varepsilon} - \boldsymbol{\varepsilon}^\pi) \tag{2-13}$$

Die Grenzwertfunktion ist festgelegt als

$$f(\tilde{\boldsymbol{\sigma}}^\pi, \boldsymbol{X}, R) = \| \tilde{\boldsymbol{\sigma}} - \boldsymbol{X} \| - Z - \sigma_0 \tag{2-14}$$

wobei $\tilde{\boldsymbol{\sigma}}$ den effektiven Spannungstensor definiert und σ_0 die Reversibilitätsgrenze darstellt. Das Potenzial, das die Schadensentwicklung steuert, erweitert die Grenzwertfunktion um einen nicht-assoziativen Term

$$\phi = f(\tilde{\boldsymbol{\sigma}}^\pi, \boldsymbol{X}, Z) + \frac{Y^2}{2S(1-\omega)} \tag{2-15}$$

Die Evolutionsgesetze erhält man durch die Differenzierung des Potenzials in Gl. (2-15) in Bezug auf die thermodynamischen Kräfte:

$$\dot{\varepsilon}^\pi = \dot{\lambda} \frac{\partial \phi}{\partial \sigma^\pi} = \frac{\lambda}{1-\omega} \frac{\tilde{\sigma}^\pi - \boldsymbol{X}}{\|\tilde{\sigma}^\pi - \boldsymbol{X}\|} \tag{2-16}$$

$$\dot{z} = -\dot{\lambda} \frac{\partial \phi}{\partial Z} = \dot{\lambda}, \qquad \dot{\boldsymbol{\alpha}} = -\dot{\lambda} \frac{\partial \phi}{\partial \boldsymbol{X}} = \dot{\lambda} \frac{\tilde{\sigma}^\pi - \boldsymbol{X}}{\|\tilde{\sigma}^\pi - \boldsymbol{X}\|} \tag{2-17}$$

$$\dot{\omega} = \dot{\lambda} \frac{\partial \phi}{\partial Y} = \frac{\dot{\lambda}}{(1-\omega)} \left(\frac{Y}{S}\right) = \left(\frac{Y}{S}\right) \dot{\pi} \tag{2-18}$$

Eine detaillierte Beschreibung einer spannungsgesteuerten Formulierung des Modells ist in (54) dokumentiert.

Elementare Verifikationsstudien und Kalibrierungs-/Validierungsverfahren:

Aufgrund der elastisch-plastischen Trennung der totalen Dehnung im Desmorat-Modell lässt sich die von Lemaitre /31/ vorgeschlagene Hypothese der Ermüdungsschädigung mit der Gleiten-Dehnung verknüpfen. Infolgedessen kann die typische Öffnung der Belastungshysteresen gemäß Bild 2-3b) reproduziert werden. Interessanterweise dokumentiert die im Rahmen des Teilvorhabens durchgeführte Studie, dass die Ermüdungsschädigung nicht nur in der oberen Belastungsebene wächst, sondern auch in der unteren Belastungsebene zunehmen kann. Auch hier tritt die Gleiten-Schädigung aufgrund der im Modell enthaltenen kinematischen Verfestigung auf. Diese Eigenschaft des Modells ist in Bild 2-3c) visualisiert. Das dargestellte Beispiel verdeutlicht auch, dass das Desmorat-Modell auch die Auswirkung des veränderten unteren Lastniveaus S^{min} der Ermüdungsbelastung wiedergeben kann. Es ist anzumerken, dass dieser Mechanismus nicht in der Schadenshypothese enthalten ist, die dem Alliche-Modell unterliegt.

Das Modell wurde ursprünglich für die Simulation des Low-Cycle Ermüdungsverhaltens von Beton bis zu mehreren hundert Zyklen entwickelt. Die Modellparameter können so kalibriert werden, dass das experimentell ermittelte zyklische Verhalten von Beton reproduziert werden kann. Die experimentellen Ergebnisse, die in /55, 56/ für Beton C40/50 veröffentlicht und in Bild 2-3d) dargestellt sind, wurden in /6/ verwendet, um die in Tabelle 2-3 zusammengefassten Modellparameter zu bestimmen.

Die Nachrechnung der Versuchsergebnisse unter Verwendung der Implementierung des Desmorat-Modells mit den angegebenen Parametern zeigt Bild 2-3e). Die Simulation, die durch den im Versuch gemessenen Dehnungsverlauf gesteuert wurde, bestätigt die von /6/ berichtete gute Abstimmung. Das kalibrierte Materialmodell wurde zur Prognose des Ermüdungsverhaltens mit Spannungssteuerung für konstante Amplituden verwendet (vgl. Bild 2-3f)). Offensichtlich konnte ein der Wöhlerkurve entsprechender Trend für hohe S^{max}-Werte gut reproduziert werden, allerdings nur im Bereich von N < 300 Zyklen. Bei größeren Zyklenzahlen trat kein Versagen auf. Dies ist damit zu erklären, dass die zugrundeliegende Schädigungshypothese in erster Linie für das Verhalten von Beton bei niedrigen Zyklenzahlen eingeführt wurde, der kritischen und superkritischen Belastungsniveaus ausgesetzt ist. Das Modell ist jedoch nicht in der Lage, bei subkritischen Belastungsniveaus ein ausreichendes Schadensausmaß zu induzieren und kann kein Versagen für kleinere Werte von S^{max} abbilden. Es prognostiziert ein unrealistisch hohes Niveau der Lebensdauergrenze. Eine Erweiterung des Modells zur Anwendbarkeit auf den Bereich der hochzyklischen Ermüdung wurde in /54/ vorgestellt.

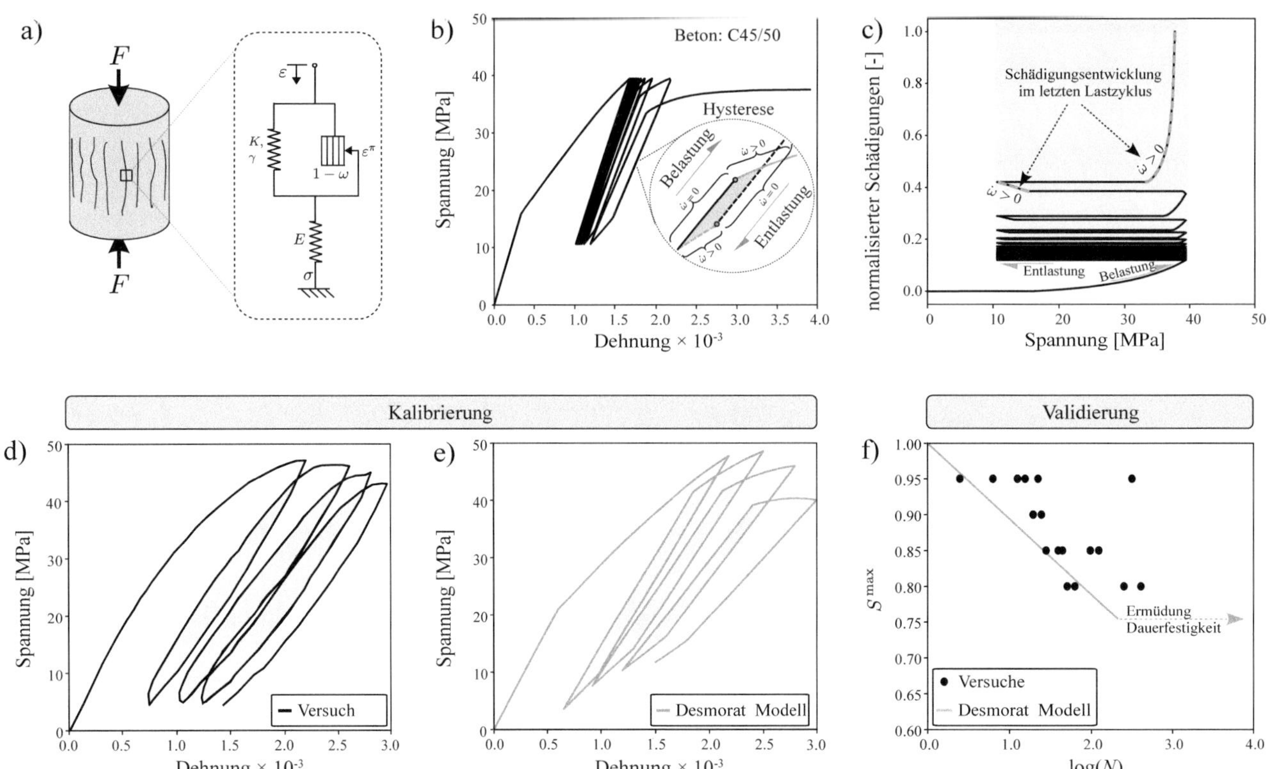

Bild 2-3: Elementare Verifikationsstudien und Kalibrierungs-/Validierungsverfahren des Desmorat-Modells: a) Idealisierung der Zylinderprüfung; b) Spannungs-Dehnungs-Kurve unter zyklischer Belastung; c) entsprechende Schädigungsentwicklung; d), e) Modellkalibrierung; f) Modellvalidierung

Berechnungsaufwand:

Der Rechenaufwand bei der spannungsgesteuerten Implementierung des Desmorat-Modells entspricht dem des Alliche-Modells.

Tabelle 2-3: Parameter des Desmorat-Ermüdungsmodells für die untersuchte Betonklasse C40/50

Parameter	E_1	E_2	σ_0	S	K	γ
Wert	20000	15000	9	0,000324	0	0
Einheit	[MPa]	[MPa]	[MPa]	[MPa]	[MPa]	[MPa]

2.1.4 Lebensdauer-basiertes-Modell [Pfanner 2003] /3/

Kurzbeschreibung des Modells:

Im Gegensatz zu den beiden zuvor beschriebenen Modellen, die die Schädigung mit den Dehnungen verknüpfen, wird in diesem Modell das Schädigungsentwicklungsgesetz auf der Lebensdauerskala eingeführt. Die Anzahl der Lastzyklen wird direkt als Zustandsvariable innerhalb des Schädigungsentwicklungsgesetzes verwendet. Das Schädigungsniveau, das mit einem einzelnen Zyklus verbunden ist, wird anhand des Konzepts der "gleichen Schädigung bei gleicher Energiedissipation" ermittelt, das wie folgt ausgedrückt werden kann:

$$W^{\mathrm{da}}(\omega) = W^{\mathrm{fat}}(\omega, \sigma^{\max}, N) \tag{2-19}$$

Diese Gleichung impliziert, dass die Energiedissipation $W^{\mathrm{fat}}(\omega, \sigma^{\max}, N)$ im Schädigungszustand ω infolge einer Ermüdungsbelastung von N angewandten Lastzyklen mit dem maximalen Belastungsniveau $\sigma^{\max}$ gleich der Energiedissipation im gleichen Schädigungszustand ω bei monotoner Belastung ist, siehe Bild 2-4a).

Die einachsige Spannungs-Dehnungs-Beziehung, die in diesem Modell verwendet wird, basiert auf dem CEB-FIP Model Code 90 /57/ und wurde um einen regularisierten Post-Peak-Bereich ($\varepsilon \geq \varepsilon_c$) erweitert, der von Bazant und Oh /58/ vorgeschlagen wurde. Das resultierende Spannungs-Dehnungs-Gesetz wird in drei Bereiche zerlegt, die wie folgt angegeben werden:

$$\sigma(\varepsilon) = \begin{cases} E_c\varepsilon, & \text{für } \varepsilon \leq \varepsilon_{cy} \\ \dfrac{E_{ci}\dfrac{\varepsilon}{f_c} - \left(\dfrac{\varepsilon}{\varepsilon_c}\right)^2}{1 + \left(E_{ci}\dfrac{\varepsilon}{f_c} - 2\right)\dfrac{\varepsilon}{\varepsilon_c}} f_c, & \text{für } \varepsilon_{cy} \leq \varepsilon \leq \varepsilon_c \\ \left[\dfrac{2 + \gamma_c f_c \varepsilon_c}{2 f_c} - \gamma_c \varepsilon + \dfrac{\gamma_c}{2\varepsilon_c \varepsilon^2}\right]^{-1}, & \text{für } \varepsilon \geq \varepsilon_c \end{cases} \tag{2-20}$$

Dabei ist E_c der Elastizitätsmodul und ε_c die Dehnung bei der maximalen Druckspannung. Die elastische Dehnungsgrenze ε_{cy} wird wie folgt angegeben:

$$\varepsilon_{cy} = \frac{f_c}{3E_c} \tag{2-21}$$

Die Tangentensteifigkeit im Bereich zwischen der Elastizitätsgrenze und der maximalen Druckspannung wurde empirisch als

$$E_{ci} = \frac{1}{2E_c}\left(\frac{f_c}{\varepsilon_c}\right)^2 - \frac{f_c}{\varepsilon_c} + \frac{3}{2}E_c \tag{2-22}$$

definiert: Der Parameter γ_c wird zu

$$\gamma_c = \frac{\pi^2 f_c \varepsilon_c}{2\left[\dfrac{G_{cl}}{l_{eq}} - \dfrac{1}{2} f_c \left(\varepsilon_c(b-1) + b\dfrac{f_c}{E_c}\right)\right]^2} \tag{2-23}$$

angegeben, wobei G_{cl}, l_{eq} und b Materialparameter sind, die das Nachgiebigkeitsverhältnis unter Druck kontrollieren.

Der Schädigungsparameter basiert auf der experimentell beobachteten Degradation der elastischen Steifigkeit unter Ermüdungsbelastung und wird wie folgt festgelegt:

$$\omega = 1 - E_c^{da}(N)/E_c \tag{2-24}$$

Unter Berücksichtigung der kombinierten Schädigungs- und Plastizitätstheorie kann die Spannungs-Dehnungs-Beziehung in der Form

$$\sigma(\varepsilon) = (1 - \omega(N))E_c(\varepsilon - \varepsilon^p) \tag{2-25}$$

beschrieben werden, wobei ε^p die plastische Dehnung ist.

Die Ermüdungsschädigung wird implizit anhand der Gl. (2-19) berechnet (siehe Bild 2-4a)). Weitere Erläuterungen zum impliziten Berechnungsverfahren sind in /3/ beschrieben.

Das Anwachsen der Dehnung während der Ermüdungslebensdauer, d. h. die Ermüdungskriechkurve, wird zu

$$\varepsilon^{max}(N) = J(N, \Delta N)\varepsilon_{c0}(\sigma^{max}) \tag{2-26}$$

bestimmt, wobei $J(N, \Delta N)$ eine empirisch definierte kontinuierliche Funktion, die die charakteristische Form der Ermüdungskriechkurve abbildet, und ΔN ein Materialparameter ist. Diese Kurve besteht aus drei Phasen mit einem schnellen Dehnungsanstieg in der ersten und in der letzten Phase und einem linearen Dehnungsanstieg in der mittleren Phase der Ermüdungslebensdauer. Die maximale Dehnung ε_{c0} beim ersten Belastungszyklus wird durch Auswertung des monotonen Verhaltens bis zum maximalen Belastungsniveau σ^{max} ermittelt.

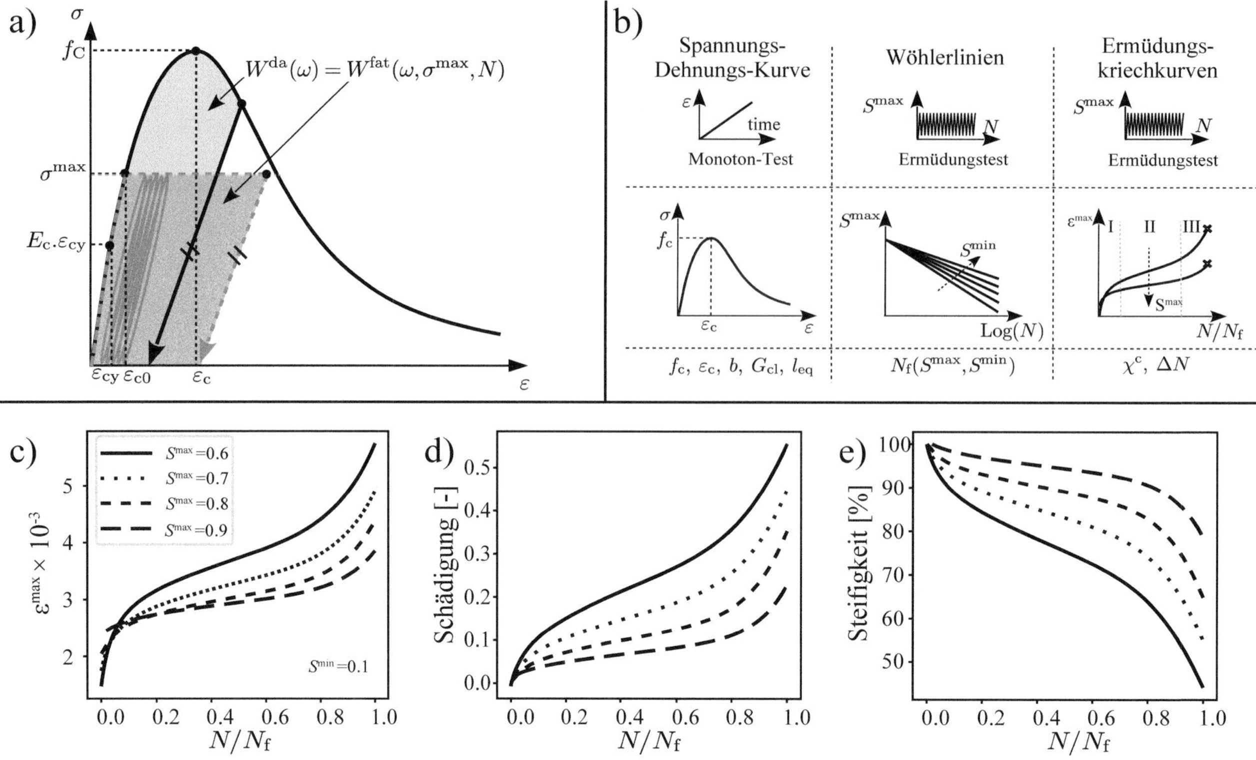

Bild 2-4: Elementare Studien und Kalibrierungs-/Validierungsverfahren des Pfanner-Modells: a) Konzept des Pfanner-Modells: "gleiche Schädigung bei gleicher Energiedissipation"; b) Kalibrierungsverfahren für das Pfanner-Modell; c)–e) Verhalten des Modells bei konstanten Amplituden

Kalibrierungs-/Validierungsverfahren:

Das Kalibrierungsverfahren dieses Modellierungsansatzes ist in Bild 2-4b) zusammengefasst. Die Parameter $(E_c, f_c, \varepsilon_c, b, G_{cl}, l_{eq})$ werden aus dem monotonen Verhalten ermittelt. Ein Parameter, der das Ermüdungsverhalten bestimmt, wird in Form der Anzahl der Belastungszyklen bis zum Versagen $N_f\ (S^{max}, S^{min})$ als Funktion der angewendeten Lastniveaus

$$\log N_f = \frac{8}{Y-1}(S^{max} - 1) \tag{2-27}$$

mit

$$Y = \frac{0{,}45 + 1{,}8\,S^{min}}{1 + 1{,}8\,S^{min} - 0{,}3(S^{min})^2} \tag{2-28}$$

eingeführt. Der Parameter, der die Schädigung beim Versagen χ^c beschreibt, wird mit der aus der Ermüdungskriechkurve abgeleiteten Endsteifigkeit ermittelt. Der Parameter ΔN, der den Verlauf der Ermüdungskriechkurve steuert, wird ebenfalls aus der experimentell ermittelten Ermüdungskriechkurve bestimmt.

Die anhand des monotonen und des Ermüdungsverhaltens der Betonklasse C120 ermittelten Modellparameter sind in Tabelle 2-4 zusammengefasst.

Tabelle 2-4: Parameter des Pfanner-Ermüdungsmodells für die untersuchte Betonklasse C120

Parameter	E_c	f_c	ε_c	b	G_{cl}	l_{eq}	N_f	χ^c	ΔN
Wert	49000	120	0,003	0,2	0,25	0,03	Gl. (2-27)	0,2	0,2
Einheit	[MPa]	[MPa]	[–]	[–]	[N/m]	[m]	[–]	[–]	[–]

Ein Beispiel für das Modellverhalten für Beton C120 bei konstanten Amplituden zeigen Bild 2-4c) bis e). Die Ermüdungskriechkurven für verschiedene S^{max}-Werte sind in Bild 2-4c) dargestellt.

Die entsprechende Schädigungsentwicklung sowie der Steifigkeitsabbau mit der charakteristischen Form eines Ermüdungsverhaltens sind in Bild 2-4d) und e) dargestellt. Überraschenderweise deutet das Modell an, dass höhere S^{max}-Werte zu einem geringeren Schadensausmaß führen würden. Da das Modell die Schädigung als Funktion der Anzahl der Belastungszyklen einführt, kann es keine Energiedissipation während der einzelnen Zyklen berücksichtigen und somit auch keine Belastungshysterese und die entsprechende Energiedissipation abbilden.

Diese Erkenntnis lässt das Grundkonzept der Formulierung des Pfanner-Modells in Frage stellen: Obwohl es einen direkten Zusammenhang zwischen der dissipierten Energie und der Ermüdungsschädigung postuliert, berücksichtigt es nicht die Energiedissipation, die während des Belastungszyklus stattfindet. Wie aus Bild 2-4a) ersichtlich, wird nur der durch das obere Lastniveau der zyklischen Belastung begrenzte Bereich berücksichtigt, während der Bereich innerhalb des Spannungs-Dehnungs-Diagramms, der durch die Belastungshysterese bestimmt wird, ignoriert wird.

Bemerkenswert ist die Erkenntnis, dass die Ermüdungskriechkurven, die das in Bild 2-4c) dargestellte Pfanner-Modell prognostizieren, bei steigendem S^{max} in einer anderen Reihenfolge angeordnet sind als bei den beiden anderen untersuchten Modellen. Die experimentelle Beobachtung in /38/ stimmt mit den phänomenologisch basierten Modellen von Alliche und Desmorat überein. Die Vorhersage des Reihenfolgeeffektes durch das Pfanner-Modell ist somit nicht korrekt. Die dem Modell zugrundeliegende Hypothese ist deshalb nicht ausreichend, um die gesamte Ermüdungsphänomenologie realistisch zu erfassen.

Berechnungsaufwand:

Da das Modell auf der Lebensdauerskala definiert ist, erfordert es keine explizite Simulation von Belastungszyklen und ist daher wesentlich effizienter als die dehnungsbasierten Modelle. Die Berechnungszeit für die Simulation des Ermüdungsverhaltens eines einzelnen Materialpunkts mit 10^5 Belastungszyklen mit einer Zeit, die 10 Belastungszyklen abdeckt, betrug 113 Sekunden auf einem Computer mit 16,0 GB Speicher.

2.1.5 Bewertung der Modelle in Bezug auf den Reihenfolgeeffekt

Die Fähigkeit der vorgestellten Modellierungsansätze, den Reihenfolgeeffekt korrekt abzubilden, wurde mit systematisch konzipierten numerischen Studien unter Verwendung des zweistufigen Belastungsszenarios mit den Oberlasten (H) und (L) untersucht. Die Ergebnisse sind Bild 2-5 für alle Modellierungsansätze dargestellt.

Alliche-Modell:

Die numerische Untersuchung des Szenarios mit dem Alliche-Modell (Bild 2-5a)) zeigt, dass es einen signifikanten Unterschied in der prognostizierten Lebensdauer im untersuchten Fall der beiden Lastszenarien H-L und L-H gibt, wobei 50 % der Lebensdauer im ersten Lastbereich verbraucht werden. Dieses Ergebnis steht im Widerspruch zur Palmgren-Miner-Regel (P-M-Regel).

Der Vergleich der Modellvorhersage mit der P-M-Regel ist in Bild 2-5b) für den gesamten Bereich der möglichen zweistufigen Belastungsszenarien mit unterschiedlichen Sprüngen zwischen den oberen Belastungsstufen dargestellt. Die Achsen dieses Diagramms stellen die relative Ermüdungslebensdauer dar, die für zwei zyklische Belastungsbereiche beobachtet wurde: η_{H} mit einer höheren (H) und η_{L} mit einer niedrigeren (L) Oberlast.

Die Unterlast ist für beide Bereiche gleich. Zwei miteinander verbundene Pfeile – einer in vertikaler Richtung und einer in horizontaler Richtung – repräsentieren ein kombiniertes Belastungsszenario. Ein vertikaler Pfeil entspricht einem Zyklus mit der höheren Oberlast (H) und ein horizontaler Pfeil einem mit der niedrigeren Oberlast (L). Das in Bild 2-5b) mit den blauen Pfeilen dargestellte Szenario (L-H) begann mit dem Lastbereich (L) und wurde für eine Anzahl von Zyklen angewandt, die 50 % der Lebensdauer verbrauchten (blauer horizontaler Pfeil, der im Koordinatenursprung beginnt). In der zweiten Phase wurden dann Zyklen mit dem höheren Lastbereich (H) bis zum Versagen durchgeführt (blauer vertikaler Pfeil). Offensichtlich liefert die P-M-Regel im Hinblick auf das untersuchte Modell unsichere Ergebnisse für (H-L)-Szenarien und konservative Ergebnisse für (L-H)-Szenarien. Dieser Trend ist in Übereinstimmung mit den experimentellen Beobachtungen, die in /44, 59/ vorgestellt wurden.

Desmorat-Modell:

Die mit dem Desmorat-Modell durchgeführte Studie liefert qualitativ ähnliche Ergebnisse wie das Alliche-Modell, was in Bild 2-5c) und d) dokumentiert ist. Die Untersuchung wurde für einen Beton C50 in einem niedrigen

Ermüdungszyklusbereich durchgeführt. Offensichtlich wird die Abweichung von der P-M-Regel für diesen Beton im Bereich niedriger Ermüdungszyklen noch größer.

Pfanner-Modell:

In der ursprünglichen Form berücksichtigt das Pfanner-Modell nur Belastungsszenarien mit konstanten Amplituden. Um den Einfluss der Belastungsreihenfolge zu berücksichtigen, haben Grünberg und Göhlmann /10/ das Modell mit der Annahme erweitert, dass das am Ende des ersten Belastungsbereichs erreichte Schädigungsniveau in ein äquivalentes Schädigungsniveau transformiert werden kann, das dem zweiten Belastungsbereich entspricht. Das Simulationsergebnis mit den Materialparametern für Beton C120 zeigt Bild 2-5e).

Betrachtet wird wieder das (L-H)-Belastungsszenario. Nachdem der erste Belastungsbereich (L) bis zur verbrauchten Ermüdungslebensdauer von 50 % aufgebracht wurde, wird der Schädigungszustand in diesem Schritt als $\omega\ (\sigma_{\mathrm{L}}, 0{,}5\ N_{\mathrm{L}})$ bezeichnet, wobei N_{L} die Anzahl der Lastspiele bis zum Versagen für den Lastbereich (L) ist. Dann wird die Anzahl der Belastungszyklen mit dem Belastungsbereich (H), die ein gleichwertiges Schädigungsniveau erzeugen würde, mit der Bedingung

$$N_{\mathrm{H,eq}} = N[\sigma_{\mathrm{H}}, \omega(\sigma_{\mathrm{L}}, 0{,}5N_{\mathrm{L}})] \qquad (2\text{-}29)$$

ermittelt. Die verbleibende Lebensdauer für den zweiten Belastungsbereich (H) wird ausgehend vom Belastungszyklus $N_{\mathrm{H.eq}}$ berechnet, was der horizontale Pfeil in Bild 2-5e) anzeigt. Den zugehörigen Verlauf verdeutlicht die blaue Kurve im Diagramm. Das gleiche Verfahren wurde auch für das (H-L)-Beladungsszenario angewandt, wobei das Ergebnis als rote Kurve dargestellt ist. Das mit dem Pfanner-Modell berechnete Ermüdungsverhalten des Betons, der unterschiedlichen Lastbereichen in verschiedenen Reihenfolgen ausgesetzt ist, wird in Bild 2-5f) zusammengefasst. Im Vergleich zu Bild 2-5b) und d) ist zu erkennen, dass das Pfanner-Modell im Gegensatz zu den Modellen von Alliche und Desmorat eine umgekehrte Auswirkung der Reihenfolge der Belastung vorhersagt.

Das energetische Kriterium, das dem Pfanner-Grünberg-Göhlmann-Ansatz zugrunde liegt, verbindet die Energiedissipation nur mit einer Schädigungsvariable, ohne dabei die Dissipationsanteile durch plastische Verformungen mit einzubeziehen. Allerdings zeigen die Ergebnisse der durchgeführten Versuche, dass die plastischen Verformungen der dominierende Dissipationsmechanismus sind (siehe Abschnitt 2.2.2). Eine Vorhersage des Reihenfolgeeffektes durch Superposition der Schädigungsprofile, wie in Bild 2-5e) dargestellt, entspricht nicht dem experimentell beobachteten Verhalten, das im Abschnitt 2.2.2 und, sowie in der Literatur durch Holmen /44/ und Petkovic /45/ vorgestellt wurde. Auf der anderen Seite zeigen die durchgeführten Studien, dass der experimentell beobachtete Reihenfolgeeffekt durch die Modellierungsansätze nach Alliche und Desmorat qualitativ richtig reproduziert wird.

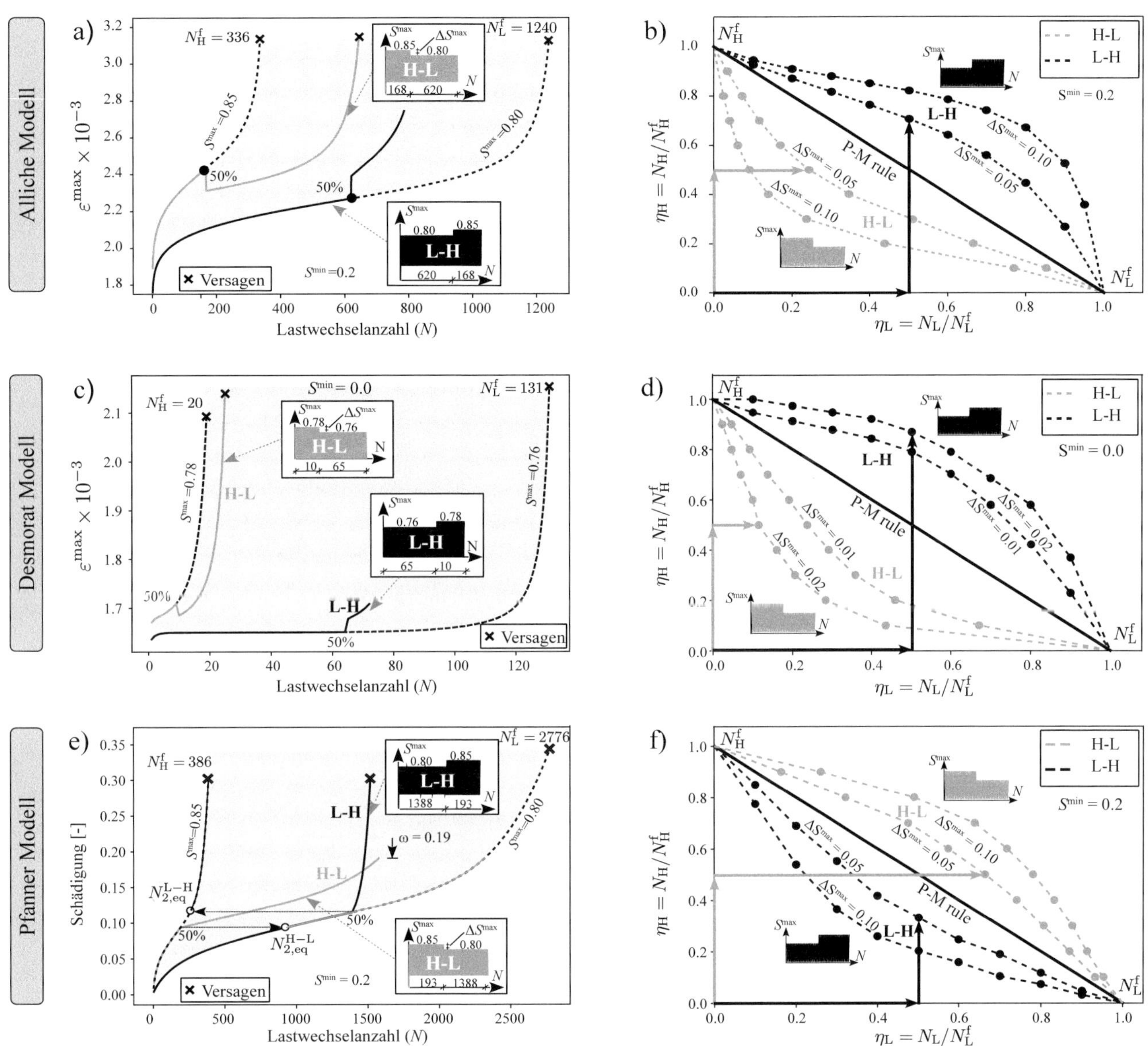

Bild 2-5: Analyse des Effekts der Belastungsreihenfolge – Vergleich zwischen den untersuchten Modellierungsansätzen: a), c), e) Ermüdungskriechkurven und Schädigungskurven für konstante und variable Amplituden für L-H- und H-L-Szenarien; b), d), f) Prognose der Ermüdungslebensdauer für L-H- und H-L-Belastungsszenarien im Vergleich mit der P-M-Regel

Zusammenfassung:

Die in Bild 2-1 eingeführten phänomenologischen Aspekte des Ermüdungsverhaltens von Beton unter Druck wie Wöhlerlinien, Ermüdungskriechkurven, Belastungshysteresen und der Effekt der Belastungsreihenfolge wurden als Kriterien für die Bewertung von drei Ermüdungsmodellierungsansätzen mit unterschiedlichen Ermüdungsschädigungshypothesen betrachtet. Die Modellierungsansätze wurden auf der Grundlage einer Überprüfung und Klassifizierung der in der Literatur verfügbaren Modelle für die Ermüdungsanalyse ausgewählt. Die Fähigkeit der untersuchten Ermüdungsmodellierungsansätze, die wichtigsten Aspekte des Ermüdungsverhaltens von Beton unter Druck zu berücksichtigen, ist in Tabelle 2-5 zusammengefasst.

Tabelle 2-5: Bewertung der untersuchten numerischen Modelle

Modellierungsansatz für Ermüdung	Alliche-Modell	Desmorat-Modell	Pfanner-Modell
mögliche Vorhersage von Wöhlerlinien	✓	✓	✗
plausible Abbildung der Ermüdungskriechkurven bei Druckbelastung	✓	✓	✗
Berücksichtigung der Energiedissipation innerhalb der Belastungs-hysterese	✗	✓	✗
richtige Abbildung der Reihenfolgeeffekte der Ermüdungsbelastung bei Druck	✓	✓	✗
geeignet für High-Cycle-Ermüdung	✓	✗|✓(*)	✓
Berechnungsaufwand	(+)	(+)	(+++)

(*) Unter Berücksichtigung der vorgeschlagenen Erweiterung in /54/

2.2 Kombinierte experimentelle und numerische Methodik zur Charakterisierung von Reihenfolgeeffekten unter Druckschwellbeanspruchung

2.2.1 Allgemeines

Die aktuellen Bemessungsregeln erfassen den Effekt der Amplitudenwechsel innerhalb der Lastszenarien auf das Ermüdungsverhalten von Beton nur unzureichend und können sowohl zu unsicheren als auch zu unwirtschaftlichen Ergebnissen führen. Eine rein experimentelle Untersuchung der Reihenfolgeeffekte bei zyklischer Beanspruchung von Beton ist aufgrund der Vielzahl möglicher Kombinationen von Versuchsparametern nicht sinnvoll. Zur ausführlichen Beschreibung des Ermüdungsverhaltens von Beton unter Druckschwellbeanspruchung ist deshalb eine Unterstützung durch realitätsnahe Modelle des Ermüdungsverhaltens notwendig. Daher wurde eine kombinierte experimentelle und numerische Methodik zur Charakterisierung von Reihenfolgeeffekten bei Druckschwellbelastung von Beton angewandt, wie in Bild 2-6 dargestellt.

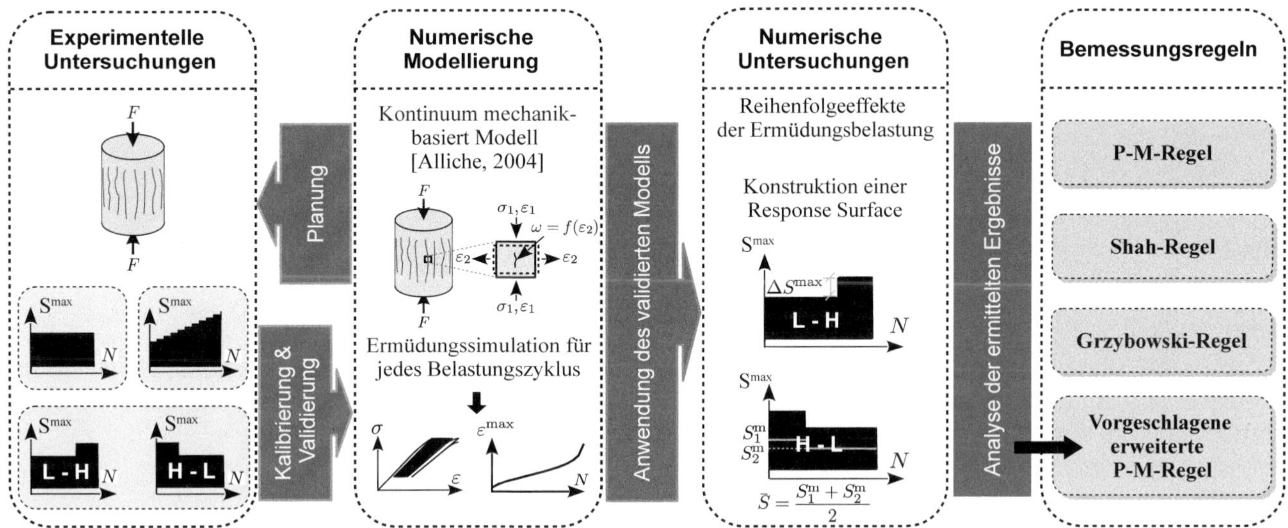

Bild 2-6: Kombinierte experimentelle und numerische Methodik

2.2.2 Experimentelle Untersuchungen zum Ermüdungsverhalten von Beton unter Berücksichtigung des Reihenfolgeeffektes

In diesem Abschnitt werden die experimentellen Untersuchungen zum Effekt der Belastungsreihenfolge auf das Ermüdungsverhalten vorgestellt, die am Institut für Massivbau der RTWH Aachen University (IMB-RWTH) durchgeführt wurden.

2.2.2.1 Versuchsprogramm

Materialeigenschaften:

Die Versuchskörper aus drei Betonklassen mit unterschiedlichen Festigkeiten wurden vom Industriepartner Max Bögl geliefert. Gemäß fib Model Code 2010 /60/ werden die verwendeten Betone als Betonfestigkeitsklassen C40/50, C80/90 und C120 eingruppiert. Im Folgenden werden die Betonklassen mit C40, C80 und C120 bezeichnet, deren Materialeigenschaften sind in Tabelle 2-7 zusammengefasst.

Versuchsprogramm und Messtechnik:

Die Druckversuche wurden an zylindrischen Prüfkörpern mit einem Durchmesser von 100–150 mm und einer Höhe von 300 mm durchgeführt. Jede Betonklasse wurde innerhalb einer Charge hergestellt und geprüft, um die Konsistenz und Vergleichbarkeit der Materialeigenschaften, z. B. der maximalen Druckfestigkeit und des Elastizitätsmoduls, sicherzustellen. Die Probekörper wurden einen Tag lang in der Schalung gelagert, bevor sie 7 Tage lang in Wasser gelegt wurden. Um einen ausreichenden Feuchtigkeitsgrad zu gewährleisten, wurden die Probekörper an den Stirnseiten mit Paraffin abgedichtet. Nach diesen 7 Tagen wurden die Stirnseiten der Zylinder planparallel geschliffen und anschließend im Labor gelagert. Alle Zylinderproben wurden im Rahmen einer Qualitätskontrolle in Bezug auf Höhe und Durchmesser sowie die Rechtwinkligkeit der Oberflächen überprüft. Die Ermüdungsversuche wurden frühestens 56 Tage nach der Herstellung gestartet.

Die monotonen sowie die zyklischen Prüfungen wurden in einer Prüfmaschine mit einem Hydropuls-Aktuator durchgeführt. Die Last wurde mit Hilfe einer flexiblen Kalotte eingeleitet. Während der Versuche wurden die Maschinenlast und die Dehnungen der Betonzylinder kontinuierlich mit Wegaufnehmern (WA) gemessen. Drei Wegaufnehmer wurden zwischen den stählernen Lasteinleitungsplatten angebracht und alle 120 Grad gleichmäßig verteilt (Bild 2-7).

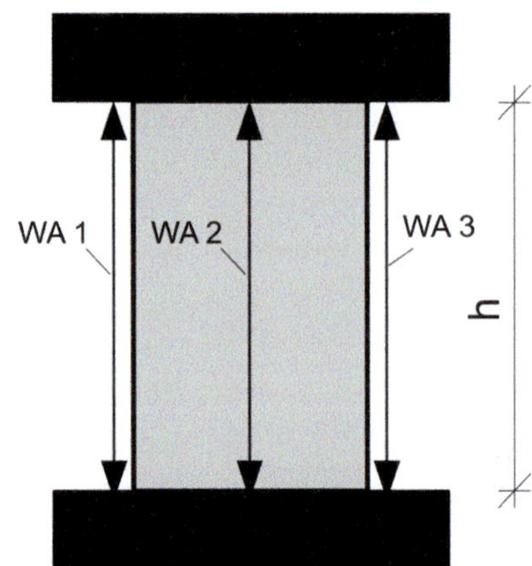

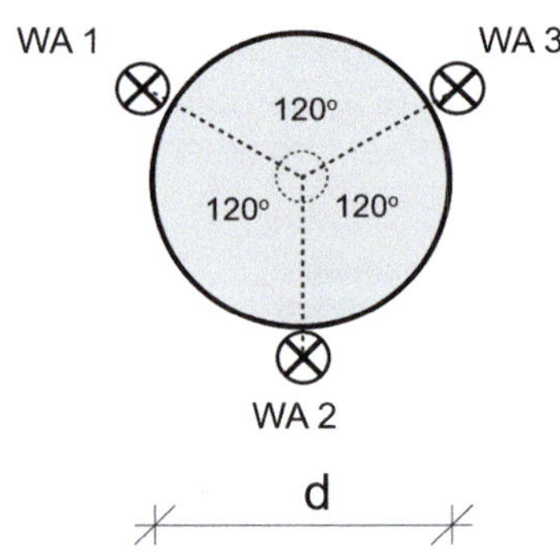

Bild 2-7: Geometrie der Zylinderprobe mit 3 WA, die um den Probenumfang angeordnet sind

Lastszenarien:

In Tabelle 2-6 sind die im Untersuchungsprogramm verwendeten Lastszenarien zusammengestellt. Diese Belastungsszenarien ermöglichen mehrere unterschiedliche Beobachtungsperspektiven auf das Materialverhalten und sind die Grundlage für eine systematische Kalibrierung der numerischen Modelle und der Bemessungsregeln.

LS1: Das erste Belastungsszenario ist eine statisch-monoton weggesteuerte Prüfung mit einer Geschwindigkeit von 1,0 mm/min bis zum Versagen zur Festlegung der statischen Bruchlast unter Druck F_u.

LS2: Das zweite Belastungsszenario ist eine zyklisch ansteigende, weggesteuerte Belastung mit vier Zyklen mit einer Geschwindigkeit von 1,0 mm/min bis zum Versagen. Dieses Belastungsszenario liefert detaillierte Daten über das Be- und Entlastungsverhalten im Post-Peak-Bereich der Spannungs-Dehnungs-Kurve. Diese Erkenntnisse sind erforderlich zur Unterscheidung von Plastizitäts- und Schädigungsmechanismen im Druckverhalten des Betons.

LS3: Das dritte Szenario ist eine lastgesteuerte zyklische Belastung mit einer geringen Anzahl von Zyklen (100 Zyklen). Die Last wurde mit einer Frequenz von 0,02 Hz aufgebracht. Die obere Belastungsstufe wurde mit $S_{\max} = 0{,}50$ begonnen und schrittweise um $\Delta S_{\max} = 0{,}05$ erhöht, wobei in jeder Belastungsstufe 10 Zyklen durchgeführt wurden. Die untere Belastungsstufe wurde mit $S_{\min} = 0{,}10$ konstant gehalten. Dieses Belastungsszenario liefert detaillierte Daten zum Be- und Entlastungsverhalten und die erforderlichen Informationen zur Schädigungsakkumulation in den subkritischen Laststufen.

LS4: Das vierte Szenario ist ein beschleunigter lastgesteuerter Ermüdungsversuch mit steigendem Belastungsbereich. Dieses Szenario wurde für drei Belastungsstufen mit einer Frequenz von 5 Hz definiert, beginnend bei $S_{\max} = 0{,}60$ und $S_{\min} = 0{,}30$ und schrittweise ansteigend um $\Delta S_{\max} = 0{,}10$ sowohl für die Oberlast als auch die Unterlast, wie in Tabelle 2-6 dargestellt. In der ersten und zweiten Belastungsstufe wurden 350.000 Zyklen aufgebracht. Die dritte Belastungsstufe wurde mit 35.000 Lastwechseln belastet. Wenn kein Ermüdungsversagen auftrat, wurden die Proben monoton bis zum Versagen belastet. Das Szenario dient der Untersuchung des Ermüdungsverhaltens von Beton unter verschiedenen Belastungsbereichen und der Auswirkungen des Sprungs zwischen den verschiedenen Belastungsstufen. Gleichzeitig wurden die Ermüdungskriechkurven für ein beschleunigtes Belastungsszenario mit drei Laststufen analysiert.

Tabelle 2-6: Beschreibung der im Versuchsprogramm verwendeten Belastungsszenarien

Belastungs-szenario	Beschreibung	Ziel	Belastungs-geschwindigkeit bzw. -frequenz	Figure
LS1	statisch-monoton ansteigende Belastung	Untersuchung des statisch-monotonen Verhaltens und Ermittlung der Druckfestigkeit	1,0 mm/min	F, u Zeit
LS2	zyklische Belastung	Detaillierte Beschreibung des Entlastungs- und Wiederbelastungsverhaltens im Post-Peak-Bereich	1,0 mm/min	u Zeit
LS3	stufenweise steigende zyklische Belastung mit 10 Zyklen je Stufe	Detaillierte Beschreibung des Entlastungs- und Wiederbelastungsverhaltens im Pre-Peak-Bereich	0,02 Hz	S_{max} N
LS4	Ermüdungsbelastung mit stufenweise ansteigenden Belastungsblöcken	Untersuchung des Ermüdungsverhaltens bei steigenden Belastungsstufen	5 Hz	S_{max} N
LS5	Ermüdungsbelastung mit konstanten Amplituden	Charakterisierung der Betonermüdung bei konstanten Amplituden	5 Hz	S^{max} N
LS6	Ermüdungsbelastung mit zwei Belastungsniveaus und unterschiedlicher Reihenfolge	Charakterisierung des Reihenfolgeeffekts der Belastung auf das Ermüdungsverhalten	5 Hz	S^{max} H-L N S^{max} L-H N

LS5: Das fünfte Szenario entspricht der Standard-Ermüdungsbelastung mit konstanten Amplituden. Die Belastung wurde mit einer Frequenz von 5 Hz aufgebracht. Die oberen Lastniveaus wurden zwischen $S_{\max} = 0{,}65$ und $S_{\max} = 0{,}85$ variiert, die unteren zwischen $S_{\min} = 0{,}05$ und $S_{\min} = 0{,}20$. Der Zweck dieses Szenarios ist die Untersuchung des Ermüdungsverhaltens von Beton unter konstanten Amplituden und gleichbleibendem Spannungsspiel und die Extraktion von Ermüdungskriechkurven sowie Wöhlerlinien.

LS6: Das letzte Szenario ist eine Ermüdungsbelastung mit zwei verschiedenen Belastungsstufen, die in Folge aufgebracht wurden, d. h. hoch-niedrig (H-L) und niedrig-hoch (L-H). In diesen Belastungsszenarien wurde mit einer Frequenz von 5 Hz die erste Belastungsstufe, z. B. die Hoch-Last für (H-L), mit einer bestimmten Anzahl von Zyklen aufgebracht, dann folgte die zweite Belastungsstufe bis zum Ermüdungsbruch. Die oberen Belastungsstufen wurden ähnlich wie LS5 festgelegt. Dieses Belastungsszenario ist das typische Szenario zur Untersuchung der Auswirkungen der Reihenfolge auf die Ermüdungslebensdauer (siehe Tabelle 2-6).

Versuchsmatrix:

Die Zuordnung der getesteten Zylinderproben zu den beschriebenen Belastungsszenarien LS1–LS6 zeigt Tabelle 2-7. Zusätzlich wurden einige Zylinderproben aus jeder Betonklasse für die Qualitätskontrolle verwendet, z. B. für die Ermittlung der Druckfestigkeit nach 28 Tagen. Außerdem wurden einige Zylinderproben in Längsrichtung aufgeschnitten, um die Qualität der Verteilung der Zuschlagkörner in der Höhe des Zylinders zu überprüfen.

Tabelle 2-7: Versuchsmatrix: Betonzusammensetzungen und Belastungsszenarien

Betonklasse	Zement	w/z-Wert	Zuschlag	Max. Korngröße	Dimensionen des Zylinders d × h (mm)	Belastungsszenarien						Summe
						LS1	LS2	LS3	LS4	LS5	LS6	
C40	CEM II 42,5 N	0,50	62 % Kalkstein, 38 % Quarz	8 mm	150 x 300	9	3	2	1	24	24	63
C80	CEM I 52,5 R	0,47	50 % Kalkstein, 50 % Quarz	16 mm	100 x 300	10	–	3	1	25	12	51
C120	CEM I 52,5 R	0,35	100 % Quarz	16 mm	100 x 300	9	–	6	4	9	5	33
Gesamtzahl der Proben												147

2.2.2.2 Experimentelle Ergebnisse und Diskussion

Die Versuchsergebnisse für die monotone Belastung sind in Tabelle 2-8 und für die zyklische Belastung in Tabelle 2-9 zusammengefasst.

Die experimentellen Ergebnisse der Ermüdungsversuche, insbesondere der hochzyklischen Ermüdungsversuche, wurden mit Hilfe eines am (IMB-RWTH) entwickelten Softwaretools – High-Cycle Fatigue Tool (HCFT) – mit mehreren Filterfunktionen und einer grafischen Benutzeroberfläche ausgewertet /61/.

Statisch-monotone Belastung (LS1):

Die charakteristischen Mittelwerte des Betondruckverhaltens (Druckfestigkeit, Dehnung bei maximaler Kraft und Elastizitätsmodul) der drei geprüften Betonmischungen sind in Tabelle 2-8 zusammengefasst. Im Bild 2-8a) und c) sind die ermittelten Spannungs-Dehnungs-Kurven dargestellt. Das Post-Peak-Verhalten wurde nur für den Beton C40 in einem weggesteuerten Versuch als Referenz für die zyklischen Versuche gemessen (siehe Bild 2-8a)). Für die Betonklassen C80 und C120 wurden kraftgesteuerte Versuche durchgeführt, wie in Bild 2-8b) und c) dargestellt. Alle monotonen Versuche wurden im Betonalter von 56 Tagen durchgeführt.

Die Streuung der Druckfestigkeit ist in Tabelle 2-8 zusammengefasst. Der hochfeste Beton C120 zeigt eine geringere Streuung mit einem Variationskoeffizienten (VK) von 1,36 % als die beiden anderen Betonklassen, d.h. C80 und C40. Die Probekörper der Betonklasse C80 weisen eine größere Streuung mit einem Variationskoeffizienten (VK) von 7,51 % auf. Diese Streuung ist groß und erschwert eine reproduzierbare Erfassung des Ermüdungsverhaltens wesentlich /11, 30, 62–64/. Um die Streuung der Prüfergebnisse für die Betonklasse C40 zu verringern, wurden daher zwei Änderungen am Versuchsaufbau vorgenommen. Der Probendurchmesser wurde auf 150 mm statt 100 mm (vgl. Tabelle 2-7), erhöht und in der Betonmischung wurde eine kleinere maximale Korngröße von 8 mm anstelle von 16 mm für die Betonklassen C80 und C120 verwendet. Mit diesen Änderungen ergab sich eine deutliche Verringerung der Streuung mit einem Variationskoeffizienten (CoV) von 3,79 %. Die Reduzierung der Streuung hat dazu beigetragen, den Effekt der Belastungsreihenfolge in der experimentellen Untersuchung deutlicher zu erkennen.

Tabelle 2-8: Zusammenfassung der monotonen Versuche mit statistischer Auswertung der Ergebnisse

Versuch	Beton	Belastungsszenario	Anzahl der Versuche	F_u (kN)	f_c (MPa)	Standardabweichung (MPa)	Variationskoeffizient CoV (%)	ε_c (–)	E_0 (MPa)
T-C40[01-09]	C40	LS1	9	1087,60	61,55	2,33	3,79	0,0033	31900
T-C80[01-10]	C80	LS1	10	796,24	101,38	7,61	7,51	0,0035	34500
T-C120[01-06]	C120	LS1	6	964,34	122,78	1,67	1,36	0,0031	42500

Es ist anzumerken, dass drei Zylinderproben des Betons C120 (T-C120[07-09]) ohne Kalotte geprüft wurden und eine geringere Druckfestigkeit mit einem Durchschnitt von 109,36 MPa erbrachten. Diese drei Versuche wurden in der in Tabelle 2-8 dargestellten Auswertung nicht berücksichtigt.

Zyklische Belastung (LS2):

Die Untersuchung des Betondruckverhaltens unter zyklischer Belastung (LS2) ist für die makroskopische Analyse der dissipativen Mechanismen, die zum Abbau der Betonfestigkeit im Post-Peak-Bereich eines weggesteuerten, monotonen Versuchs führen, von Bedeutung. Die beobachteten Hauptmechanismen sind /31, 65, 66/:

(1) die Entwicklung der plastischen Dehnung ε^{P} und

(2) die Abnahme der Steifigkeit bei Entlastung, die den Wert der Schädigung definiert.

Die plastische Dehnung ε^{P} kann für jeden Punkt der Spannungs-Dehnungs-Kurve wie folgt ermittelt werden:

$$\varepsilon^{\mathrm{P}} = \varepsilon - \frac{\sigma}{E_{\mathrm{u}}} \qquad \text{(2-30)}$$

mit der Entlastungs-Materialsteifigkeit in jedem Punkt der Spannungs-Dehnungs-Kurve bezeichnet als E_{u}.

Der Schädigungsparameter, der den Anteil des beschädigten Materials repräsentiert, ergibt sich zu:

$$\omega = 1 - \frac{E_{\mathrm{u}}}{E_0} \qquad \text{(2-31)}$$

wobei E_0 für den anfänglichen Elastizitätsmodul steht.

Die plastische Dehnung ε^{P} und der Schädigungsparameter ω sind in Bild 2-8e) und f) für die C40-Versuche dargestellt. Wie aus Bild 2-8e) zu erkennen ist, beginnt die plastische Dehnung im Pre-Peak-Bereich. Bis zum Peak wächst die plastische Dehnung schnell an, begleitet von einem moderaten Anstieg der Schädigung. Im Post-Peak-Bereich wird die Schädigungsentwicklung deutlicher und bestimmt das Entfestigungsverhalten. Ähnliche Beobachtungen wurden in der Literatur von diversen Autoren berichtet, z. B. /67, 68/.

Für die Interpretation der experimentellen Ergebnisse ist ein weiterer phänomenologischer Zusammenhang wichtig. Bis zum Peak ist keine makroskopische Schädigung zu beobachten, während im Post-Peak-Bereich eine Risslokalisierung mit einem kegelförmigen Versagensmodus auftritt. Diese Beobachtungen liefern einen wichtigen Beitrag für die Bewertung numerischer Modelle, die auf der Schädigungs- und Plastizitätstheorie zur Abbildung des zyklischen Verhaltens von Beton basieren (siehe Abschnitt 2.2.3).

Stufenweise zyklische Belastung (LS3):

Die Spannungs-Dehnungs-Kurven eines ausgewählten Versuches aus jeder Serie mit den Betonklassen C40, C80 und C120, die mit einem stufenweisen ansteigenden zyklischen Szenario (LS3) belastet wurden, sind in Bild 2-9a), b) und c) dargestellt. Wie im Zusammenhang mit LS2 diskutiert, ist der Hauptmechanismus der Energiedissipation während einer Pre-Peak-Belastung die Entwicklung der plastischen Dehnung. Obwohl das Entlastungsniveau nur auf $S_{\mathrm{min}} = 10\%$ eingestellt wurde und dies nicht einer vollen Entlastung entspricht, kann der gemessenen Unterschied der Dehnungswerte zwischen Oberlast und Unterlast verwendet werden, um die Anteile der reversiblen und irreversiblen Dehnungen zu bewerten. Das Verhalten zeigt auch eine geringe Abnahme der Entlastungssteifigkeit, die durch den Vergleich der Entlastungssteifigkeit im letzten und ersten Belastungszyklus quantifiziert werden kann.

Das Dehnungswachstum, d.h. die Ermüdungskriechkurve bei den oberen und unteren Belastungsstufen für die drei Betonklassen ist in Bild 2-9d), e) und f) dargestellt. Diese Ermüdungskriechkurven zeigen eine Zunahme der Dehnungsrate mit dem Anstieg des subkritischen Lastniveaus. Das Verhalten ist für alle drei Betonklassen relativ ähnlich. Die Mittelwerte der Zyklusanzahl bis zum Versagen sowie die entsprechenden Minimal- und Maximalwerte sind in Tabelle 2-9 zusammengefasst.

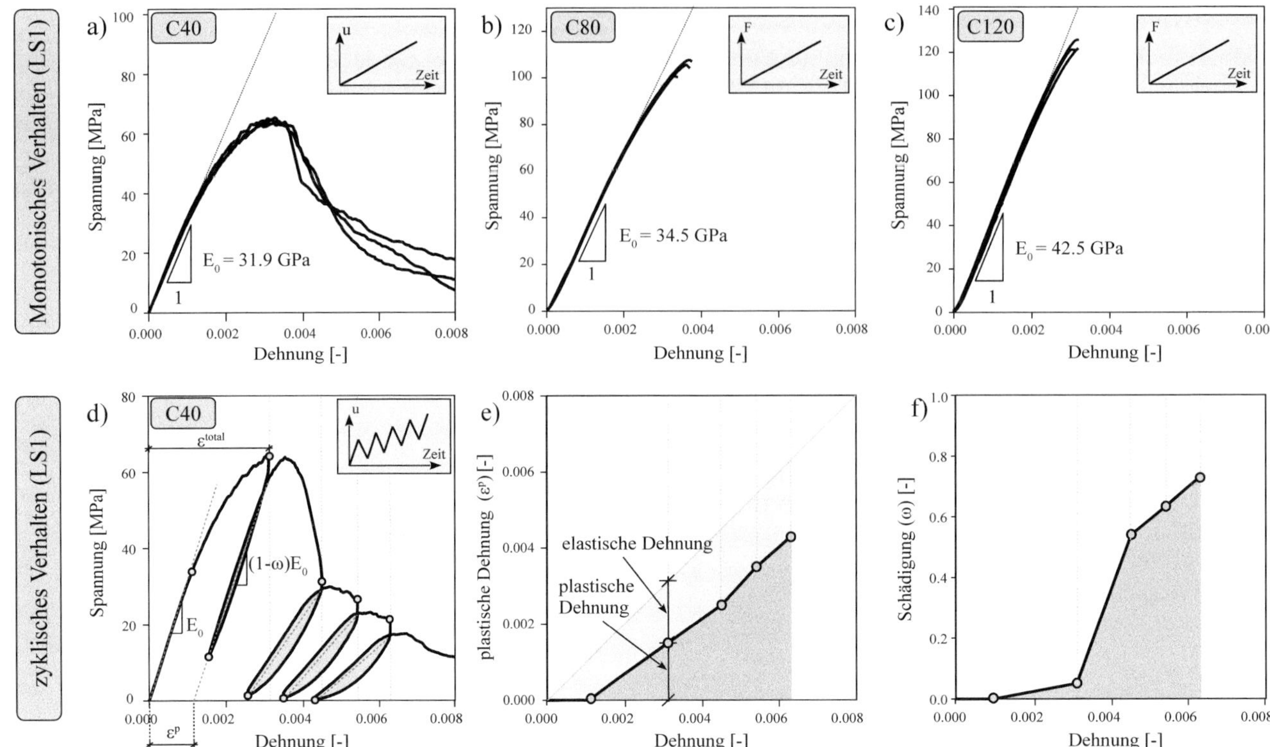

Bild 2-8: Statisch-monotones und zyklisches Verhalten der untersuchten Betonzylinder: a–c) Spannungs-Dehnungs-Diagramme bei monotoner Belastung (LS1) für die Betonklassen C40, C80 bzw. C120; d) zyklisches Spannungs-Dehnungs-Diagramm des Betons C40 unter dem Belastungsszenario (LS2); e) zugehörige Entwicklung der plastischen Dehnung ε^P des Betons C40; f) zugehörige Schadensentwicklung ω des Betons C40

Stufenweise steigende Ermüdungsbelastungen (LS4):

Die Ergebnisse für das Belastungsszenario LS4 sind in Form von Ermüdungskriechkurven in Bild 2-10 für die drei geprüften Betonklassen dargestellt. Die Anzahl der Zyklen innerhalb jeder Belastungsstufe wurde vor Versuchsbeginn festgelegt. Das Hauptziel des Belastungsszenarios LS4 bestand darin, mit einem einzigen Versuch schnell die Form der Abschnitte der Ermüdungskriechkurve in verschiedenen Laststufen zu ermitteln. Die so ermittelten Veränderungen des Materialverhaltens während der zyklischen Belastung liefern wichtige Daten zur Validierung numerischer Modelle in einem breiten Bereich der subkritischen, zyklischen Belastungsniveaus.

Der Versuch mit dem Beton C80 hatte nach 469.110 Zyklen ein Ermüdungsversagen in der zweiten Laststufe. Die Versuche mit den Betonklassen C40 und C120 erreichten die vom Szenario vorgegebene Gesamtzahl von 735.000 Zyklen und wurden anschließend monoton bis zum Versagen belastet. Bei diesen beiden Versuchen wurde keine Abnahme der Restdruckfestigkeit ermittelt. Dies liegt wahrscheinlich an der geringen Amplitude innerhalb der stufenweise ansteigenden Belastungsbereiche von 30 %, die nicht groß genug war, um eine ausreichende Schädigung durch Ermüdung zu akkumulieren, die zu einem früheren Bruch führen würde. Bei der dritten Belastungsstufe wurde, wie erwartet, ein schnelleres Wachstum der Dehnung beobachtet, die durch die steilere Neigung der Kurve im letzten Abschnitt in der Bild 2-10c) sichtbar ist.

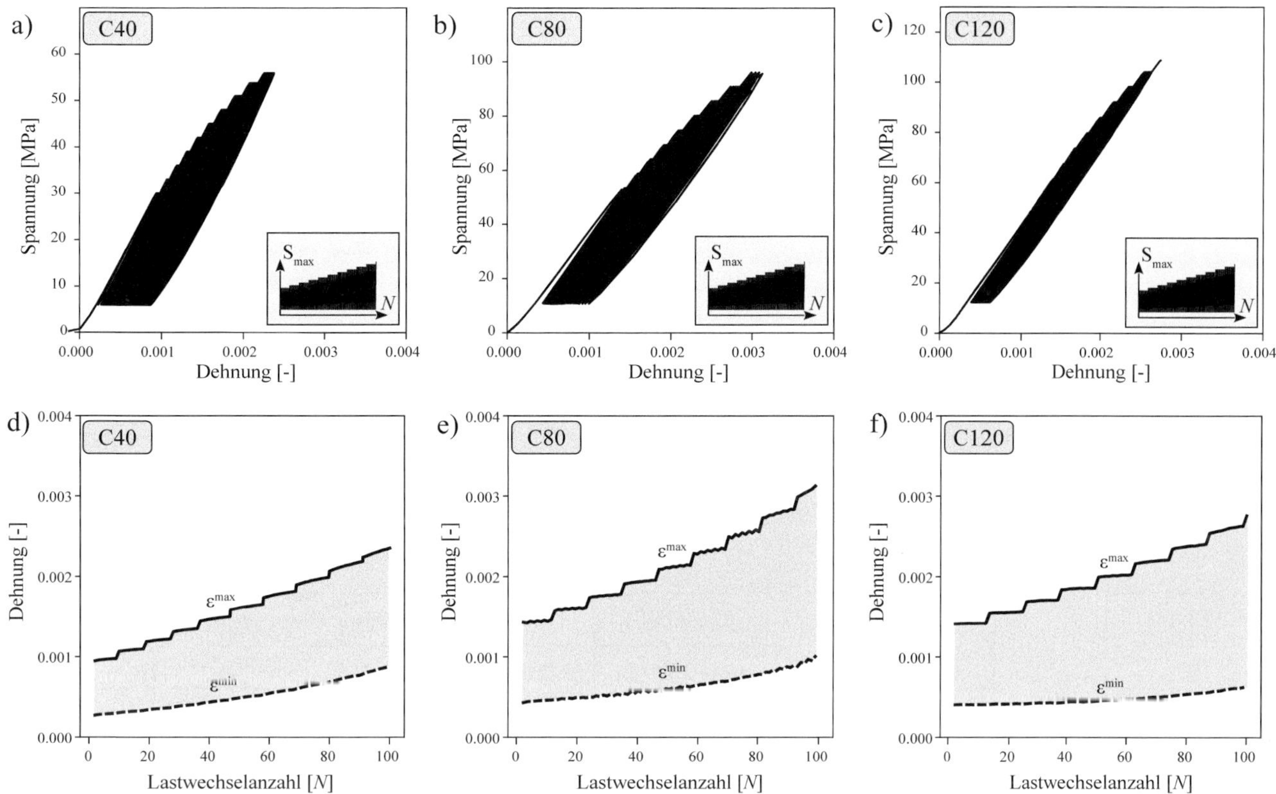

Bild 2-9: Zyklisches Verhalten von drei Betonklassen unter dem Belastungsszenario (LS3): a)–c) Spannungs-Dehnungs-Diagramm; d)–f) Ermüdungskriechkurven, d.h. Dehnungsentwicklung beim Oberlastniveau während der zyklischen Belastung

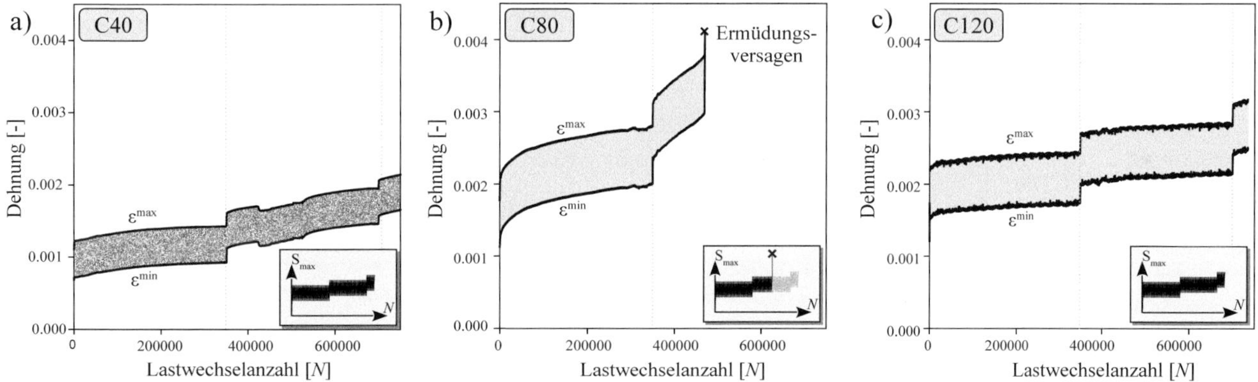

Bild 2-10: Ermüdungsverhalten von drei Betonklassen unter dem Belastungsszenario (LS4): a) Beton C40; b) Beton C80; c) Beton C120

Ermüdungsbelastung mit konstanten Amplituden (LS5):

Die Ermüdungskriechkurven bei konstanten Amplituden für repräsentative Versuche jeder Betonklasse sind in den ersten zwei Spalten in Bild 2-11 dargestellt. Die charakteristische Form der Ermüdungskriechkurven, d. h. der schnelle Zuwachs der Dehnung in der ersten und letzten Phase und das nahezu lineare Wachstum in der mittleren Phase ist in allen Versuchen zu erkennen. Weiterhin ist deutlich zu sehen, dass der Dehnungsunterschied zwischen dem ersten und dem letzten Zyklus mit einer zunehmenden Druckfestigkeit sinkt. Der Vergleich zwischen den Ermüdungskriechkurven für (L) und (H) Lastniveaus in der ersten und der zweiten Spalte in Bild 2-11 erlaubt die Schlussfolgerung, dass der beobachtete Dehnungsbereich bei höherer Oberlast geringer wird.

Die Anzahl der Zyklen bis zum Ermüdungsversagen für unterschiedliche Oberlastniveaus $S^{\max}$, die in den durchgeführten Versuchen mit den Betonen C40, C80 und C120 ermittelt wurden, sind in Bild 2-11c), f) bzw. i) dargestellt. In Tabelle 2-9 sind die Mittel-, Minimal- und Maximalwerte der Lastwechselzahlen bis zum Ermüdungsbruch für die untersuchten Lastniveaus angegeben. Im fib Model Code 2010 /60/ wird eine empirische

Approximation der Wöhlerlinien für den normal- und hochfesten Beton vorgeschlagen, indem die Anzahl der Zyklen bis zum Versagen im Bereich $\mathrm{Log}\,(N) \leq 8$ als

$$\log N_{\mathrm{f}} = \frac{8}{Y-1}(S^{\max} - 1) \tag{2-32}$$

definiert wird, wobei Y zu

$$Y = \frac{0.45 + 1{,}8\,S^{\min}}{1 + 1{,}8\,S^{\min} - 0{,}3\,(S^{\min})^2}, \tag{2-33}$$

festgelegt ist.

Tabelle 2-9: Zusammenfassung der zyklischen und Ermüdungsversuche (LS3, LS4, LS5)

Versuch	Beton	Belastungsszenario	Anzahl der Versuche	$S^{\max}$	$S^{\min}$	Anzahl der Lastzyklen		
						Mittelwerte	Max.	Min.
T-C40[13,14]	C40	LS3	2	(0,5–0,95)	0,1	100	100	100
T-C40[15]		LS4	1	(0,6/0,7/0,8)	(0,3/0,4/0,5)	735.000	–	–
T-C40[16-28]		LS5	13	0,65	0,05	1.244.440	4.867.922	18.043
T-C40[29-39]			11	0,75	0,05	31.400	64.158	6.094
T-C80[11-13]	C80	LS3	3	(0,5–0,95)	0,1	88	91	86
T-C80[14]		LS4	1	(0,6/0,7/0,8)	(0,3/0,4/0,5)	469.110	–	–
T-C80[15-17]		LS5	3	0,65	0,2	2.433.088	3.074.229	2.065.037
T-C80[18-27]			10	0,75	0,2	395.250	2.012.546	74.190
T-C80[28-31]			4	0,80	0,2	17.319	32.173	7.835
T-C80[32-39]			8	0,85	0,2	4.868	13.713	647
T-C120[10-15]	C120	LS3	6	(0,5–0,95)	0,1	100	100	100
T-C120[16-19]		LS4	4	(0,6/0,7/0,8)	(0,3/0,4/0,5)	735.000	735.000	735.000
T-C120[20-23]		LS5	4	0,75	0,2	1.942.093	5.626.000	6.750
T-C120[24-28]			5	0,85	0,2	14.880	24.881	5.755

Die Regressionslinie der ermittelten Versuchsergebnisse für den Beton C80 (Bild 2.11-f)) stimmt gut mit der Wöhlerlinie nach fib Model Code 2010 gemäß Gl. (2-32) überein. Bei den Betonklassen C40 und C120 ergeben die Versuchswerte im Vergleich zu fib Model Code 2010 /60/ einen höheren Ermüdungswiderstand. Für einen relevanten Vergleich mit Wöhlerlinien wäre allerdings eine deutlich größere Anzahl der Versuche erforderlich. In diesem Zusammenhang ist anzumerken, dass die durchgeführten Versuchsserien primär zur Untersuchung der Reihenfolgeeffekte konzipiert worden sind. Für die Lastszenarien der Betonklasse C40 mit zwei Lastniveaus war die Probenanzahl ausreichend. Im Falle von C80 wurden zusätzliche Lastniveaus aufgenommen, um die Testparameter für die Untersuchung des Reihenfolgeeffekts abzustimmen. Bei dem C120 war es aufgrund der geringen Anzahl der hergestellten Proben nicht möglich, weitere Belastungsniveaus zu prüfen.

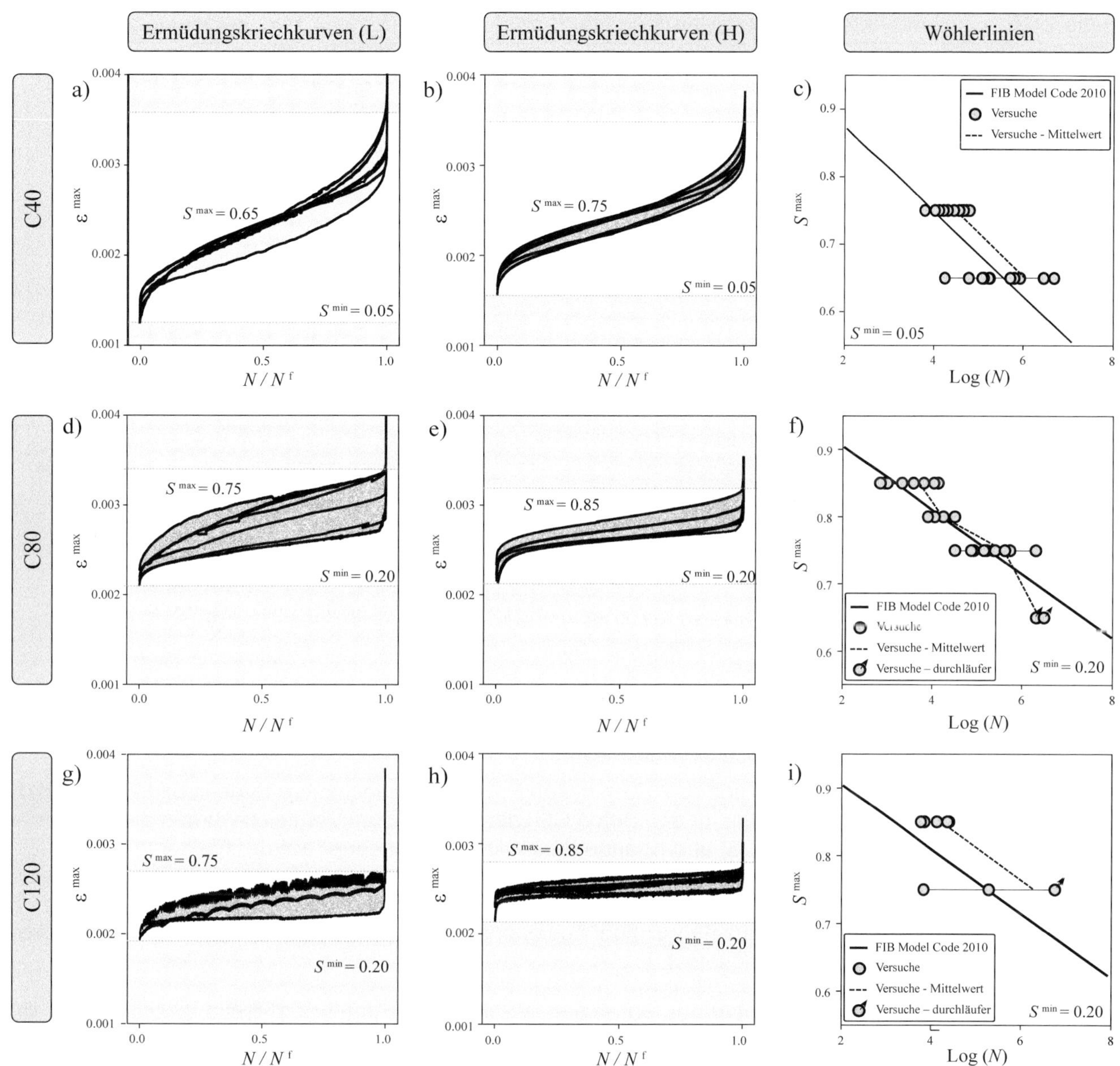

Bild 2-11: Ermüdungsverhalten von drei Betonklassen bei konstanten Amplituden (LS5): a), b) Ermüdungskriechkurven für Beton C40; c) Wöhlerlinie für Beton C40; d), e) Ermüdungskriechkurven für Beton C80; f) Wöhlerkurve für Beton C80; g), h) Ermüdungskriechkurven für Beton C120; i) Wöhlerkurve für Beton C120

Reihenfolgeeffekt bei zwei Belastungsstufen (LS6):

Der Effekt der Belastungsreihenfolge wird anhand eines Belastungsszenarios untersucht, das aus zwei Belastungsbereichen mit den oberen Lastniveaus (H) und (L) besteht. Für jeden einzelnen Belastungsbereich erfolgt das Versagen nach N_H^f und N_L^f Lastzyklen. Die Frage ist, bei welcher Anzahl von Belastungszyklen es zum Ermüdungsversagen kommt, wenn die beiden Belastungsbereiche in einer Folge kombiniert werden, entweder (H-L) oder (L-H). Die Versuchsergebnisse für die Betone C40, C80 und C120 sind in Tabelle 2-10 zusammengefasst und in Bild 2-12 dargestellt.

Die Versuchsergebnisse werden in Zusammenhang mit der Palmgren-Miner-Regel dargestellt, die eine Grundlage für die Bewertung des Reihenfolgeeffekts bildet. Angenommen, dass der erste Lastbereich 20 % der Lebensdauer einer Probe, d. h. $0{,}2\ N_H^f$, verbraucht hat, so würde nach der P-M-Regel der zweite Lastbereich 80 %, d. h. $0{,}8\ N_L^f$, seiner Lebensdauer verbrauchen, unabhängig von der Reihenfolge der Anwendung des Lastbereichs. Die Diagramme in Bild 2-12 zeigen anhand von Ermüdungskriechkurven und der P-M-Projektion, inwiefern die erzielten Ergebnisse mit dieser Annahme übereinstimmen.

Tabelle 2-10: Zusammenfassung der zyklischen und Ermüdungsversuche für zwei Belastungsstufen

Versuch	Beton	Belastungsreihenfolge	Anzahl der Versuche	S_H^{max}	S_L^{max}	S^{min}	η_H	η_L	$\Sigma\eta$	Mittelwert $\Sigma\eta$	Max $\Sigma\eta$	Min $\Sigma\eta$
T-C40[40-45]	C40	H–L	6	0,75	0,65	0,05	0,15	0,41	0,56	0,75	1,4	0,3
T-C40[46,47]			2				0,16	0,40	0,56			
T-C40[48-50]			3				0,47	0,77	1,24			
T-C40[51-56]		L–H	6				1,24	0,05	1,29	1,33	2,44	0,54
T-C40[57,58]			2				1,45	0,13	1,57			
T-C40[59-61]			3				0,67	0,18	0,85			
T-C40[62,63]			2				1,52	0,36	0,85			
T-C80[40-43]	C80	H–L	4	0,85	0,75	0,20	0,24	1,08	1,32	1,27	2,34	0,54
T-C80[44-46]			3				0,47	0,73	1,20			
T-C80[47-49]		L–H	3				2,33	0,09	2,42	2,24	3,6	1,37
T-C80[50,51]			2				1,72	0,26	1,98			
T-C120[29]	C120	H–L	1	0,85	0,75	0,20	0,33	1,12	1,45	2,41	3,36	1,45
T-C120[30]			1				0,5	2,86	3,36			
T-C120[31-33]		L–H	3				0,5	6,42	6,92	6,92	13,39	2,31

Vergleich mit der Palmgren-Miner-Regel (P-M-Regel):

Die für die Belastungsszenarien (H-L) und (L-H) ermittelten Ermüdungskriechkurven sind in Bild 2-12-a), b) für den Beton C40 und in Bild 2-12d) und e) für den Beton C80 dargestellt. Zum Vergleich wurden die experimentellen Ergebnisse von /44/ in Bild 2-12g) und h) angegeben. Die Lebensdauer auf der horizontalen Achse ist in Bezug auf die Vorhersage der Lebensdauer nach der P-M-Regel unter der Annahme normalisiert, dass das Ermüdungsversagen eintritt, sobald die Summe der verbrauchten Ermüdungslebensdauer $\sum\eta$ von (H) und (L) = 1 ist. Die Mittelwerte der verbrauchten Ermüdungslebensdauer des ersten und zweiten Belastungsbereichs sind in Tabelle 2-10 zusammengefasst.

Obwohl die Ergebnisse eine große Streuung aufweisen, lässt sich ein deutlicher Trend erkennen. Für den Beton C40 ist der Mittelwert der Summe der verbrauchten Ermüdungslebensdauer $\sum\eta$ für die in Bild 2-12a) dargestellte (H-L)-Reihenfolge kleiner als 1,0 und für die in Bild 2-12b) dargestellte (L-H)-Reihenfolge größer als 1,0.

Die Ergebnisse aller Versuche mit den Lastszenarien (H-L) und (L-H) werden mit der P-M-Regel in Form von Diagrammen der verbrauchten Ermüdungslebensdauer in der dritten Spalte (Bild 2-12c), f) und i)) verglichen. Die horizontale und vertikale Achse in diesen Diagrammen η_L und η_H stellen die verbrauchte Ermüdungslebensdauer dar, die mit dem niedrigeren (L) bzw. höheren (H) Lastbereich erzielt wurde. Der Wert von S_{min} wurde für beide Belastungsbereiche konstant gesetzt.

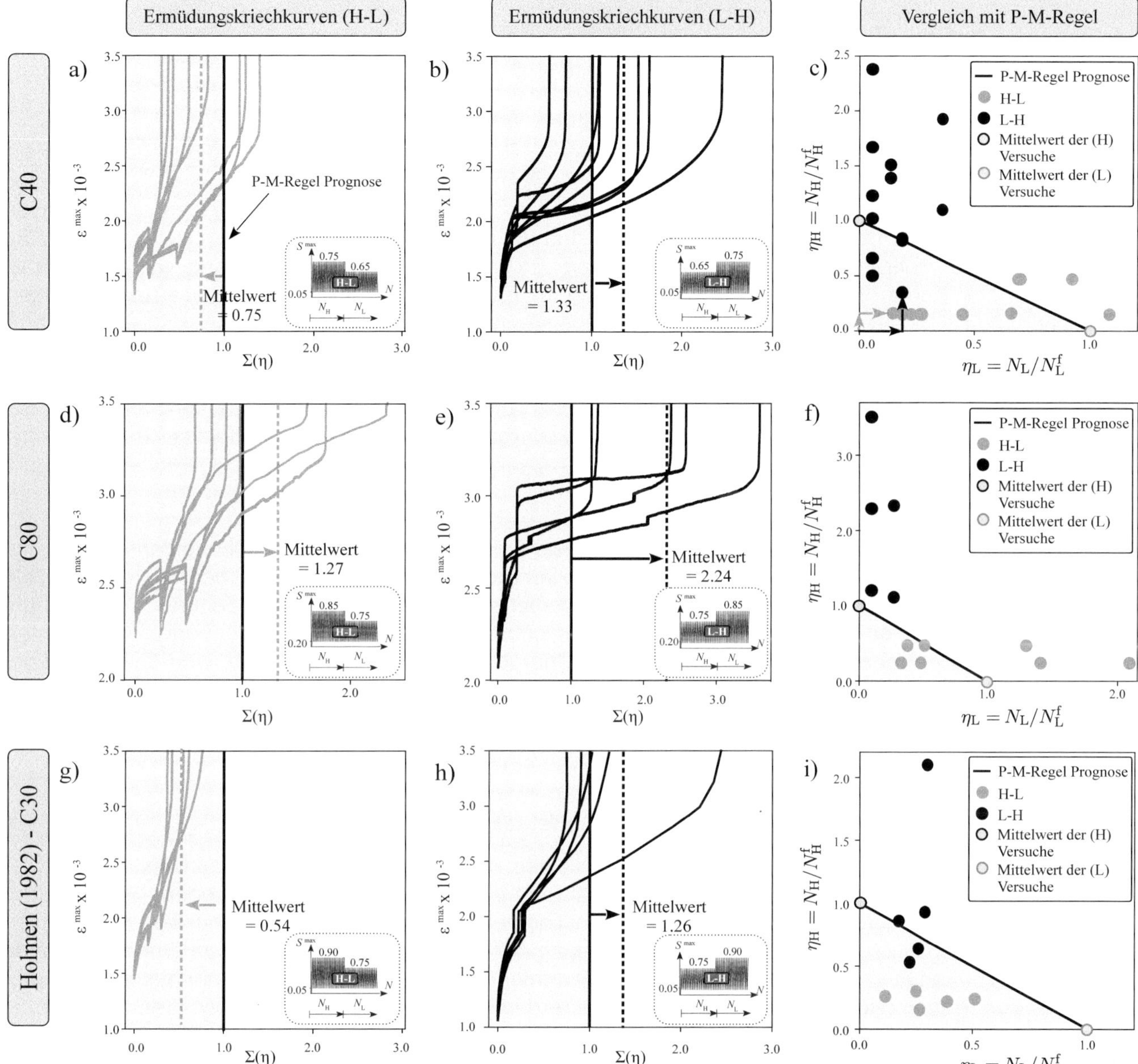

Bild 2-12: Einfluss der Belastungsreihenfolge: a), b) Ermüdungskriechkurven für das Belastungsszenario (H-L) bzw. (L-H) für Beton C40; c) Vergleich mit der prognostizierten Ermüdungslebensdauer der P-M-Regel für Beton C40; d), e) Ermüdungskriechkurven für das Belastungsszenario (H-L) bzw. (L-H) für Beton C80; f) Vergleich mit der prognostizierten Ermüdungslebensdauer der P-M-Regel für Beton C80; g), h) Ermüdungskriechkurven für das Belastungsszenario (H-L) bzw. (L-H) für Beton C30 nach /44/; i) Vergleich mit der prognostizierten Ermüdungslebensdauer der P-M-Regel nach /44/

Die kombinierten Belastungsszenarios, die aus zwei Belastungsstufen bestehen, z. B. (H-L), werden durch verbundene vertikale und horizontale Pfeile in Bild 2-12c) dargestellt. Der vertikale Pfeil steht für einen Lastwechsel mit einem höheren Wert von S^{max} (H), während der horizontale Pfeil einem niedrigeren Wert (L) entspricht. Dies bedeutet, dass das mit den roten Pfeilen in Bild 2-12c) dargestellte (H-L)-Szenario zunächst mit dem höheren Lastbereich (H) begann und 15 % der Lebensdauer verbrauchte, was der vertikale, bei null beginnende Pfeil abbildet. In der zweiten Phase wurden Lastwechsel mit dem niedrigeren Lastbereich (L) durchgeführt, bis ein Ermüdungsbruch erfolgte, wie durch den roten horizontalen Pfeil dargestellt ist.

Für den Beton C40 ist zu bemerken, dass die Mehrzahl der (H-L)-Versuche früher versagte, als es die P-M-Regel prognostiziert: Andererseits wurden in den meisten (L-H)-Versuchen eine im Vergleich zum P-M-Regel längere Ermüdungslebensdauer ermittelt. Dies entspricht der Beobachtung von Holmen /44/, die in Bild 2-12i) dargestellt ist. Beim Beton C80, der in Bild 2-12f) dargestellt ist, zeigen alle Proben eine längere Ermüdungslebensdauer im Vergleich zur Vorhersagen nach der P-M-Regel. Trotzdem führt das (L-H)-Szenario im Hinblick auf die lineare P-M-Skalierung zu einer längeren Lebensdauer als das (H-L)-Szenario, was mit dem in den anderen Versuchsreihen beobachteten Trend übereinstimmt.

Skalierung der Materialheterogenität und Streuung der Versuchsergebnisse:

Wie bereits bei den Ergebnissen der statisch-monoton belasteten Proben erwähnt, war die Streuung der Ergebnisse für C80 fast doppelt so groß wie für C40. Es ist bekannt, dass die Streuung, die bei statisch-monoton belasteten Proben ermittelt wird, bei Ermüdungsversuchen noch deutlich ansteigt. Diese Erkenntnis erschwert sehr die reproduzierbare Beobachtung von Verhaltenstrends. Bei den C80-Proben, die im Rahmen des WinConFat-Projekts für mehrere Prüfkampagnen vereinbart und gemeinsam verwendet wurden, war das Verhältnis der maximalen Korngröße zum Probendurchmesser 16:100. Dieser große Wert kann zu einer sehr unterschiedlichen räumlichen Verteilung der Gesteinskörnung innerhalb des Volumens einzelner Proben und damit zu einer unterschiedlichen Entwicklung der Versagensarten und großen Streuungen führen. Um dies zu vermeiden, wurden für die Prüfkörper des Betons C40 das Größtkorn des Zuschlags auf 8 mm und der Zylinderdurchmesser zu 150 mm festgelegt (Verhältniswert 8:150). Diese Anpassung reduzierte die Streuungen der Untersuchungsergebnisse und verbesserte die Reproduzierbarkeit des Reihenfolgeeffektes im Belastungsszenario LS6.

Zeitabhängige Betonfestigkeit:

Jedes Testprogramm, das sich auf die Ermüdung fokussiert, hat das Thema der zeitabhängigen Betonfestigkeit zu berücksichtigen. Aufgrund der langen Dauer der Versuche und der in der Regel begrenzten Kapazität der Prüfeinrichtungen ist es nicht immer möglich, alle Versuche innerhalb eines kurzen Zeitraums durchzuführen, um sicherzustellen, dass alle Probekörper ein vergleichbares Alter aufweisen. In der vorliegenden Untersuchung wurden alle Probekörper gleichzeitig in einer Charge hergestellt. Die Versuche wurden jedoch über einen langen Zeitraum durchgeführt, z. B. 326 Tage für C40. Um die zunehmende Festigkeit während dieses Zeitraums zu berücksichtigen, wurden die Versuchstermine so geplant, dass der mit dem Szenario LS6 gemessene Reihenfolgeeffekt relativ zur Ermüdungslebensdauer, die mit Szenario LS5 an Proben mit vergleichbarem Alter ermittelt wurde.

2.2.3 Energetische Interpretation des Reihenfolgeeffektes

Die zusammengefassten experimentellen Ergebnisse zeigen, dass das (H-L)-Szenario das Ermüdungsversagen im Vergleich zur P-M-Prognose beschleunigt, während das (L-H)-Szenario es verzögert. Offensichtlich hat die Art der Belastungsfolge einen signifikanten Einfluss auf die Ermüdungslebensdauer von Beton. Allerdings ist ihre Reproduktion aufgrund der großen Streuung der Versuchsergebnisse und aufgrund der langen Dauer und des hohen Energieverbrauchs, die für die Durchführung von Versuchen mit einer ausreichend großen Anzahl von Proben erforderlich sind, schwierig. Außerdem scheinen die beschriebenen Trends nur für die Druckermüdung relevant zu sein. Der für Biegeversuche berichtete Sequenzeffekt zeigt einen umgekehrten Trend mit einem früheren Versagen für (L-H)- bzw. einem späteren Versagen für (H-L)-Szenarien /46/.

Eine Erklärung für die qualitative Diskrepanz zwischen dem experimentell ermittelten Reihenfolgeeffekt und der P-M-Prognose wurde im Zuge der Untersuchung anhand einer energetischen Betrachtung formuliert. Die Verläufe der Energiedissipation für die gleichmäßige zyklische Belastung (H) und (L) in Bild 2-13 dargestellt.

Entsprechend der experimentellen Auswertung (z. B. /37, 69/) wird die Energiedissipation für die Belastung (H) höher angenommen als für (L). Im linken Bild wird postuliert, dass beim Wechsel der zyklischen Belastung vom höheren Niveau (H) zum niedrigeren Niveau (L) das weitere Dissipationsprofil des (H-L)-Szenarios durch Superposition prognostiziert werden kann, indem auf den für das konstante Szenario (L) beobachteten Bereich umgeschaltet wird. Die Superposition erfolgt auf dem Energiedissipationsniveau $\mathcal{G}_\mathrm{H}$, das am Ende des ersten Belastungsbereichs (H) erreicht wird. In anderen Worten, der Fortsetzungspunkt auf dem Zweig $\mathcal{G}_\mathrm{L}$ ist mit der gleichen Menge an dissipierter Energie verbunden, d. h. $\mathcal{G}_\mathrm{L} = \mathcal{G}_\mathrm{H}$. Die Lebensdauer beim (H-L)-Szenario lässt sich dann als Summe der Teillebensdauern zu

$$\eta_{\mathrm{H-L}} = \eta_\mathrm{H} + \eta^*_{\mathrm{H-L}}, \tag{2-34}$$

ermitteln, wobei $\eta^*_{\mathrm{H-L}}$ der verbleibenden Ermüdungslebensdauer für das Belastungsszenario (L) vor dem Wechsel zwischen dem ersten und zweiten Belastungsniveau (H-L) entspricht:

$$\mathcal{G}_\mathrm{L}\,(\eta_\mathrm{L}) = \mathcal{G}_\mathrm{H}\,(\eta_\mathrm{H}) \tag{2-35}$$

Da die Energiedissipation G eine monoton ansteigende Funktion ist, kann sie wie folgt invertiert werden, um die Ermüdungslebensdauer zu ermitteln, die bei einem bestimmten Energiedissipationsniveau verbraucht wird:

$$\eta\,(\mathcal{G}) = \mathcal{G}^{-1}\,(\eta) \tag{2-36}$$

Dann kann die verbleibende Ermüdungslebensdauer $\eta^{*}_{\mathrm{H-L}}$ in Gl. (2-34) zu

$$\eta^{*}_{\mathrm{H-L}} = 1 - \eta_{\mathrm{L}}\,(\mathcal{G}_{\mathrm{H}}) \tag{2-37}$$

berechnet werden. Es bleibt zu klären, unter welchen Bedingungen die vorgeschlagene Überlagerung von Energiedissipationskurven wirklich zulässig ist. Hierzu kann man die durch die Belastung (H) verursachte Energiedissipation $\mathcal{G}_{\mathrm{H}}$ in Beziehung zu den irreversiblen Änderungen in der Materialstruktur des geprüften Probekörpers setzen. Die Verteilung dieser irreversiblen Veränderungen in jedem Punkt x des Probekörpers kann durch inelastische Zustandsfeldvariablen $\boldsymbol{S}(\boldsymbol{x})$ beschrieben werden. Diese Zustandsfeldvariablen erfassen den inelastischen Materialzustand in Form von plastischen Verformungen und von Schädigungsvariablen.

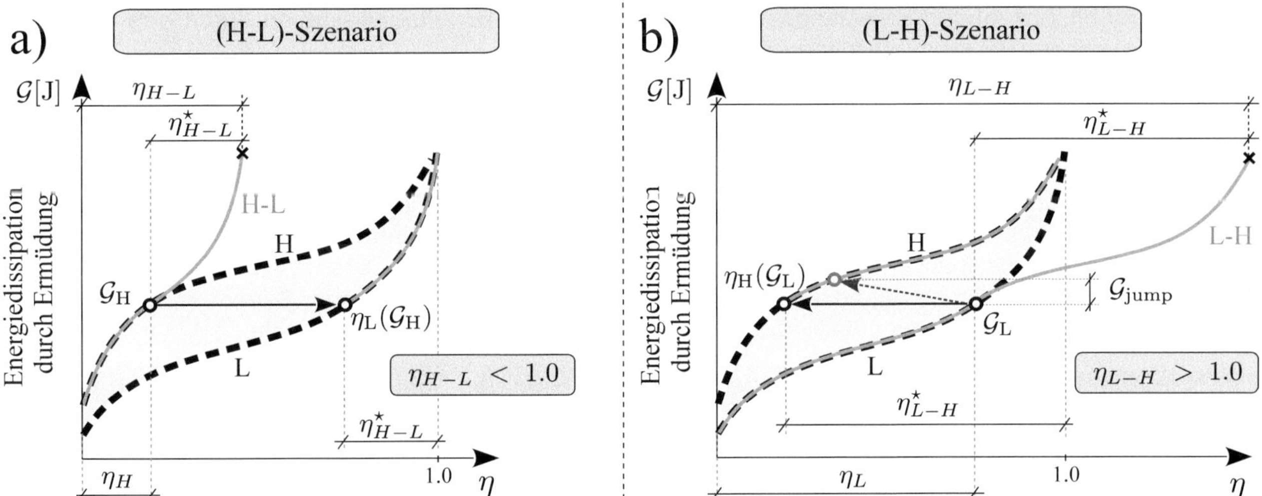

Bild 2-13: Qualitative Energieentwicklung in der Ermüdungslebensdauer als Erklärung für den Effekt der Belastungsreihenfolge bei Druckermüdung von Beton: a) (H-L)-Szenario; b) (L-H)-Szenario

Die beschriebene Superposition von Energiedissipationsprofilen ist dann zulässig, wenn die Zustandsfelder im ganzen Volumen der Probe gleichmäßig verlaufen, ohne eine Lokalisierung der dissipativen Mechanismen. Dies bedeutet, dass bei gleichen Dissipationsniveaus $\mathcal{G}_{\mathrm{H}}$ und $\mathcal{G}_{\mathrm{L}}$ für die Zustandsfelder folgendermaßen werden

$$\boldsymbol{S}_{\mathrm{H}}(\boldsymbol{x}) \approx \boldsymbol{S}_{\mathrm{L}}(\boldsymbol{x}) \tag{2-38}$$

Diese Anforderung ist nicht erfüllt, wenn ein Probekörper eine Lokalisierung der Dehnungen, Rissentwicklung und Rissausbreitung aufweist. Bei einer zyklischen Pre-Peak-Belastung kann diese Bedingung jedoch erfüllt werden. Berücksichtigt man, dass die hochzyklische Ermüdungsbeanspruchung in einem subkritischen Bereich liegt und dass gemäß Bild 2-9d)–f) der dominierende dissipative Mechanismus mit plastischen Verformungen innerhalb der Materialstruktur zusammenhängt, kann eine gleichmäßige Verteilung der Energiedissipation und der inelastischen Zustandsvariablen im Volumen angenommen werden.

Die Tatsache, dass die sich im Pre-Peak-Regime entwickelnde Schädigung relativ klein ist, während die plastische Dehnung schnell ansteigt, deutet darauf hin, dass das pulsierende plastische Gleiten entlang der Aggregatgrenzflächen als die dominierende Quelle der Energiedissipation angesehen werden kann /2, 70/. Ein so verteilter Dissipationsmechanismus zeigt keine Lokalisierung, zumindest nicht bis zum Ende der Lebensdauer. Daher ist die Annahme zulässig, dass die Veränderungen im Materialgefüge gleichmäßig über die Probe verteilt sind. In diesem Fall ist die Forderung nach einer näherungsweise äquivalenten Verteilung der inelastischen Zustandsvariablen gemäß Gleichung (2-38) erfüllt, so dass eine Abschätzung der Ermüdungslebensdauer für ein kombiniertes Szenario auf der Grundlage der Überlagerung der Energiedissipationskurven gemäß den Gleichungen (2-34) und (2-37) möglich wird.

Mit der vorliegenden Superpositionsregel können nun komplexe Belastungsszenarien innerhalb des Bereichs $\mathcal{G}(\eta)$ definiert und direkt eine kombinierte Ermüdungslebensdauer (z. B. für (H-L), (L-H) oder noch komplexere Belastungsszenarien) prognostiziert werden. Darüber hinaus liefert die energiebasierte Superposition eine transparente Erklärung für den in den durchgeführten Versuchsreihen beobachteten Reihenfolgeeffekt. Ein (H-L)-Szenario, wie in Bild 2-13b) dargestellt, muss zwangsläufig zu einer Verringerung der Ermüdungslebensdauer im Vergleich zur P-M-Regel führen. Andererseits führt ein (L-H)-Szenario, wie in Bild 2-13b) dargestellt, zu einer längeren Lebensdauer im Vergleich zur P-M-Regel.

Ein zusätzlicher Aspekt, der für das (L-H)-Szenario zu berücksichtigen ist, wird in Bild 2-13b) aufgezeigt. Während eine Lastreduzierung (H-L) als rein elastisch mit null Energiedissipation angenommen werden kann, kann der Wechsel vom (L)- zum (H)-Zyklusniveau mit Energiedissipation während der monoton ansteigenden Belastung assoziiert werden. Um die Energiedissipation durch diese Laststeigerung mit der Dissipation durch zyklische Belastung in Verhältnis zu setzen, betrachtet man die Ergebnisse für das stufenweise ansteigende Belastungsszenario LS3 in Bild 2-9. Da während des Lastanstiegs keine signifikante Reduktion der Steifigkeit zu erkennen ist, kann die Menge der dissipierten Energie während des Wechsels als relativ gering eingeschätzt werden. Generell kann man davon ausgehen, dass im Pre-Peak-Bereich die Energiedissipation innerhalb einer großen Anzahl von Belastungszyklen im Vergleich zur Energiedissipation durch den einmaligen Lastwechsel zwischen (L)- und (H)-Niveau dominiert.

Obwohl sich die Entwicklung der Dehnungen für den hochfesten Beton quantitativ von der eines Normalbetons unterscheidet, bleiben die Ermüdungskriechkurven qualitativ ähnlich. Auch der Reihenfolgeeffekt folgt dem gleichen Trend. Bei hochfestem Beton kann ein zusätzlicher lokaler dissipativer Mechanismus in Form von Rissen in der Gesteinskörnung das Verhalten im Bereich des ultimativen Versagens beeinflussen. Eine quantitative Aussage kann jedoch nur durch eine detailliertere experimentell-numerische Analyse der Interaktion zwischen den lokalen dissipativen Effekten möglich gemacht werden. Dieser Aspekt wird aktuell im Rahmen des DFG-SPP 2020 „Zyklische Schädigungsprozesse in Hochleistungsbetonen im Experimental-Virtual-Lab“ mit Hilfe numerischer Modelle mit detaillierter Auflösung der Materialstruktur untersucht.

2.2.4 Numerische Analyse des Reihenfolgeeffektes mit Hilfe des Schädigungsmodells nach Alliche

Der bereits im Abschnitt 2.1.2 beschriebene und validierte Modellierungsansatz nach Alliche /5/ wurde aus folgenden Gründen gewählt:

- Er ist in einer inkrementellen Form formuliert, was seine Anwendbarkeit auf jede Art von Belastungsszenario ermöglicht.
- Das Modell kann in einer spannungsgesteuerten Formulierung implementiert werden, um den Betonzylinderversuch unter Druckbelastung Zyklus für Zyklus unter der Annahme eines gleichmäßigen Spannungszustandes effizient zu simulieren.

Allerdings können auch andere Modelle, die die dissipativen Effekte während der Belastungszyklen abbilden, z. B. /6/, oder das vorgestellte Microplane-Modell verwendet werden. Bei der Druckbelastung sind beide Arten von unelastischen Modellen möglich, um die verfügbaren experimentellen Beobachtungen der Auswirkungen der Belastungsreihenfolge auf die Ermüdung zu interpretieren und eine Grundlage für den Vorschlag einer Ingenieurregel zu entwickeln.

Modellkalibrierung und -validierung:

Das Modell wurde anhand der Ermüdungsversuche mit konstanten Amplituden kalibriert, die vom Projektpartner IfMa-Hannover durchgeführt wurden, wie in Abschnitt 2.1.2 beschrieben (siehe Tabelle 2-11). Die erhaltenen Materialparameter sind in Tabelle 2-2 zusammengefasst.

Die experimentellen Ergebnisse des am IMB der RWTH durchgeführten Versuchsprogramms mit schrittweise steigender Maximallast (vgl. Abschnitt 2.2.2) wurden zur Validierung des Modells verwendet (siehe Tabelle 2-11). Das Kalibrierungs- und Validierungsverfahren für das Modell ist in Bild 2-14a), b), d) und e) dargestellt.

Tabelle 2-11: Berücksichtigte Belastungsszenarien mit verfügbaren experimentellen Daten

Belastungsszenario	Abbildung	Ziel	Durchgeführt von
konstante Amplituden	S^{max}, N	Kalibrierung	Schneider et al., 2018 /53/
stufenweise steigende zyklische Belastung	S_{max}, N	Validierung	Baktheer et al., 2018 /71/
Ermüdungsbelastung mit zwei Belastungsniveaus und unterschiedlicher Reihenfolge	S^{max} H-L N, S^{max} L-H N	Qualitative Validierung des Effekts der Belastungsreihenfolge	Holmen, 1982 /44/

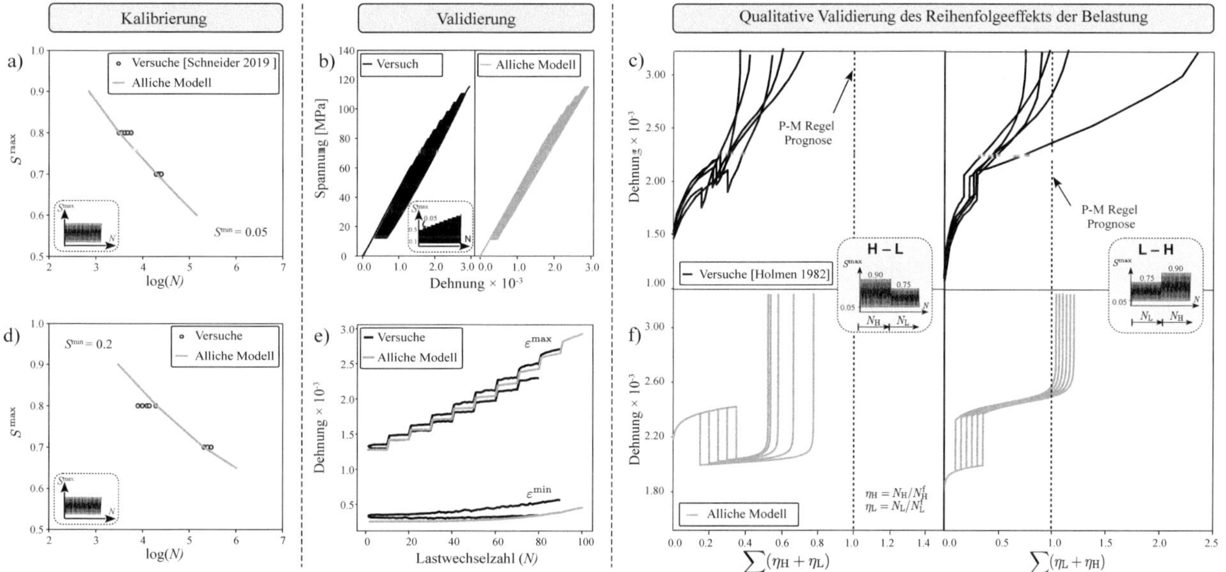

Bild 2-14: a) Modellkalibrierung bei konstanten Amplituden anhand der experimentellen Ergebnisse in /53/; b) Modellvalidierung anhand der durchgeführten Versuche mit dem stufenweise steigenden Belastungsszenario ; c) qualitativer Vergleich des Effekts der Belastungsreihenfolge zwischen den numerischen und den experimentellen Ergebnissen von /44/

Qualitative Validierung des Effekts der Belastungsreihenfolge:

Die experimentellen Ergebnisse von Holmen /44/, der den Effekt der Belastungsreihenfolge für die Betonklasse C40 untersuchte, zeigt Bild 2-14c) in Form von Ermüdungskriechkurven für die Belastungsszenarien (H-L) und (L-H) entsprechend Tabelle 2-11. Der Wert der verbrauchten Ermüdungslebensdauer des ersten Belastungsbereichs wurde festgelegt auf 15, 20, 25, 27 und 30 %. Die Lebensdauer auf der horizontalen Achse ist in Bezug auf die mit der P-M-Regel prognostizierte Lebensdauer normalisiert. Das Versagen für das (H-L)-Szenario wurde deutlich früher beobachtet als durch die P-M-Regel vorhergesagt. Andererseits führte die umgekehrte Reihenfolge der Laststufen (L-H) zu einer Ermüdungslebensdauer, die in einigen Fällen länger war als die Abschätzung der P-M-Regel.

Die Prognosen des numerischen Modells nach /5/ für die untersuchte Betonklasse C120 unter Verwendung der Parameter aus Tabelle 2-2, die denselben Belastungsszenarien ausgesetzt sind, sind in Bild 2-14f) dargestellt. Obwohl die im Versuch (C40) und in der Simulation (C120) verwendeten Betonklassen unterschiedlich waren, konnten die experimentell beobachtete relative Reduzierung der Lebensdauer bei (H-L)-Belastung und die relative Verlängerung der Lebensdauer bei (L-H)-Belastung durch das numerische Modell qualitativ reproduziert werden. Dennoch liefert das Modell plausible Ergebnisse und reproduziert den im Versuch beobachteten qualitativen Trend für den Reihenfolgeeffekt. Im Hinblick auf den Mangel an experimentellen Daten kann das validierte Modell somit für eine systematische Untersuchung der Auswirkung der Belastungsreihenfolge auf eine umfangreiche Skala von Belastungskonfigurationen als Grundlage für die verfeinerte Regel für die Akkumulation von Ermüdungsschädigungen in Beton verwendet werden.

2.2.5 Erweiterte Bemessungsregel für die Ermüdungsrestlebensdauer

Wie in den vorherigen Abschnitten anhand der experimentellen (Abschnitt 2.2.2), theoretischen (Abschnitt 2.2.3), und numerischen (Abschnitt 2.1) Untersuchungen diskutiert, erlaubt die P-M-Regel keine zuverlässige Vorhersage des Reihenfolgeeffektes. Sie bildet jedoch die Grundlage für die Bemessung in den aktuellen Normen. Als Alternative zur P-M-Regel, die eine lineare Schadensakkumulation annimmt, sind nichtlineare Schadensakkumulationsregeln vorgeschlagen worden /72, 73/. Diese Regeln wurden auf der Grundlage einer geringen Anzahl von Versuchen mit spezifischen Belastungsszenarien abgeleitet, so dass ihr Gültigkeitsspektrum als sehr eng angenommen werden kann und nicht zu erwarten ist, dass sie die Auswirkungen der Belastungsreihenfolge in einem breiten Anwendungsbereich realistisch erfassen.

Basierend auf den vorgestellten numerischen und experimentellen Untersuchungen in den Abschnitten 2.1 und 2.2.2 wird nachfolgend eine erweiterte Regel für die Ermüdungsrestlebensdauer von Beton vorgeschlagen, die den Einfluss der Reihenfolge der Belastungsbereiche auf die verbleibende Ermüdungslebensdauer berücksichtigt. Diese Regel wird als eine Erweiterung der P-M-Regel in folgender Form eingeführt:

$$\eta = \sum_{i=1}^{n} \frac{N_\mathrm{i}}{N_\mathrm{i}^\mathrm{f}} + \sum_{i=1}^{n-1} \Delta\eta_i = 1\,, \tag{2-39}$$

Formulierung der erweiterten Regel:

Wie zuvor bei der Einführung der Gleichung (2-39) erläutert, wird der Effekt der Belastungsreihenfolge in einem zusätzlichen Term der P-M-Regel berücksichtigt. Nach Gl. (2-39) erfolgt in Analogie zur P-M-Regel das Ermüdungsversagen, wenn die kumulative Ermüdungsschädigung $\eta = 1$ ist. Die verbrauchte Ermüdungslebensdauer der jeweils i-ten Belastungsstufe über die gesamte Lebensdauer ist gegeben als $\eta_i = N_i \,/\, N_i^\mathrm{f}$. Die Erweiterung der P-M-Regel wird durch die Korrekturterme $\Delta\eta_i$ eingeführt, die die Effekte eines Wechsels zwischen den zyklischen Belastungsbereichen i und $i+1$ auf das Druckermüdungsverhalten abbilden. Der Korrekturterm $\Delta\eta_i$ wird als eine Response-Funktion der Parameter zur Beschreibung des Lastsprungs wie folgt eingeführt:

$$\Delta\eta_i \overset{\mathrm{def}}{=} \mathcal{R}\left(\bar{S}_i, \Delta S_i^\mathrm{max}, \Delta S_i^\mathrm{min}, \tilde{\eta}_i\right). \tag{2-40}$$

Die einzelnen Parameter der Response-Funktion haben die folgende Bedeutung (Bild 2-15):

- Das Mittellastniveau $\bar{S}_i$ innerhalb der beiden Belastungsbereiche ist gegeben als $\bar{S}_i = (S_i^\mathrm{m} + S_{i+1}^\mathrm{m})/2$, wobei $S_i^\mathrm{m}, S_{i+1}^\mathrm{m}$ die Mittelwerte der einzelnen Lastbereiche i, $i+1$ sind, angegeben als $S_i^\mathrm{m} = (S_i^\mathrm{max} + S_i^\mathrm{min})/2$ und $S_{i+1}^\mathrm{m} = (S_{i+1}^\mathrm{max} + S_{i+1}^\mathrm{min})/2$.
- Die Sprünge ΔS_i^max und ΔS_i^min zwischen dem oberen und unteren Niveau der beiden nachfolgenden Belastungsbereiche $S_i^\mathrm{max}, S_{i+1}^\mathrm{max}$ und $S_i^\mathrm{min}, S_{i+1}^\mathrm{min}$ werden als $\Delta S_i^\mathrm{max} = S_{i+1}^\mathrm{max} - S_i^\mathrm{max}$ bzw. $\Delta S_i^\mathrm{min} = S_{i+1}^\mathrm{min} - S_i^\mathrm{min}$ eingegeben.
- Der Parameter $\tilde{\eta}_i$ repräsentiert die kumulativ verbrauchte Ermüdungslebensdauer vor dem Belastungssprung zwischen den Belastungsbereichen i und $i+1$.

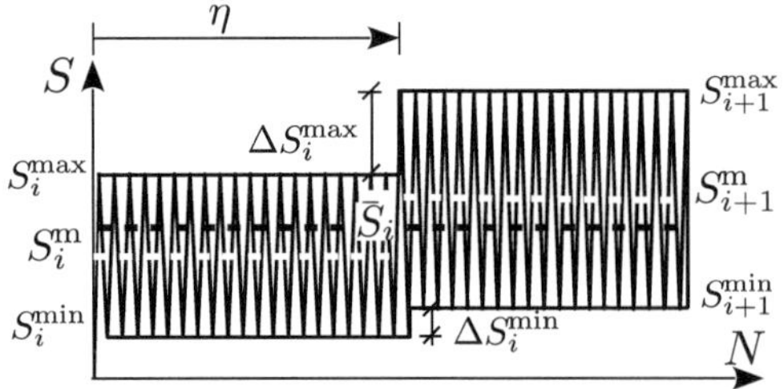

$$\begin{aligned}\bar{S}_i &= \frac{S_i^\mathrm{m} + S_{i+1}^\mathrm{m}}{2} \\ &= \frac{1}{4}(S_i^\mathrm{max} + S_{i+1}^\mathrm{max} + S_i^\mathrm{min} + S_{i+1}^\mathrm{min}) \\ \Delta S_i^\mathrm{max} &= S_{i+1}^\mathrm{max} - S_i^\mathrm{max} \\ \Delta S_i^\mathrm{min} &= S_{i+1}^\mathrm{min} - S_i^\mathrm{min}\end{aligned}$$

Bild 2-15: Darstellung der Belastungsparameter

Zur Konstruktion der Response-Funktion wurde das validierte numerische Modell mit den Werten der Lastsprungparameter, die den relevanten Wertebereich abdecken, verwendet. Die Analyse fokussierte sich auf Belastungsszenarien, bei denen das untere Belastungsniveau konstant gehalten wurde, d. h. $\Delta S_i^\mathrm{min} = 0$.

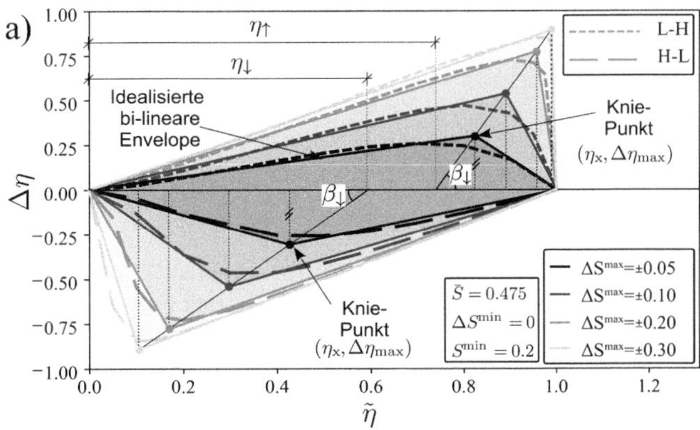

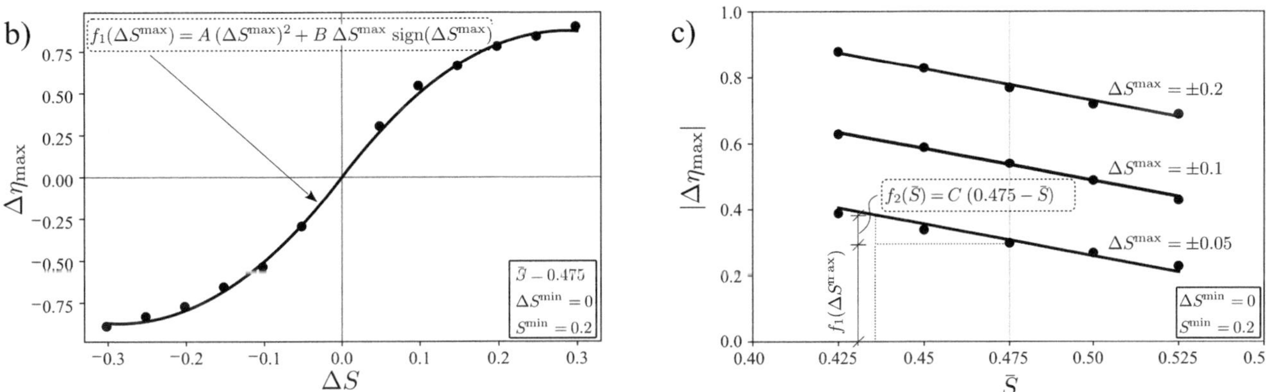

Bild 2-16: Analyse der Ergebnisse der zwei Belastungsstufen: a) idealisierte bilineare Kurve von $\Delta\eta$ für verschiedene Werte des Belastungssprungs ΔS^{max}; b) Beziehung zwischen dem Belastungssprung ΔS^{max} und dem Horizontalwert des Kniepunktes $\Delta\eta_{max}$; c) Beziehung zwischen dem Mittellastniveau $\bar{S}_i$ und dem Horizontalwert des Kniepunkts $\Delta\eta_{max}$ für verschiedene Werte des Belastungssprungs ΔS^{max}

Der erste Auswertungsschritt auf die Response-Funktion erfolgt entlang der Achse, die mit der verbrauchten Ermüdungslebensdauer vor dem Sprung $\tilde{\eta}_i$ in Bild 2-16a) dargestellt wurde. Die dargestellten Isolinien der Lebensdauern wurden berechnet, wobei das mittlere Belastungsniveau auf $\bar{S}_i = 0{,}475$ gesetzt und der obere Sprungparameter mit $\Delta S^{max} \in [\pm0{,}05, \pm0{,}1, \pm0{,}2, \pm0{,}3]$ variiert wurden. In Übereinstimmung mit den bisherigen Untersuchungen ergibt sich eine Verlängerung der Lebensdauer für positive Sprünge $\Delta S_i^{max} > 0$, was einer (L-H)-Sequenz entspricht, und eine Reduzierung der Lebensdauer für negative Sprünge $\Delta S_i^{max} < 0$, was einer (H-L)-Sequenz entspricht.

Der Blick auf die in Bild 2-16a) gezeigte Response-Fläche entlang der $\tilde{\eta}$-Achse für verschiedene Werte von ΔS_i^{max} zeigt, dass sie mit einer bilinearen Approximation ausreichend gut abgebildet werden kann. Diese Eigenschaft der Response-Fläche wurde ausgenutzt, um die Verbindungslinie zwischen den Kniepunkten mit den Koordinaten $(\eta_x\,, \Delta\eta_{max})$ wie folgt zu konstruieren:

$$\Delta\eta_i = \begin{cases} \Delta\eta_{max}\left(1 - \dfrac{\eta_x - \tilde{\eta}_i}{\eta_x}\right), & 0 < \tilde{\eta}_i \leqslant \eta_x \\ \Delta\eta_{max}\left(\dfrac{\tilde{\eta}_i - 1}{\eta_x - 1}\right), & \eta_x < \tilde{\eta}_i < 1 \end{cases} \tag{2-41}$$

Um den gesamten Bereich der möglichen Lastszenarien mit konstanter Unterlast abzudecken, wurde die Response-Funktion im Bereich des mittleren Lastniveaus S_i = 0,475 ausgewertet (vgl. Bild 2-16b) und c)). Basierend auf den numerischen Ergebnissen, die als schwarze Punkte dargestellt sind, wird vorgeschlagen, $\Delta\eta_{max}$ als eine Funktion der Sprungparameter zu approximieren, weshalb der Stufenindex der Einfachheit halber weggelassen wird:

$$\Delta\eta_{max}\,(\bar{S}, \Delta S^{max}) = [f_1(\Delta S^{max}) + f_2(\bar{S})] \cdot \mathrm{sign}(\Delta S^{max}), \tag{2-42}$$

mit

$$f_1(\Delta S^{\max}) = A \cdot (\Delta S^{\max})^2 + B \cdot \Delta S^{\max} \cdot \operatorname{sign}(\Delta S^{\max}), \tag{2-43}$$

$$f_2(\bar{S}) = C \cdot (0.475 - \bar{S}). \tag{2-44}$$

Dabei sind A, B, C Materialparameter, die anhand der numerischen Simulation des Ermüdungsverhaltens in zwei Belastungsbereichen ermittelt wurden und für die untersuchte Betonklasse wie folgt angenommen werden können: $A = -10{,}66$; $B = 6{,}1$; $C = 2{,}0$.

Jeder der 12 Punkte in Bild 2-16b) wurde für 11 Stufen der verbrauchten Ermüdungslebensdauer $\tilde{\eta}$ ermittelt. Außerdem wurde jede Stufe von $\tilde{\eta}$ für 5 Stufen des Mittelwerts der Belastung $\bar{S}$ berechnet. Somit wurden 12 x 11 x 5 = 660 Simulationen durchgeführt, um die Parameter A, B und C zu erhalten, die die Response-Fläche definieren.

Aus Bild 2-16a) lässt sich weiterhin schließen, dass der horizontale Wert η_x als linear abhängig von $\Delta\eta_{\max}$ mit unterschiedlichen Linearitätskoeffizienten für positive und negative Lastsprünge angenommen werden kann, d. h.

$$\eta_x = \begin{cases} \eta_\uparrow + \Delta\eta_{\max}/\tan(\beta_\uparrow), & \Delta\eta_{\max} > 0 \\ \eta_\downarrow + \Delta\eta_{\max}/\tan(\beta_\downarrow), & \Delta\eta_{\max} < 0 \end{cases} \tag{2-45}$$

Die Symbole $\eta_\uparrow, \beta_\uparrow, \eta_\downarrow, \beta_\downarrow$ bezeichnen hier Materialparameter, welche für Betonmatrix folgendermaßen bestimmt wurden: $\eta_\uparrow = 0{,}74$; $\beta_\uparrow = 74{,}7°$; $\eta_\downarrow = 0{,}59$; $\beta_\downarrow = 60{,}5°$.

Mit den ermittelten Materialparametern ist eine Approximation der erweiterten Ermüdungsakkumulationsregel (2-39) vorhanden. Die erforderlichen sieben Parameter wurden aus den Ermüdungsversuchen mit zwei konstanten Lastbereichen und aus den numerischen Simulationen der zweistufigen Belastungsreihenfolge (H-L) und (L-H) ermittelt.

Validierung der vorgeschlagenen erweiterten Regel:

Betrachtet wird ein Szenario mit zwei Belastungsbereichen, nachdem ein bestimmter Anteil der Ermüdungslebensdauer η_1 verbraucht wurde. Die Prognose für die verbleibende Ermüdungslebensdauer η_{rem} des zweiten Bereichs lautet dann:

$$\eta_{\text{rem}} = 1 - \eta = 1 - \eta_1 - \Delta\eta_1 \tag{2-46}$$

Bei der Berechnung des Korrekturterms $\Delta\eta_1$ mit Hilfe der Approximation der Response-Flächenfunktion (2-40) wird die verbrauchte Ermüdungslebensdauer vor dem ersten Sprung auf den Wert

$$\tilde{\eta}_1 = \eta_1 \tag{2-47}$$

gesetzt. Für drei Belastungsbereiche kann ein ähnliches Verfahren angewendet werden. Die verbleibende Lebensdauer ergibt sich zu

$$\eta_{\text{rem}} = 1 - \eta = 1 - \eta_1 - \Delta\eta_1 - \eta_2 - \Delta\eta_2 \tag{2-48}$$

Die verbrauchte Ermüdungslebensdauer vor dem zweiten Belastungssprung zwischen den Stufen (2, 3) ist gegeben als

$$\tilde{\eta}_2 = \tilde{\eta}_1 + \Delta\eta_1 + \eta_2 \tag{2-49}$$

Damit stellt $\tilde{\eta}_i$ eine vom Verlauf abhängige Zustandsvariable dar, die den Ermüdungslebensdauerverbrauch im Verlauf der Historie bis zum Lastwechsel i, $i + 1$ erfasst.

Validierung anhand der Simulation:

In den beiden folgenden Studien wird die mit den approximierten Korrekturtermen ermittelte, verbleibende Ermüdungslebensdauer mit den expliziten, Zyklus für Zyklus durchgeführten, nichtlinearen numerischen Simulationen mit dem Modell nach Alliche sowie der P-M-Regel verglichen. Dabei wurden zwei Szenarien betrachtet; die Ergebnisse sind in Bild 2-17 zusammengefasst:

- Szenario 1 mit zwei Belastungsstufen:
  Die Prognose der verbleibenden Ermüdungslebensdauer, die sich aus der vorgeschlagenen Regel zur Bewertung der Ermüdung ergibt, wird mit roten Punkten dargestellt und mit den numerisch berechneten

Ergebnissen verglichen, die den gesamten Ermüdungsprozess Zyklus für Zyklus simulieren. In Bild 2-17a) links sind drei verschiedene Werte für den Amplitudensprung $\Delta S^{\max}$ dargestellt. Die mit der P-M-Regel vorhergesagten Ergebnisse sind als schwarze Punkte dargestellt. Sie zeigen eine signifikante Abweichung von den numerisch ermittelten Ergebnissen, die mit zunehmendem Belastungssprung $\Delta S^{\max}$ wächst, wie aus den drei erkennbaren Verläufen der mit P-M-Regel erhaltenen Versagenspunkte hervorgeht. Der Einfluss des mittleren Lastsprungwertes wurde in Bild 2-17a) rechts untersucht und zeigt eine starke Abweichung der P-M-Regel von den Simulationsergebnissen. Zusammengefasst zeigt die Vorhersage der vorgeschlagenen Regel für die zweistufigen Belastungsszenarien eine gute Übereinstimmung mit den numerisch simulierten Ergebnissen im Vergleich zur Vorhersage der P-M-Regel im gesamten Bereich der Parameter $\bar{S}_i, \Delta S_i^{\max}$ und $\tilde{\eta}_i$.

- Szenario 2 mit mehreren Belastungsstufen:
  Um die Validität der Regel bei mehreren Belastungsstufen zu überprüfen, wurden zwei Szenarien mit drei Belastungsbereichen verwendet, nämlich (H-L-H) und (L-H-L). Konkret wurden verschiedene Kombinationen der verbrauchten Ermüdungslebensdauer $\tilde{\eta}$ des ersten und des zweiten Belastungsbereichs festgelegt. Die verbleibende Ermüdungslebensdauer des dritten Belastungsbereichs wurde dann prognostiziert. Die Ergebnisse für die Belastungsszenarien (H-L-H) und (L-H-L) sind in Bild 2-17b) dargestellt. Diese Ergebnisse zeigen, dass, obwohl die vorgeschlagene Regel auf der Grundlage von zwei Belastungsstufen kalibriert wurde, das Ermüdungsverhalten für Belastungsszenarien auch für mehrere Belastungsstufen reproduziert werden kann.

Validierung anhand der vorhandenen experimentellen Daten:

Die beschriebenen Regeln werden in Bild 2-18 mit den verfügbaren experimentellen Daten von Ermüdungsversuchen mit Reihenfolgeeffekt verglichen. Die Diagramme in Bild 2-18a) bis c) zeigen die Ergebnisse aller Versuche mit (H-L)- und (L-H)-Belastungsszenarien, die in Form von verbrauchten Ermüdungslebensdauerdiagrammen dargestellt sind. Die Prognosen der P-M-Regel sowie der anderen untersuchten Regeln sind enthalten. Aus den Versuchsergebnissen ist ersichtlich, dass die Mehrheit der (L-H)-Versuche mit $\sum \eta > 1{,}0$, d. h. oberhalb der Vorhersage der P-M-Regel, versagt, während die Mehrheit der (H-L)-Versuche mit $\sum \eta < 1{,}0$, d. h. unter der Vorhersage der P-M-Regel, versagt.

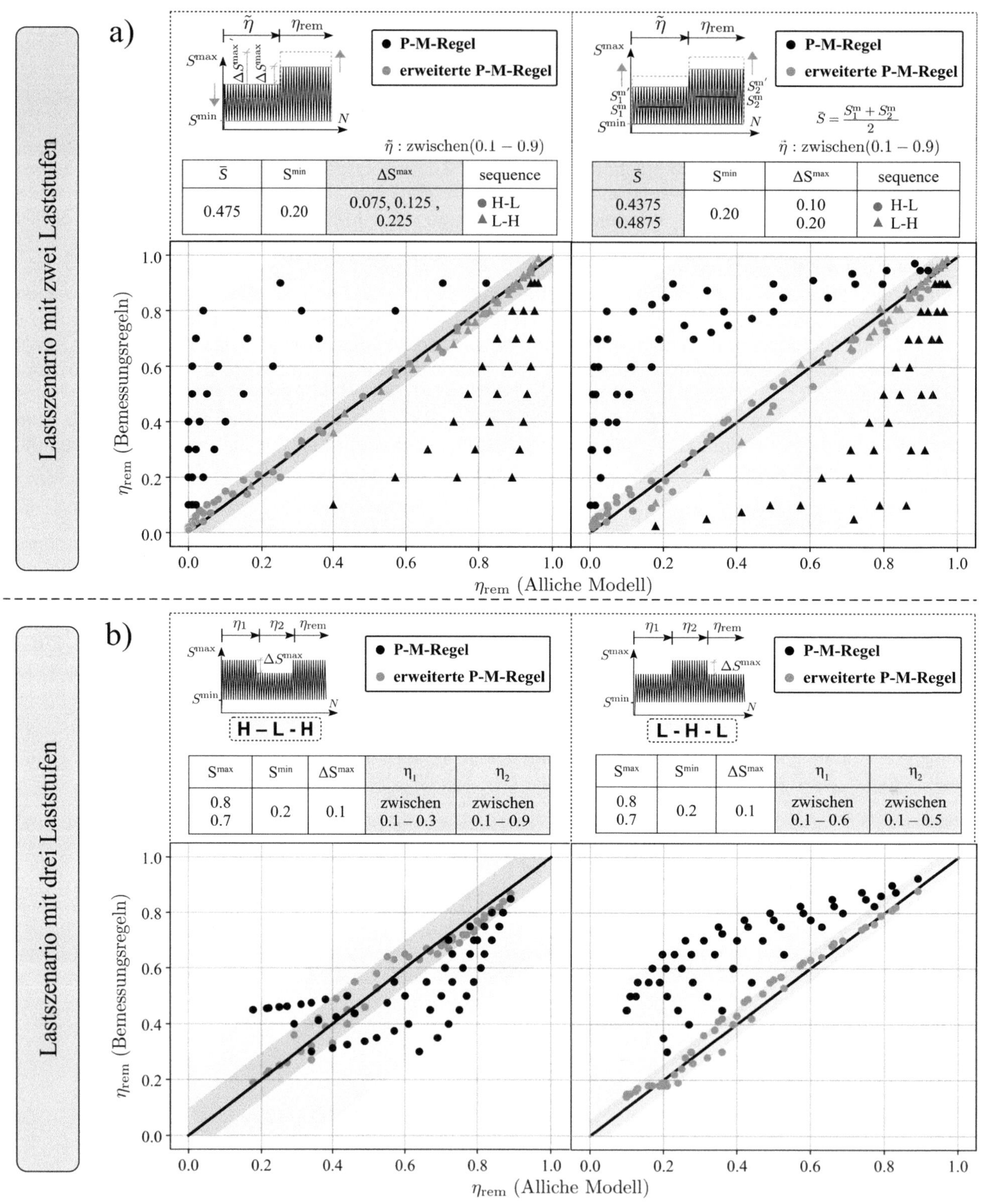

$\bar{S}$	S^{min}	ΔS^{max}	sequence
0.475	0.20	0.075, 0.125, 0.225	● H-L ▲ L-H

$\bar{S}$	S^{min}	ΔS^{max}	sequence
0.4375 0.4875	0.20	0.10 0.20	● H-L ▲ L-H

S^{max}	S^{min}	ΔS^{max}	η_1	η_2
0.8 0.7	0.2	0.1	zwischen 0.1 – 0.3	zwischen 0.1 – 0.9

S^{max}	S^{min}	ΔS^{max}	η_1	η_2
0.8 0.7	0.2	0.1	zwischen 0.1 – 0.6	zwischen 0.1 – 0.5

Bild 2-17: Validierung der vorgeschlagenen erweiterten Regel zur Prognose der verbleibenden Ermüdungslebensdauer: a) Szenario mit zwei Belastungsniveaus; b) Szenario mit drei Belastungsniveaus

In der zweiten Zeile von Bild 2-18 ist eine andere Ansicht der Versuchsergebnisse dargestellt, wobei auf der horizontalen Achse die verbrauchte Ermüdungslebensdauer des ersten angewendeten Belastungsbereichs angezeigt wird, d. h. η_H für das (H-L)-Szenario und η_L für das (L-H)-Szenario. Die vertikale Achse stellt die gesamte verbrauchte Ermüdungslebensdauer für beide Belastungsbereiche $\sum\eta = \eta_H + \eta_L$ dar. Die Mittelwerte aller Versuchsergebnisse sind als schwarze gestrichelte Linie für das (L-H)-Szenario und als graue gestrichelte Linie für das (H-L)-Szenario dargestellt. Der Mittelwert aller in Abschnitt 2.2.2 dargestellten (H-L)-Versuche betrug $\sum\eta = 0{,}86$, der Mittelwert aller (L-H)-Versuche ergibt sich zu $\sum\eta = 1{,}52$.

Offensichtlich zeigt die von Shah /72/ vorgeschlagene nichtlineare Schädigungsakkumulationsregel eine gleichmäßige Reduzierung der Ermüdungslebensdauer für beide Belastungsfolgen (H-L) und (L-H), siehe Bild 2-18b) und e). Dies bedeutet, dass diese Regel den Effekt der Belastungsreihenfolge nicht berücksichtigt und zu einer konservativen Prognose für einige Szenarien führen kann. Andererseits zeigen die Ergebnisse der von Grzybowski und Meyer /73/ vorgeschlagenen Regel eine geringere Empfindlichkeit gegenüber der Belastungsreihenfolge und liefern eine Vorhersage, die der P-M-Regel ähnlich ist, wie in Bild 2-18a) und d) dargestellt. Die mit der vorgeschlagenen erweiterten P-M-Regel erhaltenen Ergebnisse (Bild 2-18c) und f)) zeigen Trends, die mit den in den vorgestellten Experimenten und den in der Literatur veröffentlichten Ergebnissen übereinstimmen /44, 45, 59/. Diese Regel erfasst die Effekte der Belastungsreihenfolge auf realistischere Weise als die beiden anderen existierenden Regeln.

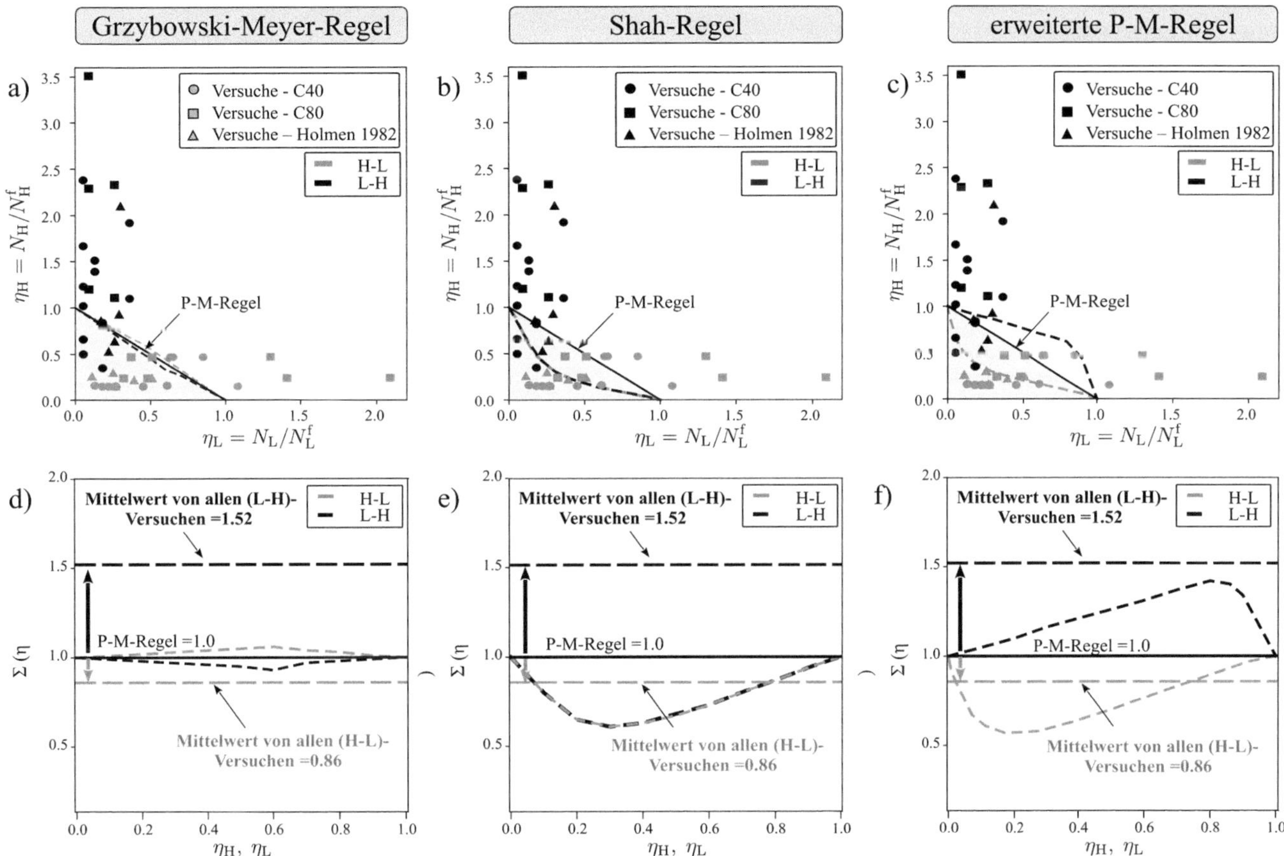

Bild 2-18: Bewertung der Regeln anhand der Versuchsergebnisse: a), d) Grzybowski-Meyer-Regel; b), e) Shah-Regel; c), f) vorgeschlagene erweiterte P-M-Regel

2.3 Microplane-Ermüdungsmodell für das Ermüdungsverhalten von Beton unter Druckbeanspruchung

2.3.1 Allgemeines

Experimentelle Beobachtungen der Mikrorissentwicklung in der Materialstruktur des Betons während der Ermüdungsbelastung wurden kürzlich von Skarzynski et al. /74/ vorgestellt (siehe Bild 2-19a)). Die CT-Bilder der Röntgen-Mikro-Computertomographie eines Würfels während der Ermüdungsbelastung zeigen, dass fast alle Mikrorisse entlang der Grenzflächen zwischen der Zementmatrix und den Zuschlagkörnern auftreten. Ähnliche Beobachtungen wurden auch von /75/ berichtet. Die Mikrorisse wachsen innerhalb eines kleinen Verformungsbereichs, was darauf schließen lässt, dass die Dissipation aufgrund des wechselseitigen Verschiebens und Öffnens von Grenzflächen eine wichtige Rolle bei der triaxialen Spannungsumlagerung bei pulsierender subkritischer Belastung spielt.

Mehrere miteinander gekoppelte, dissipative Mechanismen sind in die Entwicklung von Ermüdungsschädigung in der Materialstruktur unter subkritischen Spannungsbedingungen eingebunden, wie z. B. die Auslösung und Ausbreitung von Mikrorissen, ihr wiederholtes Öffnen und Schließen sowie die innere Reibung entlang der Rissoberflächen /76–78/. Für ein konsistentes Modell der Betonermüdung ist es daher unerlässlich, die Energiedissipation in Übereinstimmung mit den erwähnten dissipativen Mechanismen zu berücksichtigen. Die diskutierten Mechanismen wurden in einem phänomenologischen Mikroplane-Materialmodell abgebildet, das im thermodynamischen Rahmen formuliert ist und für realistische 3D-Simulationen verwendet werden kann. Das resultierende Modell erfasst mehrere interagierende, dissipative Mechanismen (Bild 2-19b)).

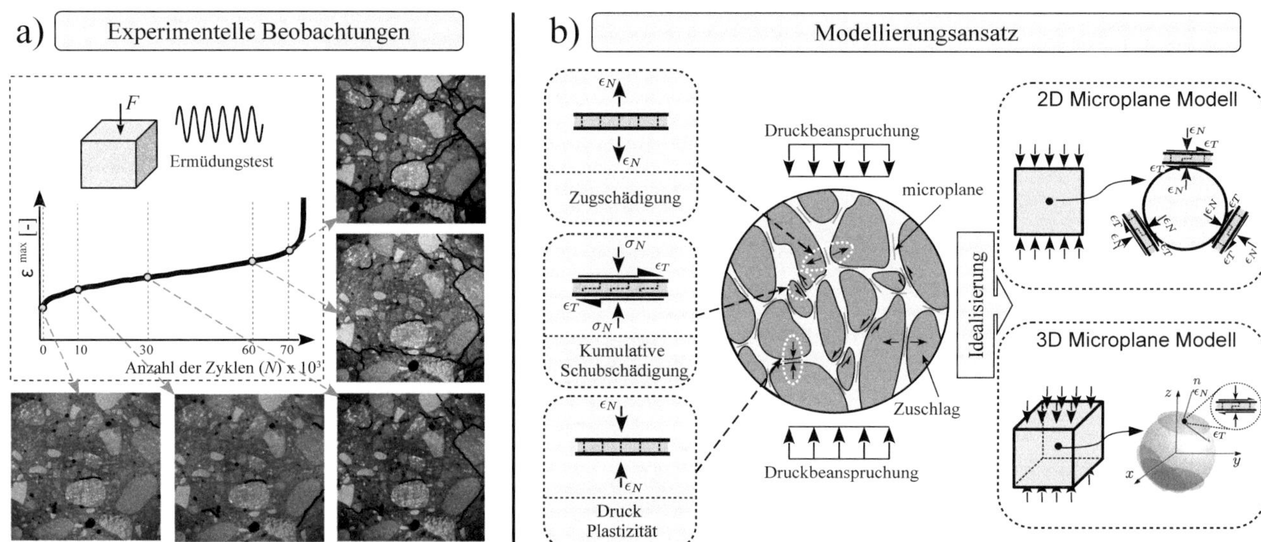

Bild 2-19: a) Experimentelle Beobachtungen der Mikrorissentwicklung unter Ermüdungsbelastung mithilfe von CT-Bildern, die von /74/ präsentiert wurden (Beton C50); b) dissipative Mechanismen, die im entwickelten Microplane-Modell enthalten sind, und Darstellung der Mikrostruktur, die ein System von dissipativen Mikroebenen enthält, die innerhalb einer 2D- oder 3D-Idealisierung integriert sind

2.3.2 Formulierung des Microplane-Ermüdungsmodells

Im Vergleich zu den traditionellen Materialmodellen mit einer direkten Beziehung zwischen dem Dehnungs- und dem Spannungstensor führen die Microplane-Modelle eine konstitutive Beziehung zwischen Dehnungs- und Spannungsvektoren auf der Ebene von sogenannten Mikroflächen ein, die auf einer Hemisphäre den Zustand eines Materialpunktes abbilden. Die Abbildung des Dehnungstensors auf den Spannungstensor erfolgt in mehreren Schritten, beginnend mit einer Projektion auf die orientierten Mikroflächen, die als eine Diskretisierung des Tensorzustandes angesehen werden kann. Im zweiten Schritt wird das konstitutive Gesetz auf jeder Mikrofläche ausgewertet, um den Spannungsvektor zu erhalten. Schließlich wird der Spannungstensor durch die numerische Integration der Spannungsvektoren über die gesamte Hemisphäre, d. h. alle Mikroflächen, bestimmt.

Kinematische Kompatibilität:

Die Projektion der Dehnungskomponenten auf die Mikroflächen, d. h. die normale Dehnung ε_N und der tangentiale Dehnungsvektor $\boldsymbol{\varepsilon}_\mathrm{T}$, wird wie folgt beschrieben

$$\varepsilon_\mathrm{N} = \boldsymbol{N} : \varepsilon \tag{2-50}$$

$$\boldsymbol{\varepsilon}_\mathrm{T} = \mathbf{T} : \varepsilon \tag{2-51}$$

wobei $\boldsymbol{N}$ der Rang-zwei-Tensor und $\mathbf{T}$ der Rang-drei-Tensor ist. Beide ergeben sich wie folgt:

$$\boldsymbol{N} = \boldsymbol{n} \otimes \boldsymbol{n} \tag{2-52}$$

$$\mathbf{T} = \boldsymbol{n} \cdot \mathbb{I}_\mathrm{sym} - \boldsymbol{n} \otimes \boldsymbol{n} \otimes \boldsymbol{n} \tag{2-53}$$

Dabei steht $\boldsymbol{n}$ für den Normalvektor jeder Mikrofläche und $\mathbb{I}_\mathrm{sym}$ ist der symmetrische Teil des Rang-vier-Identitätstensors.

Konstitutive Gesetze für die Microplane-Ebene:

Die konstitutiven Gesetze auf der Microplane-Ebene werden im thermodynamischen Rahmen formuliert und erfassen mehrere Mechanismen, d. h. Schädigung und Plastizität bei Zug- oder Gleitbeanspruchung der zwischen Komponenten der heterogenen Materialstruktur, wie in Bild 2-19 dargestellt. Die makroskopische freie Helmholtz-Energie kann als die Summe der freien Helmholtz-Energien der normalen und tangentialen Richtungen definiert werden

$$\psi^\mathrm{mac} = \frac{\chi}{\pi}\int_\Omega \psi^\mathrm{mic} d\Omega = \frac{\chi}{\pi}\int_\Omega \psi_\mathrm{N}^\mathrm{mic} d\Omega + \frac{\chi}{\pi}\int_\Omega \psi_\mathrm{T}^\mathrm{mic} d\Omega \tag{2-54}$$

wobei der Integrationsfaktor χ im 3D-Fall auf 3/2 und im 2D-Fall auf 1 gesetzt wird.

a) Normalrichtung:

Das thermodynamische Potenzial, das mit den Spannungs- und Dehnungskomponenten in der Normalrichtung zur Mikrofläche verbunden ist, ist wie folgt definiert:

$$\rho\psi_\mathrm{N}^\mathrm{mic} = \frac{1}{2}[1 - H(\sigma_\mathrm{N})\omega_\mathrm{N}]E_\mathrm{N}\left(\varepsilon_\mathrm{N} - \varepsilon_\mathrm{N}^\mathrm{p}\right)^2 + \frac{1}{2}K_\mathrm{N} z_\mathrm{N}^2 + \frac{1}{2}\gamma_\mathrm{N}\alpha_\mathrm{N}^2 + f(r_\mathrm{N}) \tag{2-55}$$

mit ρ für die Materialdichte, $\psi_\mathrm{N}^\mathrm{mic}$ stellt die freie Helmholtz-Energie auf Microplane-Ebene dar. Die elastische Steifigkeit der Normalrichtung E_N ist gegeben als

$$E_\mathrm{N} = \frac{E}{(1 - 2\nu)} \tag{2-56}$$

Diese Formel stellt die Beziehung zu den elastischen Standardeigenschaften des triaxialen elastischen Kontinuums her, nämlich dem Elastizitätsmodul E und der Querkontraktionszahl ν. Das in Gl. (2-55) angegebene thermodynamische Potential der Mikrofläche verwendet außerdem die Heaviside-Funktion $H(\sigma_\mathrm{N})$ als Umschaltfunktion zwischen Zug und Druck. Der Zugbereich, d. h. $H(\sigma_\mathrm{N}) = 1$, wird durch Schädigung bestimmt, und der Druckbereich, d. h. $H(\sigma_\mathrm{N}) = 0$, wird durch reine Plastizität bestimmt. Die Parameter K_N und γ_N repräsentieren den isotropen bzw. kinematischen Verfestigungsmodul. Die Zustandsvariablen in Gl. (2-55) sind die normale Schädigung ω_N, die normale plastische Dehnung $\varepsilon_\mathrm{N}^\mathrm{p}$, die isotrope Verfestigungszustandsvariable z_N und die kinematische Verfestigungszustandsvariable α_N. Die Konsolidierungsfunktion $f(r_\mathrm{N})$ steuert die Entwicklung der normalen Schädigung. Durch Differenzierung des in Gl. (2-55) angegebenen thermodynamischen Potenzials in Bezug auf die Zustandsvariablen lassen sich die konjugierten thermodynamischen Kräfte wie folgt berechnen:

$$\sigma_\mathrm{N} = \frac{\partial\rho\psi_\mathrm{N}}{\partial\varepsilon_\mathrm{N}} = [1 - H(\sigma_\mathrm{N})\omega_\mathrm{N}]E_\mathrm{N}\left(\varepsilon_\mathrm{N} - \varepsilon_\mathrm{N}^\mathrm{P}\right) \tag{2-57}$$

Die isotropen und kinematischen Verfestigungskräfte ergeben sich zu:

$$Z_\mathrm{N} = \frac{\partial\rho\psi_\mathrm{N}}{\partial z_\mathrm{N}} = K_\mathrm{N} z_\mathrm{N} \tag{2-58}$$

$$X_{\mathrm{N}} = \frac{\partial \rho \psi_{\mathrm{N}}}{\partial \alpha_{\mathrm{N}}} = \gamma_{\mathrm{N}} \alpha_{\mathrm{N}} \tag{2-59}$$

Die thermodynamische Kraft, die mit der Schädigung in Normalrichtung verbunden ist, ist die Energiefreisetzungsrate, die wie folgt berechnet wird:

$$Y_{\mathrm{N}} = -\frac{\partial \rho \psi_{\mathrm{N}}}{\partial \omega_{\mathrm{N}}} = \frac{1}{2} H(\sigma_{\mathrm{N}}) E_{\mathrm{N}} \left(\varepsilon_{\mathrm{N}} - \varepsilon_{\mathrm{N}}^{\mathrm{p}}\right)^2 \tag{2-60}$$

Die Kraft, die mit der Zustandsvariablen r_{N} der Schädigungskonsolidierung verbunden ist, wird definiert als:

$$R_{\mathrm{N}} = \frac{\partial \rho \psi_{\mathrm{N}}}{\partial r_{\mathrm{N}}} = \frac{1}{A_{\mathrm{d}}} \left[\frac{-r_{\mathrm{N}}}{1 + r_{\mathrm{N}}}\right] \tag{2-61}$$

Die Entfestigung der Normalspannung unter Zug wird durch den Parameter A_{d} gesteuert.

Die in Bild 2-20a) dargestellte Funktion, die den plastischen Grenzwert bei Druck festlegt, ist wie folgt definiert:

$$f_{\mathrm{N}}^{\mathrm{p}} = H(-\sigma_{\mathrm{N}}) |\sigma_{\mathrm{N}} - X_{\mathrm{N}}| - (Z_{\mathrm{N}} + \sigma_{\mathrm{N}}^0) \leq 0 \tag{2-62}$$

Ähnlich wie in Gl. (2-55) wird die Heaviside-Funktion $H(-\sigma_{\mathrm{N}})$ als Umschaltfunktion zwischen Druck und Zug verwendet. Die Druckspannungsgrenze einer Mikrofläche wird als σ_{N}^0 gekennzeichnet.

Für das normale Zugverhalten, das ausschließlich durch Schädigung bestimmt wird, wird eine zusätzliche Grenzwertfunktion eingeführt als:

$$f_{\mathrm{N}}^{\omega} = Y_{\mathrm{N}} - (Y_{\mathrm{N}}^0 + R_{\mathrm{N}}) \leq 0 \tag{2-63}$$

Der Grenzwert der Energiefreisetzungsrate Y_{N}^0 wird definiert als:

$$Y_{\mathrm{N}}^0 = \frac{1}{2} E_{\mathrm{N}} (\varepsilon_{\mathrm{N}}^0)^2 \tag{2-64}$$

Dabei ist $\varepsilon_{\mathrm{N}}^0$ die Schädigungsgrenze für die normale Zugbelastung.

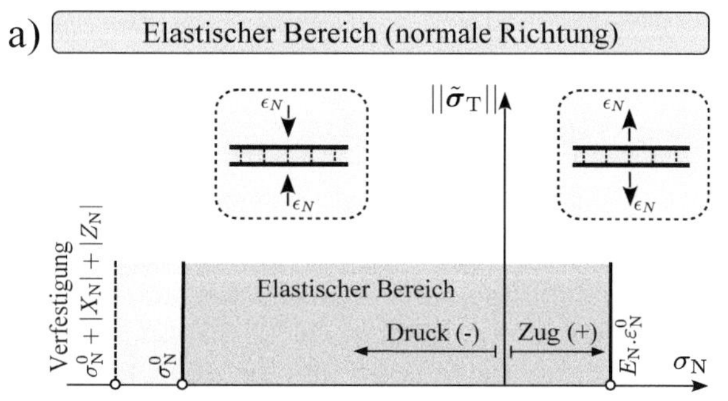

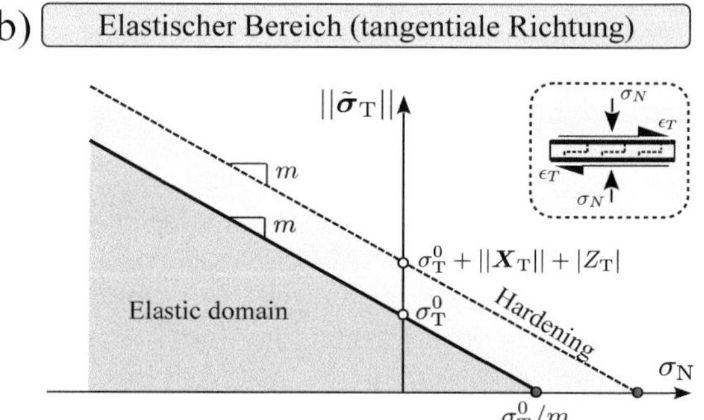

Bild 2-20: Elastische Bereiche der konstitutiven Gesetze für die Microplane-Ebene: a) normale Richtung, b) tangentiale Richtung.

Die Evolutionsgleichungen, die das plastische Druckverhalten einer Mikrofläche bestimmen, werden durch die Ableitung der Gl. (2-62) nach den konjugierten thermodynamischen Kräften hergeleitet:

$$\dot{\varepsilon}_{\mathrm{N}}^{\mathrm{p}} = \dot{\lambda}_{\mathrm{N}}^{\mathrm{p}} \frac{\partial f_{\mathrm{N}}^{\mathrm{p}}}{\partial \sigma_{\mathrm{N}}} = \dot{\lambda}_{\mathrm{N}}^{\mathrm{p}} \operatorname{sign}(\sigma_{\mathrm{N}} - X_{\mathrm{N}}) \tag{2-65}$$

$$\dot{z}_{\mathrm{N}} = -\dot{\lambda}_{\mathrm{N}}^{\mathrm{p}} \frac{\partial f_{\mathrm{N}}^{\mathrm{p}}}{\partial Z_{\mathrm{N}}} = \dot{\lambda}_{\mathrm{N}}^{\mathrm{p}} \tag{2-66}$$

$$\dot{\alpha}_{\mathrm{N}} = -\dot{\lambda}_{\mathrm{N}}^{\mathrm{p}} \frac{\partial f_{\mathrm{N}}^{\mathrm{p}}}{\partial X_{\mathrm{N}}} = \dot{\lambda}_{\mathrm{N}}^{\mathrm{p}} \operatorname{sign}(\sigma_{\mathrm{N}} - X_{\mathrm{N}}) \tag{2-67}$$

Analog dazu werden die Evolutionsgleichungen, die das normale Zug-Trennverhalten einer Mikrofläche bestimmen, durch Differenzierung der in Gl. (2-63) definierten Schädigungsgrenzfunktion in Bezug auf die konjugierten thermodynamischen Kräfte erhalten:

$$\dot{\omega}_{\mathrm{N}} = \dot{\lambda}_{\mathrm{N}}^{\omega} \frac{\partial f_{\mathrm{N}}^{\omega}}{\partial Y_{\mathrm{N}}} = \dot{\lambda}_{\mathrm{N}}^{\omega} \tag{2-68}$$

$$\dot{r}_{\mathrm{N}} = -\dot{\lambda}_{\mathrm{N}}^{\omega} \frac{\partial f_{\mathrm{N}}^{\omega}}{\partial R_{\mathrm{N}}} = -\dot{\lambda}_{\mathrm{N}}^{\omega} \tag{2-69}$$

Die Konsistenzbedingung, die das plastische Fließen unter Druckbeanspruchung bestimmt, wird wie folgt formuliert:

$$\dot{f}_{\mathrm{N}}^{\mathrm{p}} = \dot{\sigma}_{\mathrm{N}} \frac{\partial f_{\mathrm{N}}^{\mathrm{p}}}{\partial \sigma_{\mathrm{N}}} + \dot{X}_{\mathrm{N}} \frac{\partial f_{\mathrm{N}}^{\mathrm{p}}}{\partial X_{\mathrm{N}}} + \dot{Z}_{\mathrm{N}} \frac{\partial f_{\mathrm{N}}^{\mathrm{p}}}{\partial Z_{\mathrm{N}}} = 0 \tag{2-70}$$

Um den plastischen Multiplikator zu erhalten, müssen die Evolutionsgleichungen (Gl. (2-65) bis Gl. (2-67)) in die Konsistenzbedingung Gleichung (2-70) ersetzt werden, wodurch der Ausdruck erhalten wird:

$$\dot{\lambda}_{\mathrm{N}}^{\mathrm{p}} = \frac{E_{\mathrm{N}} \dot{\varepsilon}_{\mathrm{N}} \operatorname{sign}\left(\sigma_{\mathrm{N}} - X_{\mathrm{N}}\right)}{E_{\mathrm{N}} + K_{\mathrm{N}} + \gamma_{\mathrm{N}}} \tag{2-71}$$

Die Konsistenzbedingung für die Grenzfunktion der Schädigung kann wie folgt geschrieben werden:

$$\dot{f}_{\mathrm{N}}^{\omega} = \dot{Y}_{\mathrm{N}} \frac{\partial f_{\mathrm{N}}^{\omega}}{\partial Y_{\mathrm{N}}} + \dot{R}_{\mathrm{N}} \frac{\partial f_{\mathrm{N}}^{\omega}}{\partial R_{\mathrm{N}}} = 0 \tag{2-72}$$

Analog zur Ermittlung des plastischen Multiplikators in Gl. (2-71) kann der Schädigungsmultiplikator durch Einsetzen der Evolutionsgleichungen (2-68) und (2-69) in die Konsistenzgleichung (2-72) wie folgt ermittelt werden:

$$\dot{\lambda}_{\mathrm{N}}^{\omega} = E_{\mathrm{N}} \dot{\varepsilon}_{\mathrm{N}} \varepsilon_{\mathrm{N}} A_{\mathrm{d}} (1 + r_{\mathrm{N}})^2 \tag{2-73}$$

Durch Einsetzen von $\dot{\lambda}_{\mathrm{N}}^{\omega}$ in die in Gleichung (2-68) angegebene Schädigungsentwicklungsfunktion und deren Integration über den Zeitraum ergibt sich die Schädigungsfunktion für die normale Richtung wie folgt:

$$\omega(\varepsilon_{\mathrm{N}}) = 1 - \frac{1}{1 + A_{\mathrm{d}}\left(Y_{\mathrm{N}}(\varepsilon_{\mathrm{N}}) - Y_0\right)} \tag{2-74}$$

Das Verhalten einer Mikrofläche in Normalrichtung ist in Bild 2-21a)–c) dargestellt. Das Zugverhalten wird durch Schädigung und das Druckverhalten durch Plastizität bestimmt, wie aus dem in Bild 2-21a) dargestellten Spannungs-Dehnungs-Verhalten bei monotoner und zyklischer Belastung hervorgeht. Die entsprechenden Kurven der Schädigungsentwicklung unter Zug und der Entwicklung der plastischen Dehnung unter Druck sind in Bild 2-21b), c) dargestellt.

b) Tangentialrichtung:

Um die Hauptmechanismen zu erfassen, die für die Materialschädigung bei subkritischen Ermüdungsbelastungen entscheidend sind, gehen wir davon aus, dass das kumulative Gleiten zwischen den Bestandteilen der Materialstruktur die Hauptursache für Ermüdungsschäden ist. Das konstitutive Gesetz für das tangentiale Microplane-Verhalten wird unter Verwendung des Bond-Interface-Modells, das den Effekt der lateralen Spannung auf das Gleitverhalten erfasst, definiert. Diese Modellkomponente wurde kürzlich von den Autoren des vorliegenden Heftes zur Simulation von Verbundverhalten unter Ermüdungsbeanspruchung vorgeschlagen /79, 80/. Die Grundidee bei der Idealisierung der Schädigung ist die Verknüpfung der Ermüdungsschädigung mit einem kumulativen Maß des plastischen Schlupfes. Diese Annahme spiegelt sich in dem tangentialen thermodynamischen Potenzial einer Mikrofläche wider, das wie folgt definiert ist:

$$\rho \psi_{\mathrm{T}}^{\mathrm{mic}} = \frac{1}{2}(1 - \omega_{\mathrm{T}}) E_{\mathrm{T}} (\varepsilon_{\mathrm{T}} - \varepsilon_{\mathrm{T}}^{\pi}) \cdot (\varepsilon_{\mathrm{T}} - \varepsilon_{\mathrm{T}}^{\pi}) + \frac{1}{2} K_{\mathrm{T}} z_{\mathrm{T}}^2 + \frac{1}{2} \gamma_{\mathrm{T}} \boldsymbol{\alpha}_{\mathrm{T}} \cdot \boldsymbol{\alpha}_{\mathrm{T}} \tag{2-75}$$

Dabei definiert $\psi_{\mathrm{T}}^{\mathrm{mic}}$ die tangentiale Helmholtz-Energie der Mikrofläche; die tangentiale elastische Steifigkeit E_{T}, gegeben als

$$E_{\mathrm{T}} = \frac{E(1-4\nu)}{(1+\nu)(1-2\nu)} \tag{2-76}$$

und K_{T} bzw. γ_{T} repräsentieren die isotropen und kinematischen Verfestigungsmoduln.

Die in Gl. (2-56) bzw. Gl. (2-76) eingeführten Microplane-Steifigkeitsparameter E_{N} und E_{T} wurden aus dem dreidimensionalen elastischen konstitutiven Gesetz abgeleitet, das angenommen wird zwischen den effektiven Dehnungs- und Spannungstensoren. Zur besseren Übersicht ist die mathematische Ableitung der elastischen Steifigkeit E_{N}, E_{T} für das Microplane-Modell auf der Grundlage der normal-tangentialen Aufteilung in /81/ angegeben. Die Zustandsvariablen, die in das tangentiale thermodynamische Potenzial in Gl. (2-75) aufgenommen werden, sind die tangentiale Schädigung ω_{T}, der tangentiale plastische Dehnungsvektor $\boldsymbol{\varepsilon}_{\mathrm{T}}^{\pi}$, und die Verfestigungszustandsvariablen z_{T} bzw. α_{T}. Die konjugierten thermodynamischen Kräfte erhält man wiederum durch die Ableitung des tangentialen thermodynamischen Potenzials nach allen Zustandsvariablen, wie folgt:

$$\boldsymbol{\sigma}_{\mathrm{T}} = \frac{\partial\rho\psi_{\mathrm{T}}}{\partial\boldsymbol{\varepsilon}_{\mathrm{T}}} = (1-\omega_{\mathrm{T}})E_{\mathrm{T}}(\boldsymbol{\varepsilon}_{\mathrm{T}} - \boldsymbol{\varepsilon}_{\mathrm{T}}^{\pi}) \tag{2-77}$$

$$\boldsymbol{\sigma}_{\mathrm{T}}^{\pi} = -\frac{\partial\rho\psi_{\mathrm{T}}}{\partial\boldsymbol{\varepsilon}_{\mathrm{T}}^{\pi}} = (1-\omega_{\mathrm{T}})E_{\mathrm{T}}(\boldsymbol{\varepsilon}_{\mathrm{T}} - \boldsymbol{\varepsilon}_{\mathrm{T}}^{\pi}) \tag{2-78}$$

$$\boldsymbol{X}_{\mathrm{T}} = \frac{\partial\rho\psi_{\mathrm{T}}}{\partial\boldsymbol{\alpha}_{\mathrm{T}}} = \gamma_{\mathrm{T}}\boldsymbol{\alpha}_{\mathrm{T}} \tag{2-79}$$

$$Z_{\mathrm{T}} = \frac{\partial\rho\psi_{\mathrm{T}}}{\partial z_{\mathrm{T}}} = K_{\mathrm{T}} z_{\mathrm{T}} \tag{2-80}$$

$$Y_{\mathrm{T}} = \frac{\partial\rho\psi_{\mathrm{T}}}{\partial\omega_{\mathrm{T}}} = \frac{1}{2}E_{\mathrm{T}}(\varepsilon_{\mathrm{T}} - \varepsilon_{\mathrm{T}}^{\pi}) \cdot (\varepsilon_{\mathrm{T}} - \varepsilon_{\mathrm{T}}^{\pi}) \tag{2-81}$$

Der effektive Spannungsvektor kann wie folgt angegeben werden:

$$\tilde{\sigma}_{\mathrm{T}}^{\pi} = \frac{\sigma_{\mathrm{T}}^{\pi}}{1-\omega_{\mathrm{T}}} = E_{\mathrm{T}}(\varepsilon_{\mathrm{T}} - \varepsilon_{\mathrm{T}}^{\pi}) \tag{2-82}$$

Die in Bild 2-20b) dargestellte tangentiale Grenzwertfunktion spiegelt die Sensitivität gegenüber seitlichen Spannungen wider und nutzt den Druck-Sensitivitätsparameter m wie folgt:

$$f_{\mathrm{T}} = \|\tilde{\sigma}_{\mathrm{T}}^{\pi} - \boldsymbol{X}_{\mathbf{T}}\| - Z - \sigma_{\mathrm{T}}^{0} + m\sigma_{N} \tag{2-83}$$

Die Norm eines Vektors wird mit einem Operator $\|\cdot\|$ gekennzeichnet, σ_{T}^{0} ist die tangentiale Reversibilitätsgrenze und σ_{N} ist die Normalspannung an der Mikrofläche. Der Einfluss des Parameters m auf die Form der Grenzwertfunktion ist in Bild 2-22a) dargestellt. Das nicht-assoziative Potenzial erweitert die tangentiale Grenzwertfunktion wie folgt:

$$\phi_{\mathrm{T}} = f_{\mathrm{T}} + \frac{S(1-\omega_{\mathrm{T}})^{c}}{(r+1)}\left(\frac{\sigma_{\mathrm{T}}^{0}}{\sigma_{\mathrm{T}}^{0} + m\sigma_{N}}\right)^{p}\left(\frac{Y_{\mathrm{T}}}{S}\right)^{r+1} \tag{2-84}$$

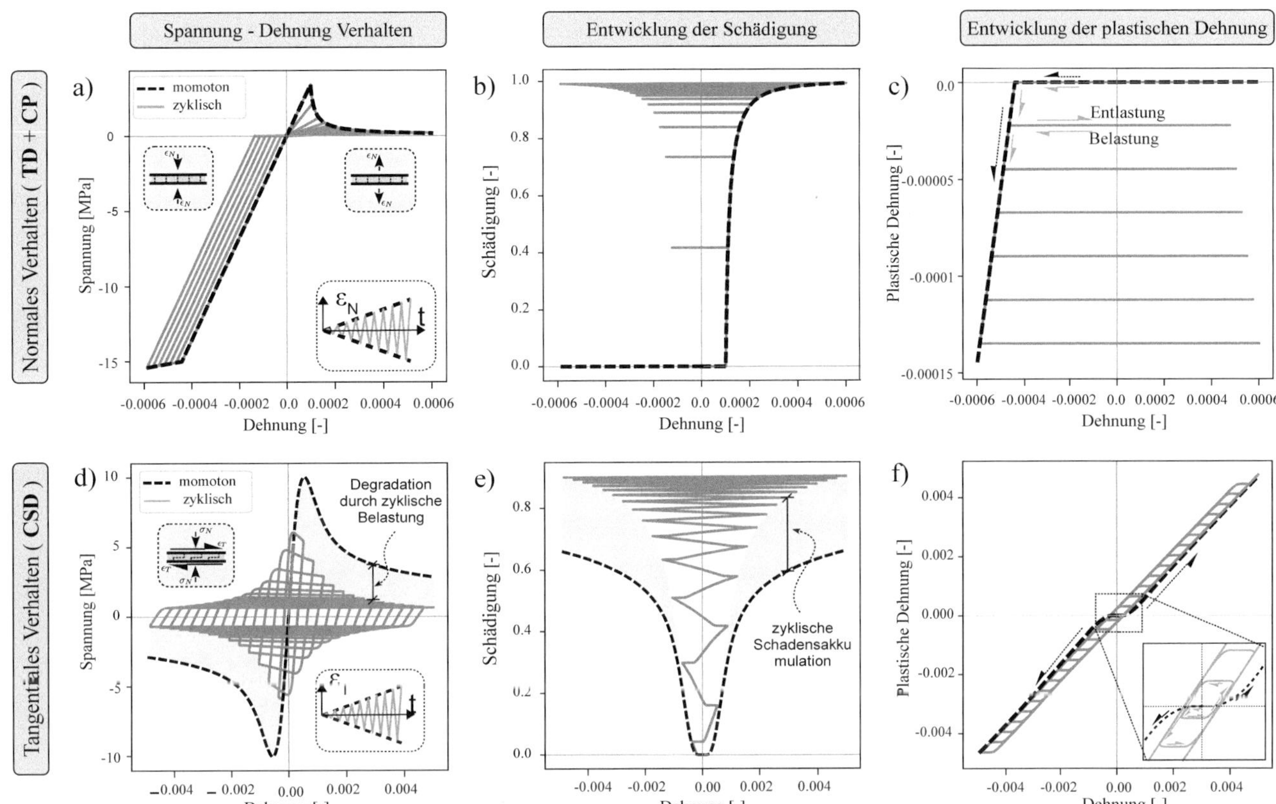

Bild 2-21: Monotones und zyklisches Verhalten auf der Microplane-Ebene: a) Spannungs-Dehnungs-Verhalten in der Normalenrichtung; b) Entwicklung der Schädigung unter Zug in normaler Richtung; c) Entwicklung der plastischen Dehnung unter Druck in normaler Richtung; d) Spannungs-/Dehnungsverhalten in tangentialer Richtung; e) Vergleich der monotonen und zyklischen Schädigungsentwicklung, der die Wirkung der kumulativen Scherdehnung zeigt; f) Entwicklung der plastischen Dehnungen unter Scherbeanspruchung

Dieses Schädigungspotenzial kann als eine modifizierte Version der von Lemaitre vorgeschlagenen Form betrachtet werden /6, 66/. Diese Modifikation ist erforderlich, da sich die Form der Schädigungsbeziehung mit der kumulativen Scherdehnung, die sich aus dem ursprünglichen Schädigungspotenzial von Lemaitre ergibt, auf nicht asymptotische Weise $\omega = 1$ annähert. Wie in /7/ bei der Verknüpfung der Schädigung mit einem kumulativen Maß der Dehnung mit dem Ziel, das Ermüdungsverhalten bei hohen Lastspielzahlen zu erfassen, gezeigt, muss die Schädigung langsam innerhalb eines großen Bereichs der kumulativen Dehnung, der sich asymptotisch $\omega = 1$ nähert, akkumuliert werden. Das Verhalten des modifizierten Schädigungspotenzials wird in Bild 2-22b) für zyklische Belastung mit einem steigenden oberen Belastungsniveau untersucht, das eine langsamere Entwicklung der Schädigung entlang der kumulativen Scherdehnung zeigt und sich asymptotisch dem Wert $\omega = 1$ nähert.

Eine zusätzliche Erweiterung des in Gl. (2-84) angegebenen Potentials wurde in Form des Exponenten p eingeführt, der die Auswirkung der Normalspannung auf die Entwicklung der tangentialen Schädigung steuert, wie in Bild 2-22c) gezeigt. Für linear ansteigende Niveaus des seitlichen Drucks und der tangentialen Dehnung wächst die tangentiale Schädigung exponentiell mit einem steigenden Wert von p. Die Evolutionsgleichungen der Zustandsvariablen, die durch die Differenzierung des tangentialen Potentials in Bezug auf die konjugierten thermodynamischen Kräfte bestimmt werden, ergeben folgende Beziehungen

$$\dot{\varepsilon}_{\mathrm{T}}^{\pi} = \dot{\lambda}_{\mathrm{T}}^{\pi} \frac{\partial \phi_{\mathrm{T}}}{\partial \boldsymbol{\sigma}_{\mathrm{T}}^{\pi}} = \frac{\dot{\lambda}_{\mathrm{T}}^{\pi}}{1 - \omega_{\mathrm{T}}} \frac{\widetilde{\boldsymbol{\sigma}}_{\mathrm{T}}^{\pi} - \boldsymbol{X}_{\mathrm{T}}}{\|\widetilde{\sigma}_{\mathrm{T}}^{\pi} - \boldsymbol{X}_{\mathrm{T}}\|} \tag{2-85}$$

$$\dot{z}_{\mathrm{T}} = -\dot{\lambda}_{\mathrm{T}}^{\pi} \frac{\partial \phi_{T}}{\partial Z_{\mathrm{T}}} = \dot{\lambda}_{\mathrm{T}}^{\pi} \tag{2-86}$$

$$\dot{\boldsymbol{\alpha}}_{\mathrm{T}} = -\dot{\lambda}_{\mathrm{T}}^{\pi} \frac{\partial \phi_{\mathrm{T}}}{\partial \boldsymbol{X}_{\mathrm{T}}} = \dot{\lambda}_{\mathrm{T}}^{\pi} \frac{\widetilde{\boldsymbol{\sigma}}_{\mathrm{T}}^{\pi} - \boldsymbol{X}}{\|\widetilde{\boldsymbol{\sigma}}_{\mathrm{T}}^{\pi} - \boldsymbol{X}\|} \tag{2-87}$$

$$\dot{\omega}_{\mathrm{T}} = \dot{\lambda}_{\mathrm{T}}^{\pi} \frac{\partial \phi_{\mathrm{T}}}{\partial Y_{\mathrm{T}}} = (1 - \omega_{\mathrm{T}})^{c} \left(\frac{\sigma_{\mathrm{T}}^{0}}{\sigma_{\mathrm{T}}^{0} + m\sigma_{N}} \right)^{p} \left(\frac{Y_{\mathrm{T}}}{S} \right)^{r} \dot{\lambda}_{\mathrm{T}}^{\pi} \tag{2-88}$$

Ähnlich wie bei der normalen Richtung erhält man den plastischen Multiplikator mit Hilfe der Konsistenzbedingung in der Form

$$\dot{\lambda}_{\mathrm{T}}^{\pi} = \frac{E_{\mathrm{T}} \dot{\varepsilon}_{\mathrm{T}} \cdot (\widetilde{\boldsymbol{\sigma}}_{\mathrm{T}}^{\pi} - \boldsymbol{X}) / \|\widetilde{\boldsymbol{\sigma}}_{\mathrm{T}}^{\pi} - \boldsymbol{X}\|}{E_{\mathrm{T}}/(1 - \omega_{\mathrm{T}}) + K_{\mathrm{T}} + \gamma_{\mathrm{T}}} \tag{2-89}$$

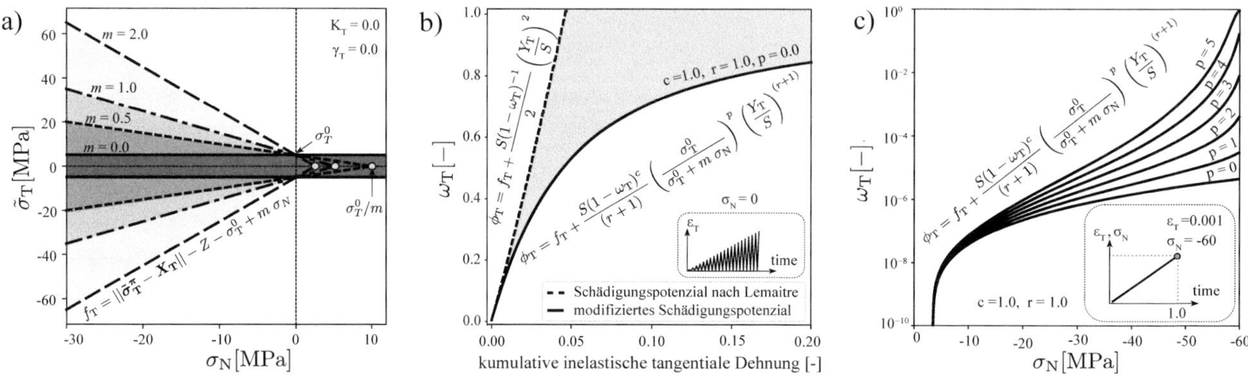

Bild 2-22: Theoretische Aspekte des kumulativen Microplane-Gleitgesetzes: a) Auswirkung des Drucksensitivitätsparameters m auf die Level-Set-Funktion des Tangentialgesetzes; b) Vergleich zwischen dem Schädigungspotenzial nach Lemaitre und dem modifizierten Potenzial: Schädigungsentwicklung im Vergleich zur kumulativen Gleit-/Plastikdehnung unter zyklisch erhöhter Belastung; c) Auswirkung des Drucksensitivitätsparameters p auf die Entwicklung der Tangentialschädigung unter monotoner Belastung

Quelle der kumulativen Schädigung durch Ermüdung:

Um den kumulativen Charakter der tangentialen Schädigungsentwicklung zu erläutern, können wir die Schädigungsentwicklung in Form der unelastischen Scherdehnung ausdrücken. Der inkrementelle Gleiten-Multiplikator kann aus Gl. (2-85) wie folgt berechnet werden.

Da der Vektor $(\tilde{\sigma}_{\mathrm{T}}^{\pi} - \boldsymbol{X}_{\mathrm{T}} \;/\; \|\tilde{\sigma}_{\mathrm{T}}^{\pi} - \boldsymbol{X}_{\mathrm{T}}\|)$ ein Einheitsvektor ist, der die Richtung des Rückspannungsvektors $(\tilde{\sigma}_{\mathrm{T}}^{\pi} - \boldsymbol{X}_{\mathrm{T}})$ darstellt, die mit der Richtung des tangentialen Gleitdehnungsvektors $\dot{\varepsilon}_{\mathrm{T}}^{\pi}$ übereinstimmt, kann der inkrementelle Gleiten-Multiplikator zu

$$\dot{\lambda}_{\mathrm{T}}^{\pi} = (1 - \omega_{\mathrm{T}}) \|\dot{\boldsymbol{\varepsilon}}_{\mathrm{T}}^{\pi}\|, \tag{2-90}$$

vereinfacht werden. Durch Einsetzen dieser Gleichung in Gl. (2-88) ergibt sich die Beziehung zwischen der tangentialen Schädigungsrate und dem Betrag des Gleitdehnungsvektor $\dot{\varepsilon}_{\mathrm{T}}^{\pi}$ wie folgt:

$$\dot{\omega}_{\mathrm{T}} = (1 - \omega_{\mathrm{T}})^{c+1} \left(\frac{\sigma_{\mathrm{T}}^{0}}{\sigma_{\mathrm{T}}^{0} + m\sigma_{N}} \right)^{p} \left(\frac{Y_{\mathrm{T}}}{S} \right)^{r} \|\dot{\varepsilon}_{\mathrm{T}}^{\pi}\| \tag{2-91}$$

Da die zeitliche Integration der Schädigungsentwicklungsgleichung eine Integration einer Norm des Gleitdehnungsvektor einschließt, d. h.

$$\varepsilon_{\mathrm{T,cum}}^{\pi} = \int_{0}^{t} \|\dot{\varepsilon}_{\mathrm{T}}^{\pi}\| \mathrm{d}t \tag{2-92}$$

lassen wir den Schluss zu, dass das in Gl. (2-88) abgeleitete Evolutionsgesetz in der Tat impliziert, dass das kumulative Gleiten die primäre Quelle für tangentialen Schädigung ist. Zur Erläuterung des eingeführten Mechanismus der kumulativen Schädigung durch das Gleiten, der das tangentiale Verhalten der Mikrofläche bestimmt, wird in Bild 2-21d)–f) eine elementare Studie unter monotoner und zyklischer Belastung gezeigt. Das tangentiale Spannungs-Dehnungs-Verhalten ist in Bild 2-21d) dargestellt und zeigt die Abnahme der tangentialen Spannung bei zyklischer Belastung im Vergleich zur monotonen Belastung. Die entsprechenden Kurven der Schädigungs- und Gleitentwicklung sind in Bild 2-21e), f) dargestellt und zeigen den kumulativen Charakter des formulierten Ermüdungsschädigungsmodells. Dieser Mechanismus ist wichtig, um die Wirkung der internen Reibung und des Gleitens zwischen den Materialkomponenten zu erfassen.

Homogenisierung:

Die tensorielle Abbildung zwischen Dehnungs- und Spannungstensoren wird mit Hilfe des Homogenisierungskonzepts realisiert, das z. B. in /82/ beschrieben ist und auf dem Energieäquivalenzprinzip basiert. Unter Berücksichtigung der effektiven Spannungs- und Dehnungstensoren $\tilde{\boldsymbol{\sigma}}, \tilde{\boldsymbol{\varepsilon}}$, die den Zustand des unbeschädigten Materials repräsentieren, ist die elastische konstitutive Beziehung definiert als

$$\tilde{\boldsymbol{\sigma}} = \boldsymbol{C}^{\mathrm{e}} : \tilde{\boldsymbol{\varepsilon}} \tag{2-93}$$

Der Rang-Vier-Tensor $\boldsymbol{C}^{\mathrm{e}}$ ist der elastische Steifigkeitstensor. Der makroskopische Spannungstensor $\boldsymbol{\sigma}$ kann als Funktion des effektiven Spannungstensors $\tilde{\boldsymbol{\sigma}}$ unter Verwendung des Rang-vier-Schädigungsinversen/Integritätstensors $\boldsymbol{\beta}$ wie folgt angegeben werden:

$$\boldsymbol{\sigma} = \boldsymbol{\beta} : \tilde{\boldsymbol{\sigma}} \tag{2-94}$$

Der effektive Dehnungstensor $\tilde{\boldsymbol{\varepsilon}}$ liest sich entsprechend wie folgt:

$$\tilde{\boldsymbol{\varepsilon}} = \boldsymbol{\beta}^{\mathrm{T}} : \boldsymbol{\varepsilon} \tag{2-95}$$

Durch Einsetzen von Gl. (2-93) und Gl. (2-95) in Gl. (2-94) kann der makroskopische Spannungstensor folgendermaßen angegeben werden:

$$\boldsymbol{\sigma} = \boldsymbol{\beta} : \tilde{\boldsymbol{\sigma}} = \boldsymbol{\beta} : \boldsymbol{C}^{\mathrm{e}} : \tilde{\boldsymbol{\varepsilon}} = \boldsymbol{\beta} : \boldsymbol{C}^{\mathrm{e}} : \boldsymbol{\beta}^{\mathrm{T}} : \boldsymbol{\varepsilon} \tag{2-96}$$

Der Sekantensteifigkeitstensor des beschädigten Materials $\boldsymbol{C}$ kann daher wie folgt formuliert werden:

$$\boldsymbol{C} = \boldsymbol{\beta} : \boldsymbol{C}^{\mathrm{e}} : \boldsymbol{\beta}^{\mathrm{T}} \tag{2-97}$$

Der Rang-Vier-Integritätstensors $\boldsymbol{\beta}$, der den invertierten Schädigungszustand in 3D darstellt, kann durch Integration der normalen und tangentialen Microplane-Schädigungsparameter nach /83/ erhalten werden

$$\begin{aligned}\boldsymbol{\beta}_{ijkl} = {} & \frac{3}{2\pi} \int_{\Omega} \beta_{\mathrm{N}}^{\mathrm{mic}} n_i n_j n_k n_l \, d\Omega \\ & + \frac{3}{2\pi} \int_{\Omega} \frac{\beta_{\mathrm{T}}^{\mathrm{mic}}}{4} \left(n_i n_k \delta_{jl} + n_i n_l \delta_{jk} + n_j n_k \delta_{il} + n_j n_l \delta_{ik} - 4 n_i n_j n_k n_l \right) d\Omega,\end{aligned} \tag{2-98}$$

wobei $\beta_{\mathrm{N}}^{\mathrm{mic}} = \sqrt{1 - \omega_{\mathrm{N}}^{\mathrm{mic}}}$ ein Integritätsparameter der Normalenrichtung und $\beta_{\mathrm{T}}^{\mathrm{mic}} = \sqrt{1 - \omega_{\mathrm{T}}^{\mathrm{mic}}}$ ein Integritätsparameter der tangentialen Richtung ist. Der elastische Steifigkeitstensor kann folgendermaßen angegeben werden:

$$C_{ijkl}^{\mathrm{e}} = \lambda \delta_{ij} \delta_{kl} + \mu \left(\delta_{ik} \delta_{jl} + \delta_{il} \delta_{jk} \right) \tag{2-99}$$

mit λ und μ als Lamé-Parameter. Diese lassen sich aus den elastischen Eigenschaften, d. h. dem Elastizitätsmodul E und der Poissonzahl ν, wie folgt ermitteln:

$$\lambda = \frac{E\nu}{(1+\nu)(1-2\nu)}, \mu = \frac{E}{2(1+\nu)}. \tag{2-100}$$

Nach Integration der normalen und tangentialen plastischen Dehnungskomponenten der Mikroebene, d. h. $\varepsilon_{\mathrm{N}}^{p,\mathrm{mic}}$ und $\varepsilon_{\mathrm{Tr}}^{\pi,\mathrm{mic}}$, kann der Rang-zwei makroskopische plastische Tensor wie in /83/ beschrieben in der Form

$$\varepsilon_{ij}^{p} = \frac{3}{2\pi} \int_{\Omega} \varepsilon_{\mathrm{N}}^{p,\mathrm{mic}} n_i n_j \, d\Omega + \frac{3}{2\pi} \int_{\Omega} \frac{\varepsilon_{\mathrm{Tr}}^{\pi,\mathrm{mic}}}{2} \left(n_i \delta_{rj} + n_j \delta_{ri} \right) d\Omega \tag{2-101}$$

geschrieben werden. Der makroskopische Spannungstensor ergibt sich schließlich wie folgt:

$$\boldsymbol{\sigma} = \boldsymbol{\beta} : \boldsymbol{C}^{\mathrm{e}} : \boldsymbol{\beta}^{\mathrm{T}} : (\boldsymbol{\varepsilon} - \boldsymbol{\varepsilon}^{\mathrm{p}}) \tag{2-102}$$

Basierend auf der Formulierung des Materialmodells in Ratenform kann die numerische Integration der Evolutionsgleichungen durchgeführt werden, um einen Zeitschrittalgorithmus für die Simulation des Ermüdungsverhaltens des Betons infolge allgemeiner Belastungsszenarien zu erhalten.

2.3.3 Verifikationsstudien anhand von elementaren Spannungskonfigurationen

Numerische Integration über den Einheitskreis und die Hemisphäre:

Der in Gl. (2-98) abgeleitete Rang-vier-Integritätstensor und der in Gl. (2-101) angegebene Rang-zwei plastische Dehnungstensor werden durch numerische Integration über einen Bereich Ω erhalten, der einen Materialpunkt darstellt. Wir können zwischen dem 2D- und dem 3D-Fall der Darstellung der einzelnen Materialpunkte unterscheiden. Im zweidimensionalen Fall wird die Integration über eine polare Diskretisierung eines Kreises durchgeführt /84–86/. Die Normalvektoren der Mikroflächen können in der polaren Diskretisierung durch Aufteilung des Einheitskreises in n Winkel (α_1, $\alpha_2, \ldots, \alpha_n$) erhalten werden. Für den dreidimensionalen Fall wird die Integration über eine Einheitshemisphäre durchgeführt, wie in /58/ beschrieben. Die 3D-Diskretisierung der Hemisphäre kann entweder symmetrisch oder unsymmetrisch eingebaut werden. Im ersten Fall handelt es sich um eine vollständig symmetrische Diskretisierung in Bezug auf alle drei kartesischen Koordinatenebenen sowie alle sechs Ebenen, die eine Koordinatenachse enthalten und mit den beiden anderen Koordinatenachsen einen Winkel von 45° bilden. Der andere Fall ist nicht zentralsymmetrisch, d. h. unsymmetrisch in Bezug auf den Mittelpunkt der Kugel /58/.

Zur Erläuterung der 2D- und 3D-Integrationsverfahren wird in Bild 2-23 ein elementares Beispiel für das Verhalten eines einzelnen Materialpunktes unter uniaxialer Druckbelastung sowohl für 2D- als auch für 3D-Fälle gezeigt. Die Spannungs-Dehnungs-Kurve des in Bild 2-23a) dargestellten 2D-Modells zeigt eine Konvergenz des Verhaltens mit der Erhöhung der Anzahl der für die polare Diskretisierung verwendeten Mikroflächen. Das für die beiden oben genannten Varianten des 3D-Modells erhaltenes Verhalten ist in Bild 2-23b) dargestellt, die ein weniger sprödes Verhalten für die nicht-symmetrische Variante zeigen. Die Ergebnisse zeigen, dass die Integration der Sphäre mit 42 Mikroebenen ausreichend ist. Schließlich zeigt der Vergleich zwischen dem 2D- und dem 3D-Fall in Bild 2-23c) ein ähnliches Verhalten bei Druckbelastung.

Phänomenologische Studien zum Verhalten des Modells bei monotoner Belastung:

Um das Modellverhalten unter elementaren Beanspruchungen zu untersuchen und zu bewerten, werden nachfolgend Simulationen auf der Ebene eines einzelnen Materialpunktes vorgestellt. Wie in /87/ hervorgehoben, sind Simulationen auf der Ebene eines einzelnen Materialpunktes wichtig, um das grundlegende Modellverhalten zu verifizieren und die Modellparameter zu kalibrieren. Zur Bewertung des Modellverhaltens werden Benchmark-Versuchsdaten für verschiedene Betonklassen aus der Literatur verwendet. Für diese Analyse wurde die numerische Integration über die Hemisphäre mit 28 Mikroflächen durchgeführt.

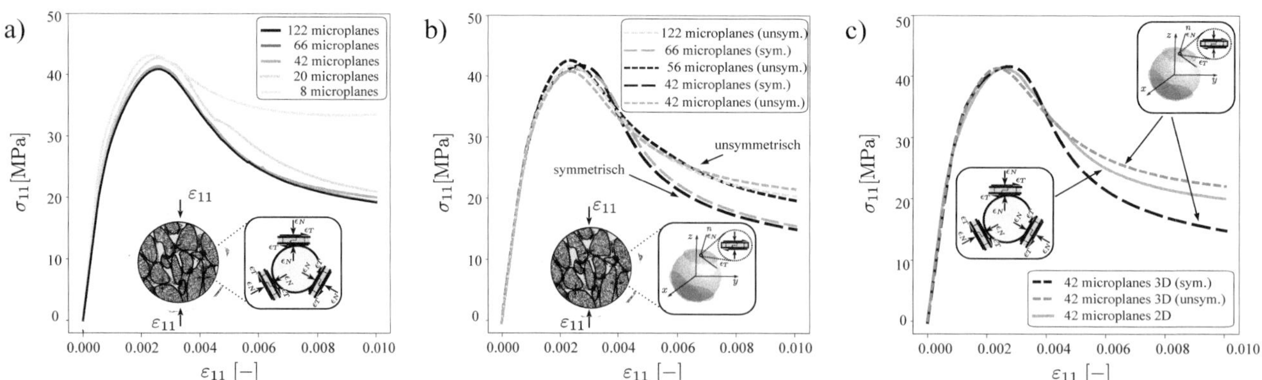

Bild 2-23: Auswirkung des Integrationsverfahrens auf die Spannungs-Dehnungs-Kurve: a) 2D-Microplane-Modell; b) 3D-Microplane-Modell; c) Vergleich zwischen dem 2D- und dem 3D-Microplane-Modell

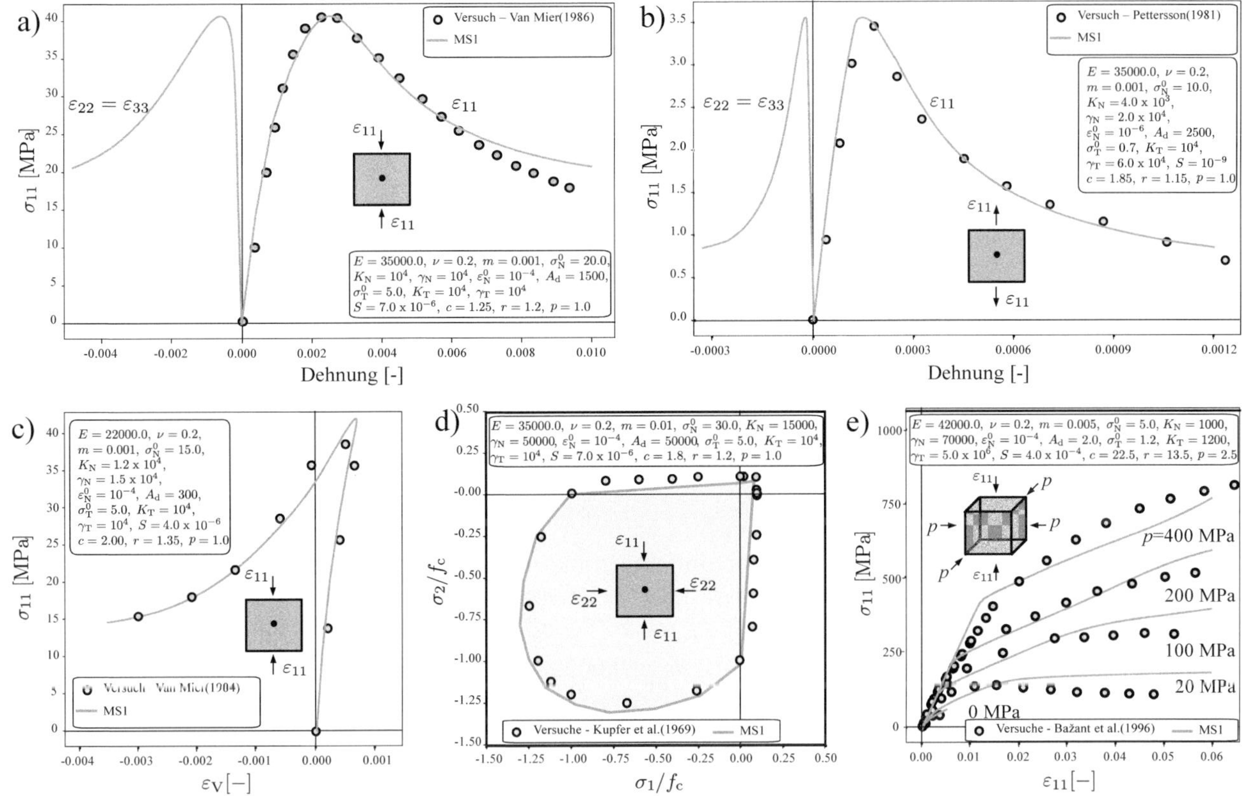

Bild 2-24: Elementare Studien des Modellverhaltens unter monotoner Belastung mit Vergleich zu experimentellen Daten: a) uniaxiale Druckbelastung /88/; b) uniaxiale Zugbelastung /89/; c) Entwicklung der volumetrischen Dehnung unter unixialer Druckbelastung /90/; d) biaxialer Belastung /91/; e) triaxialer Belastung /92/

Die Rolle der einzelnen Modellparameter:

Der Einfluss einzelner Modellparameter auf das makroskopische Verhalten unter monotoner und Ermüdungsbeanspruchung wird anhand einer Parameterstudie in Bild 2-25 erläutert. Die Studie fokussiert auf die Einflüsse der Parameter, die mit dem tangentialen konstitutiven Gesetz verbunden sind, d. h. $(S, c, r, K_\mathrm{T}, \gamma_\mathrm{T})$, auf das gesamte makroskopische Druckverhalten. In der ersten Reihe ist das monotone Spannungs-Dehnungs-Verhalten dargestellt. Die zweite Reihe zeigt das Ermüdungsverhalten in Form der Wöhler-Linien.

Für das monotone Verhalten steuert der Parameter c die Neigung des absteigenden Spannungs-Dehnungs-Astes. Der Parameter r wirkt sich sowohl auf die Druckfestigkeit als auch auf die Neigung des absteigenden Astes aus. Der Schädigungsfestigkeits-Parameter S beeinflusst die Druckfestigkeit. Die Verfestigungsparameter $K_\mathrm{T}, \gamma_\mathrm{T}$ beeinflussen die Steigung des ansteigenden Astes nach dem Anfang der Inelastizität. Die Ermüdungslebensdauer wird durch die tangentialen Schädigungsakkumulationsparameter c, r beeinflusst, wie in den simulierten Wöhler-Linien zu beobachten ist. Die Parameter S, γ_T haben einen geringen Einfluss auf das Ermüdungsverhalten. Andererseits steuert der isotrope Verfestigungsmodul K_T die Dauerfestigkeit des Ermüdungsverhaltens, d. h. die Unterlast, bei der kein Ermüdungsversagen auftreten würde. Dies liegt daran, dass sich bei größeren K_T-Werten während der Entlastung eine geringere plastische Verformung entwickelt und sich daher während der Zyklen eine geringere Menge an Schädigungen akkumuliert.

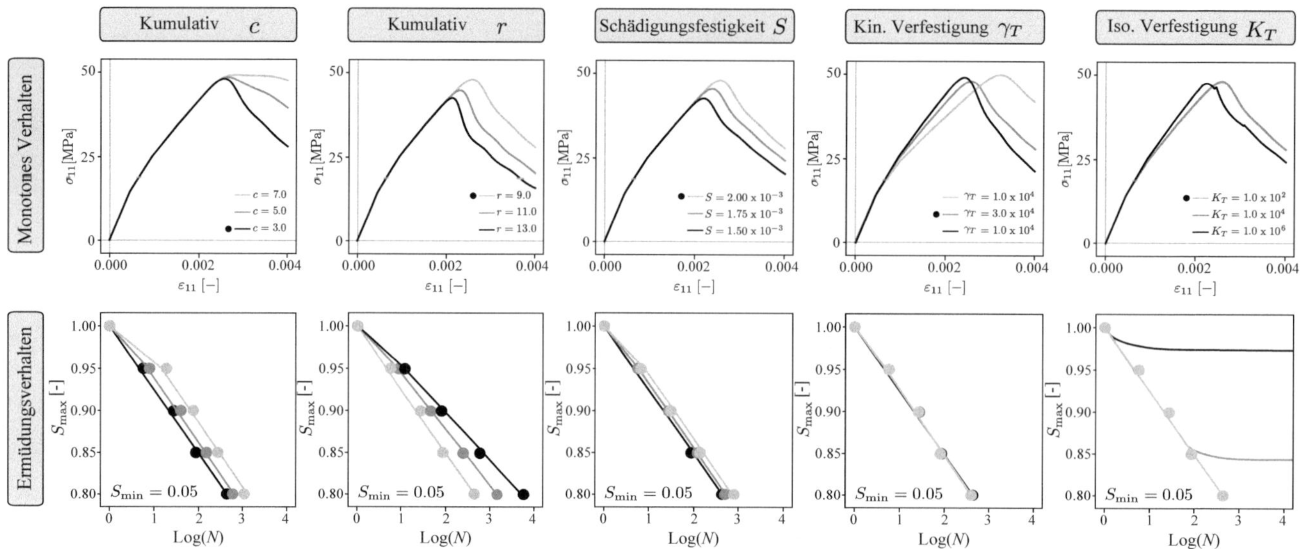

Bild 2-25: Der Einfluss der Modellparameter auf das makroskopische monotone Druckverhalten (erste Reihe) und das Ermüdungsverhalten (zweite Reihe); Referenz-Materialparameter: $E = 32000$; $\nu = 0{,}2$; $Ad = 200$; $\varepsilon_{\mathrm{N}}^{0} = 10^{-5}$; $\sigma_{\mathrm{N}}^{0} = 20$; $K_N = 10^4$; $\gamma_N = 10^4$; $\sigma_{\mathrm{T}}^{0} = 2{,}5$; $K_T = 10^2$; $\gamma_T = 3 \times 10^4$; $S = 0{,}002$; $c = 3$; $r = 9$; $m = 0{,}005$; $p = 7$

2.3.4 Richtungsbezogene Spannungsumlagerung bei subkritischer zyklischer Belastung

Die Hauptanforderung an ein realistisches Betonermüdungsmodell ist die Fähigkeit, die triaxiale Spannungsumlagerung während einer pulsierenden subkritischen Belastung zu reproduzieren. Um die Fähigkeit des entwickelten Modells zu demonstrieren, die graduelle Änderung der Richtung der Ermüdungsschädigung in einem Materialpunkt zu reproduzieren, wird die Zustandsentwicklung innerhalb eines Materialpunktes mit Hilfe von 2D-Polarplots der Zustandsvariablen visualisiert. Die qualitative Übereinstimmung zwischen der hemisphärischen 3D-Zustandsdarstellung und den Polardiagrammen ist in Bild 2-26 dargestellt. In Kürze wird der 2D-Fall zur Darstellung der allgemeineren triaxialen Spannungsumlagerung auf der Hemisphäre in der 3D-Mikroplane-Version verwendet. Zwei Simulationsbeispiele mit der 2D-Version zur Erläuterung der richtungsbezogenen Spannungsumlagerung während der monotonen und der Ermüdungsbelastung sind in Bild 2-27 dargestellt.

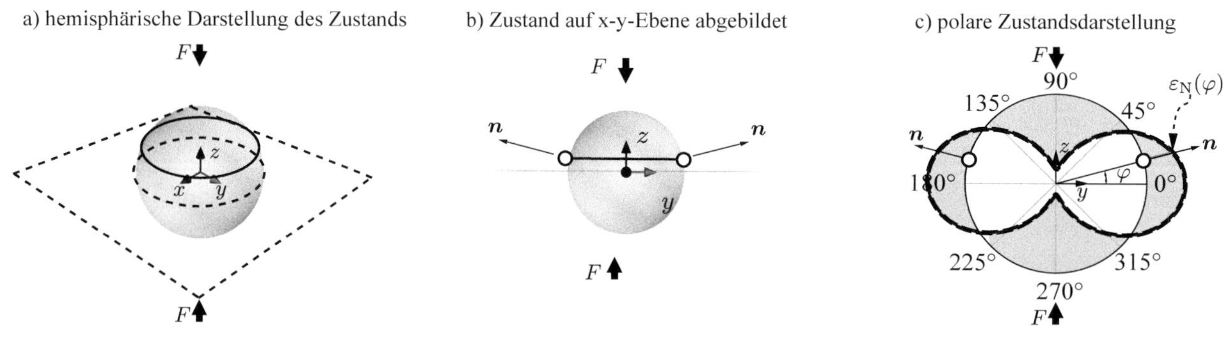

Bild 2-26: Korrespondenz zwischen der Zustandsdarstellung im 3D- und 2D-Fall bei uniaxialer Druckbelastung

Im oberen Teil von Bild 2-27 ist das monotone Verhalten von Beton mit einer Druckfestigkeit von 90 MPa unter Druckbelastung dargestellt. Die Entwicklung der Zustandsvariablen für jedes Belastungsinkrement wird anhand von acht Polardiagrammen angezeigt. Die erste Reihe der Diagramme stellt die Variablen dar, die den Zustand in der Normalenrichtung der Mikrofläche repräsentieren. Die gesamte Zugdehnung ε_{N} und die Schädigung ω_{N} entwickeln sich am schnellsten auf den Mikroflächen, die senkrecht zur Richtung der Druckbelastung liegen. Andererseits führt die Druckdehnung, die mit der Belastungsrichtung ausgerichtet ist, zur Plastizität ε_{N}^{p}. Aufgrund der Zugentlastung und Druckverfestigung weist das resultierende Normalspannungsprofil σ_{N} in horizontaler Richtung eine Null-Zugspannung und in vertikaler Richtung eine maximale Druckspannung auf. Ein interessanter Aspekt des Modellverhaltens ist bei den tangentialen Zustandsvariablen zu bemerken, die in der zweiten Zeile dargestellt sind. Während die maximale tangentiale Dehnung ε_{T} im Winkel von 45° zur

Belastungsrichtung liegt, ist die maximale tangentiale Schädigung ω_T geneigt und hat die Maximalwerte näher an der Richtung der Druckbelastung. Diese Neigung des Verlaufs ist auf die Drucksensitivität des tangentialen konstitutiven Gesetzes zurückzuführen. Beim Druck wächst die tangentiale Schädigung schneller, so dass die Mikroflächen, die einer normalen Druckbelastung ausgesetzt sind, eine größere Schädigung aufweisen als die Mikroflächen, die normalen Zugbelastungen ausgesetzt sind. Die kumulative plastische tangentiale Dehnung $\|\varepsilon_T^\pi\|$, die entsprechend dem Evolutionsgesetz Gl. (2-91) die Schädigungsentwicklung steuert, ist in gleicher Weise geneigt. Aufgrund der Schädigungsentwicklung in Richtung der Druckzone verteilen sich die tangentialen Spannungen σ_T in die entgegengesetzte Richtung und zeigen eine umgekehrte Form der geneigten Profile.

Die Simulation des Ermüdungsverhaltens bei Druckbelastung ist im unteren Teil von Bild 2-27 dargestellt. Das Oberlastniveau wurde auf S_{max} = 0,90 und das Unterlastniveau auf S_{min} = 0,20 gesetzt. Die Zustandsvariablen sind in der gleichen Weise angeordnet wie bei der monotonen Belastung. Die einzelnen Linien in den Polardiagrammen stellen die Zustände bei bestimmten Belastungszyklen dar. Obwohl die Belastung im subkritischen Bereich liegt, ergibt sich ein ähnliches Muster der Schädigungsentwicklung wie bei der monotonen Belastung. Ein zusätzlicher und besonders wichtiger Effekt ist in den Profilen für ω_T, $||\varepsilon_T^\pi||$ und σ_T zu erkennen. Während des Zyklus breitet sich der Winkel der maximalen tangentialen Schädigungs- und Spannungsvariablen aus, was deutlich die Fähigkeit des Modells zeigt, den triaxialen Spannungsumlagerungsprozess in Bezug auf die subkritische zyklische Belastung darzustellen.

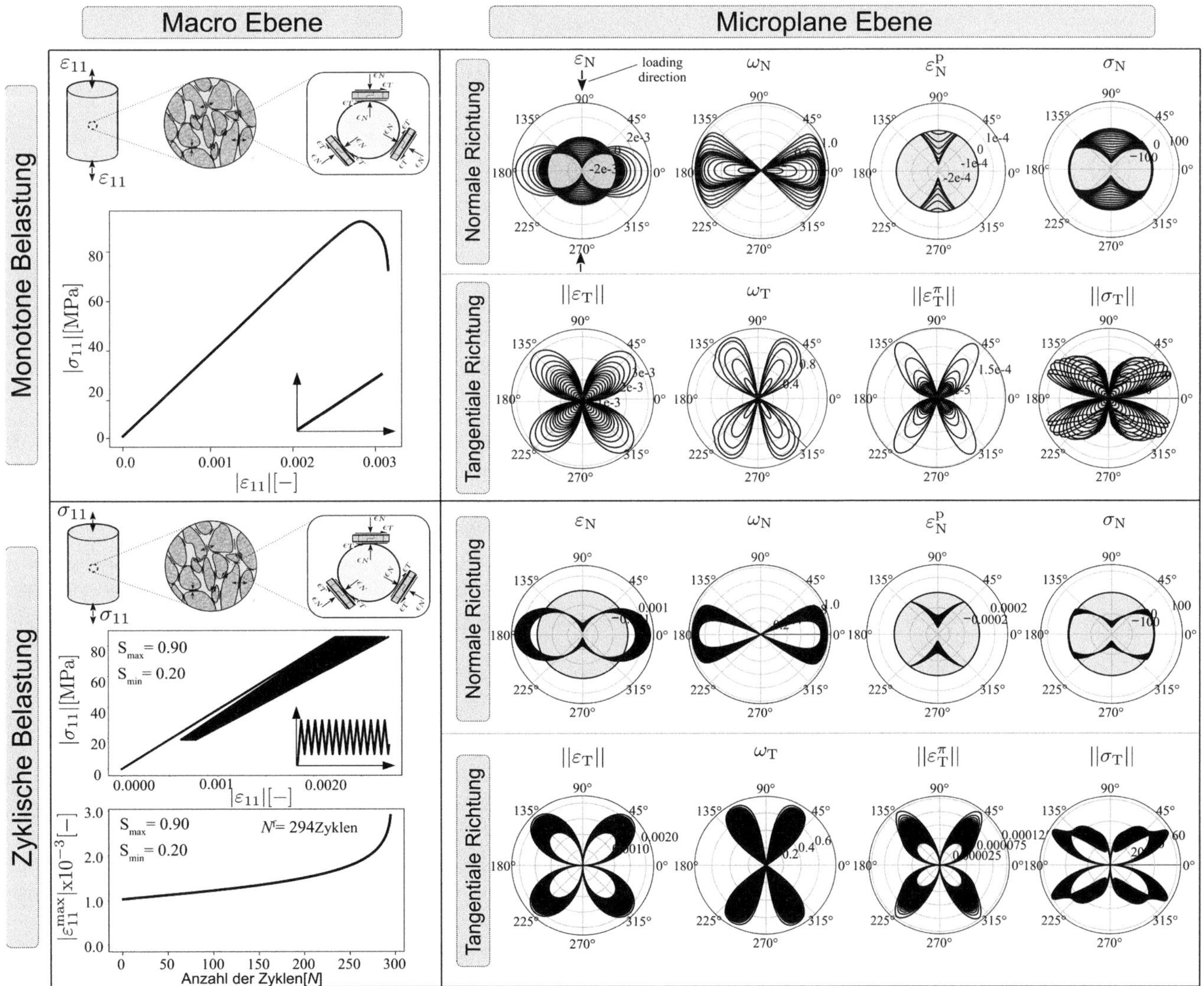

Bild 2-27: Biaxiale Spannungsumlagerung innerhalb des einzelnen Materialpunktes, reproduziert durch das 2D-Microplane-Modell unter Monoton- und Ermüdungsdruckbelastung; links: das makroskopische Verhalten des einzelnen Materialpunkts; rechts: Entwicklung und Verbreitung von projizierten Dehnungen, Schädigungen, plastischen Dehnungen und Spannungen an jeder Mikrofläche, aufgetragen in Polardiagrammen

Um diesen Umlagerungsprozess detaillierter zu zeigen, ist in Bild 2-28 die Schädigungsentwicklung während der Ermüdungsbelastung an einzelnen Mikroflächen dargestellt. Die Schädigungsentwicklung in der Normalenrichtung ω_N an den Mikroplanes im Bereich 0°–35° ist in Bild 2-28a) dargestellt, während die tangentiale Schädigungsakkumulation an den Mikroflächen im Bereich 35°–85° in Bild 2-28b) gezeigt ist. Obwohl die normale Schädigung ω_N keinen kumulativen Charakter hat, wächst sie während der Lastzyklen, wie aus Bild 2-28a) hervorgeht. Offensichtlich wird die Schädigung ω_N durch die Umlagerung der tangentialen Spannungen verursacht. Ein weiterer Blick auf den Umlagerungseffekt wird in Bild 2-28c) gezeigt, die demonstriert, dass sich die Richtung der maximalen tangentialen Schädigung während der Ermüdungsbelastung verändert. Wie beim monotonen Spannungs-Dehnungsverlauf in Bild 2-27 dargestellt, wird das Druckversagen durch eine Interaktion zwischen plastischem Fließen in Richtung der Belastung (ε_N^P), einer Zugschädigung (ω_N) an den Mikroflächen seitlich dieser Richtung und einer tangentialen Schädigung (ω_T) verursacht, die jeweils unter 45° orientiert sind. Dies ist eine andere Darstellung eines Druckversagens im Vergleich zu einigen tensorialen Schädigungsplastizitätsmodellen, z. B. /94, 95/, die eine Schädigung bei Druck als separate Zustandsvariable einführen.

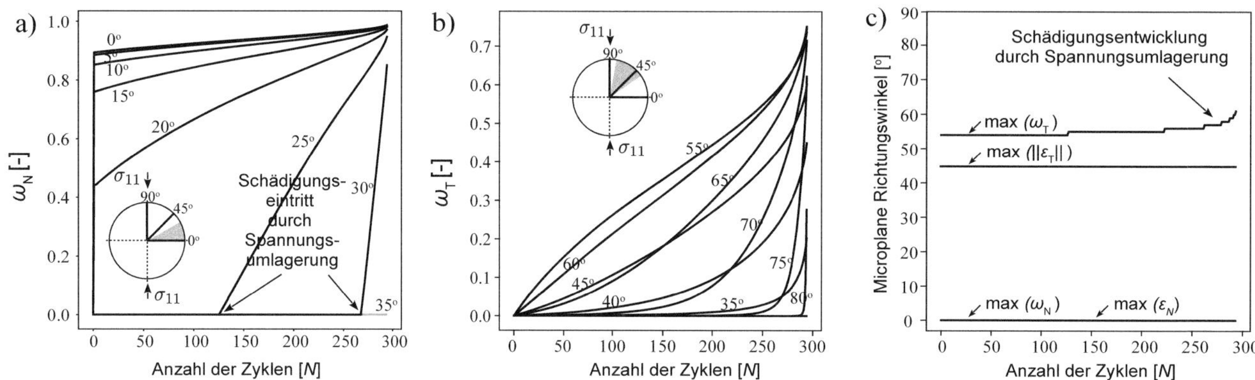

Bild 2-28: Schädigungsakkumulation durch Spannungsumlagerung innerhalb des 2D-Microplane-Modells unter Ermüdungsbeanspruchung: a) Schädigungsakkumulation in der normalen Richtung für mehrere ausgewählte Mikroflächen; b) Schädigungsakkumulation in der tangentialen Richtung für mehrere ausgewählte Mikroflächen; c) Richtung der maximalen normalen und tangentialen Schädigung und Dehnung

Die durchgeführten Studien zeigen, dass das Microplane-Modell in der Lage ist, die für eine realistische phänomenologische Abbildung der interagierenden dissipativen Effekte innerhalb der Materialstruktur erforderlichen Effekte zu erfassen. Der beobachtete Umlagerungseffekt ist eine Folge des drucksensitiven Tangentialverhaltens zwischen Betonaggregaten, das sowohl für die monotone als auch für die Ermüdungsbelastung plausibel erfasst werden kann. Darüber hinaus zeigt die Entwicklung der Hauptrichtung der Schädigung während der zyklischen Beanspruchung direkt die erforderliche Eigenschaft des Modells, den triaxialen Spannungsumlagerungsprozess während der Ermüdungsbeanspruchung zu erfassen.

2.3.5 Modellkalibrierung und -validierung

Unter der Annahme, dass die dissipativen Mechanismen, die das Druckermüdungsverhalten in einer Zylinderprobe bestimmen, in ihrem Volumen gleichmäßig sind, kann die Zustandsentwicklung in der Probe als gleichmäßige uniaxiale Spannung und Dehnung über einen Großteil ihrer Lebensdauer beschrieben werden. In diesem Fall kann ein Einzelmaterialpunktmodell verwendet werden, wie bereits in Abschnitt 2.1 und auch in mehreren, in den letzten Jahren veröffentlichten Studien /5, 6, 14, 87, 96–98/ beschrieben. Durch die Idealisierung der Zylinder-Druckprobe mit einem einzigen Materialpunkt gehen wir davon aus, dass alle Zustandsvariablen während des gesamten Belastungsverlaufs gleichmäßig innerhalb der Zylinderprobe verteilt sind. Die unvermeidliche Reibung zwischen den Stahlplatten und der Probenoberfläche führt dazu, dass sich innerhalb der Probe Scherkegel bilden, die lokalisierte Risse auslösen. Im Vergleich zur Simulation, die von einem ideal gleichmäßigen Spannungszustand bis zum Versagen ausgeht, führt die Entwicklung von makroskopischen Rissen in der Probe zu einem spröderen Verhalten im Nachbruchbereich. Die Annahme eines gleichmäßigen Spannungs- und Dehnungsfeldes kann jedoch im Nachbruchbereich als realistisch angesehen werden, bevor die Lokalisierung der Schädigung in mehreren makroskopischen Rissen beginnt.

Daher kann das Modell mit einem einzigen Materialpunkt nur für den aufsteigenden Zweig eines monotonen Versuchs und für den größten Teil der Ermüdungslebensdauer angenommen werden, bevor der lokalisierte Riss auftritt, der das Versagen verursacht. Allerdings kann die Idealisierung eines einzelnen Materialpunktes auch innerhalb dieses Gültigkeitsbereiches zur Kalibrierung und Validierung des Materialmodells verwendet werden. Die Ergebnisse der Kalibrierung und Validierung unter Einbeziehung der drei in Abschnitt 2.2.2 vorgestellten Betonsorten sind in Bild 2-29 zusammengefasst.

Kalibrierung im subkritischen Belastungsbereich:

Die Kalibrierung wurde gleichzeitig mit dem monotonen Szenario (LS1) und den Ermüdungsbelastungsszenarien mit konstanten Amplituden (LS5) durchgeführt, wie in Tabelle 2-6 zusammengefasst. Innerhalb dieser Belastungsszenarien entwickelt sich der in Abschnitt 2.3.4 beschriebene triaxiale Spannungsumlagerungsprozess mit unterschiedlicher Rate. Durch die Aktivierung unterschiedlicher Interaktionsmuster der postulierten dissipativen Mechanismen, d. h. Druckplastizität, kumulatives Gleiten, tangentiale und normale Schädigung, wird ein breites Spektrum an Perspektiven für das Materialverhalten ermöglicht. Daher führt eine Kalibrierung, die alle diese Perspektiven abdeckt, zu einer breiten Modellvalidität für allgemeine Belastungsszenarien bei subkritischen Belastungsstufen.
Die experimentellen Kurven, die für monotone Belastung erhalten wurden, und die simulierten Kurven, die durch das kalibrierte Modell reproduziert wurden, sind in Bild 2-29a),g),m) für die drei untersuchten Betonklassen dargestellt. In diesem Kalibrierungsschritt wurde wegen des begrenzten Gültigkeitsbereichs der angewandten Idealisierung eines einzelnen Materialpunkts für überwiegend homogenen Schädigungsentwicklung in der Probe nur der aufsteigende Ast berücksichtigt.
Das unter konstanten Amplituden gemessene Druckermüdungsverhalten von Beton, dargestellt durch die Wöhlerlinien, wurde in Bild 2-29b),h),n) für mehrere Stufen des Oberlastniveaus S_{max} numerisch reproduziert. Die Diagramme zeigen auch einen Vergleich mit den empirischen Wöhlerlinien, die nach dem fib Model Code 2010 ermittelt wurden /60/. Das Unterlastniveau wurde für die Betongüte C40 auf S_{min} = 0,05 und für C80 und C120 auf S_{min} = 0,20 festgelegt. Die durch das beschriebene Kalibrierungsverfahren erhaltenen Parameter, die das gemessene monotone und das Ermüdungsverhalten reproduzieren, sind in Tabelle 2-12 zusammengefasst.
Die Ermüdungskriechkurven, d. h. die Dehnungszunahme während der Ermüdungslebensdauer, die dem Belastungsniveau mit S_{max} = 0,75 für die Betongüte C40 und S_{max} = 0,85 für C80 und C120 entsprechen, werden mit den numerisch erhaltenen Kurven in Bild 2-29c),i),o) verglichen. Es ist erwähnenswert, dass der Versagenspunkt zwar durch die Anpassung der Wöhler-Linien in Bild 2-29b),h),n) ermittelt wurde, die Verlaufsform der Ermüdungskriechkurve jedoch zeigt, wie sich das Modell diesem Versagen während der Lebensdauer in Hinblick auf das zugrunde liegende dissipative Verhalten nähert. Offensichtlich sind die berechneten Kurven nicht in der Lage, die abnehmende Rate der unelastischen Dehnung in der ersten Phase der Lebensdauer der Probe zu reproduzieren. Ein möglicher Grund für dieses experimentell beobachtete Phänomen mit abnehmenden Dehnungsinkrementen zwischen den ersten Belastungszyklen könnte ein Konsolidierungseffekt innerhalb der Materialstruktur sein. Ein solches Verhalten kann durch eine Aktivierung von mehr Kontakten zwischen den Gesteinskörnern erklärt werden, die zu einer homogeneren Spannungsverteilung während der ersten Belastungszyklen führen. Dieser Effekt wird von dem makroskopischen Modell nicht erfasst. Andererseits werden das Verformungsniveau und die Verformungsgeschwindigkeit in der zweiten Phase der Lebensdauer relativ gut prognostiziert.

Validierung im subkritischen Belastungsbereich:

Um das kalibrierte Modell zu validieren, werden dessen Prognosen für ein anderes Belastungsszenario mit den erhaltenen Versuchsergebnissen verglichen. Zu diesem Zweck wurde das in Tabelle 2-6 dargestellte Belastungsszenario (LS3) verwendet, das eine zyklische Belastung mit stufenweise ansteigender Oberlast verlangt. Zum Vergleich der Versuchsergebnisse sind zwei gemessene Spannungs-Dehnungskurven in Bild 2-29d),j),p) dargestellt. Die numerisch ermittelten Spannungs-Dehnungskurven sind in Bild 2-29e),k),q) dargestellt. Die Steigung der Belastungshysterese zeigt, dass sich die Entlastungssteifigkeit nicht wesentlich ändert. Dieses Verhalten, welches darauf hinweist, dass der hauptsächliche dissipative Mechanismus plastischer Natur ist, wurde durch das Modell korrekt abgebildet. Der Vergleich zwischen den numerisch und experimentell ermittelten stufenweisen Ermüdungs-Kriechkurven in Bild 2-29i),l),r) zeigt, dass die Modellprognosen für alle geprüften Betonklassen als realistisch angesehen werden können.

Berechnungsaufwand:

Die in Bild 2-29b),h),n) gezeigten numerisch erhaltenen Wöhlerlinien wurden innerhalb einer akzeptablen Rechenzeit bis zu mehreren hunderttausend Lastzyklen berechnet. Als Beispiel: Bei Verwendung eines Computers mit 16 GB Speicher dauerte eine Ermüdungssimulation eines einzelnen Materialpunkts mit einer maximalen Zyklenzahl von $3{,}03 \times 10^5$ und 100 Lastschritten pro Zyklus etwa 47,7 Stunden. Alle beschriebenen Modelle sind innerhalb der am IMB (RWTH Aachen) entwickelten numerischen Modellierungsplattform BMCS implementiert. Die Flexibilität und Effizienz der wissenschaftlichen Berechnungsumgebung, die auf der umfangreichen Funktionalität der Python-Open-Source-Pakete basiert, wurde ausgenutzt und die Paketsuite wurde in den letzten Jahren systematisch weiterentwickelt /99–101/.

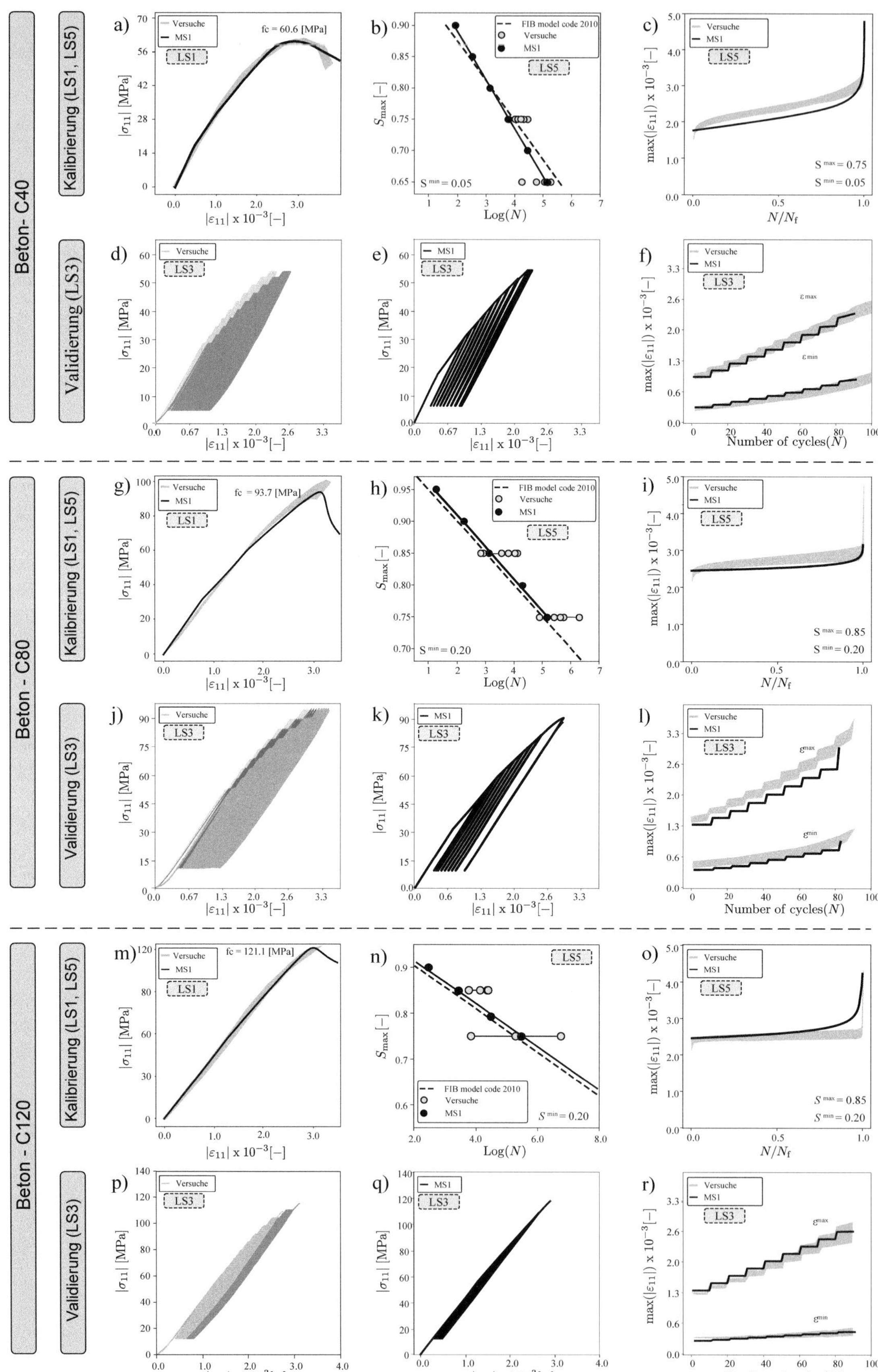

Bild 2-29: Kalibrierungs- und Validierungsverfahren für das entwickelte Modell

Tabelle 2-12: Identifizierte Materialmodellparameter für die Betonklassen C40, C80 und C120

Parameter	**Beschreibung**	**Einheit**	**Beton C40**	**Beton C80**	**Beton C120**	**Kalibriert für LS**
Elastizitätsparameter						
E	Elastizitätsmodul	[MPa]	37000	42000	44000	LS1
v	Poisson-Zahl	[-]	0.2	0.2	0.2	LS1
Parameter der Zugschädigung (TD)						
Ad	Schädigung Sprödigkeit	[MPa^{-1}]	800	1800	2000	LS1
ε_N^0	Zugdehnungsgrenze	[-]	0.00007	0.0001	0.0001	LS1
Parameter der Druckplastizität (CP)						
σ_N^0	Grenze der plastischen Spannung der normalen Richtung	[MPa]	25	45	80	LS1
K_N	Isotroper Verfestigungsmodul der normalen Richtung	[MPa]	14000	17000	55000	LS1
γ_N	Kinematischer Verfestigungsmodul der normalen Richtung	[MPa]	8000	9000	45000	LS1
Parameter für kumulative Gleitschädigungen (CSD)						
σ_T^0	Grenze der plastischen Spannung der tangentialen Richtung	[MPa]	2.2	2.0	1.8	LS1 und LS5
K_T	Isotroper Verfestigungsmodul der tangentialen Richtung	[MPa]	1200	20000	30000	LS1 und LS5
γ_T	Kinematischer Verfestigungsmodul der tangentialen Richtung	[MPa]	65000	500000	2000000	LS1 und LS5
S	Festigkeit der Schädigung	[MPa]	0.0027	0.0075	0.009	LS1 und LS5
c	Erster Schädigungsakkumulationsparameter	[-]	8.7	9	17	LS1 und LS5
r	zweiter Schadensakkumulationsparameter	[-]	9.2	15	17.5	LS1 und LS5
m	Drucksensitivitätsparameter der tangentialen Spannung	[-]	0.001	0.004	0.008	LS1 und LS5
p	Drucksensitivitätsparameter der tangentialen Schädigung	[-]	7.5	10	7	LS1 und LS5

2.4 Zusammenfassung

Die vorgestellte vergleichende Studie ausgewählter repräsentativer Modelle, die verschiedene Kategorien von Schädigungshypothesen für die Ermüdung von Beton unter Druckbelastung darstellen, erlaubt eine umfangreiche Bewertung der Qualität von deren Vorhersage. In diese vergleichende Bewertung wurden nur Modelle einbezogen, die über eine ausreichende Rechenleistung verfügen, um das Verhalten auch bei hoher Lastspielzahl simulieren zu können. Um die Fähigkeit der eingeführten Modellierungsansätze zu prüfen, den Reihenfolgeeffekt korrekt abzubilden, wurden systematisch konzipierte numerischen Studien unter Verwendung des zweistufigen Belastungsszenarios mit unterschiedlichen Oberlasten durchgeführt und ausgewertet.

Umfangreiche experimentelle Untersuchungen wurden zum Effekt der Belastungsreihenfolge auf das Ermüdungsverhalten von Zylinderproben durchgeführt. Das Versuchsprogramm umfasste drei Betonklassen (C40, C80, C120) und sechs Belastungsszenarien. Durch die systematisch konzipierte Untersuchung konnten umfassende Erkenntnisse zum Verhalten von Beton unter monotoner und zyklischer Druckbelastung gewonnen werden. Basierend auf den gewonnenen Daten wurde das Ermüdungsverhalten in Form von Wöhlerlinien und Ermüdungskriechkurven charakterisiert und die maßgeblichen dissipativen Mechanismen der Ermüdungsentwicklung identifiziert. Darüber hinaus konnte aus den Versuchen zu den Reihenfolgeeffekten der signifikante Einfluss der Belastungsfolge auf die Ermüdungslebensdauer von Beton abgeleitet werden. Weitere Auswertungen zeigten, dass dadurch die verbreitete P-M-Regel zu einer unsicheren Vorhersage der Ermüdungslebensdauer führen kann.

Basierend auf diesen Beobachtungen wurde eine theoretische Erklärung für den Effekt der Belastungsreihenfolge auf Basis der energetischen Betrachtung formuliert. Eine energiebasierte Superposition liefert eine transparente Erklärung für den in den durchgeführten Versuchsreihen beobachteten Reihenfolgeeffekt. Bei einer gleichmäßigen Schädigungsentwicklung in der Probe muss ein (H-L)-Szenario zwangsläufig zu einer Verringerung der Ermüdungslebensdauer im Vergleich zur P-M-Regel führen. Andererseits führt ein (L-H)-Szenario, zu einer längeren Lebensdauer im Vergleich zur P-M-Regel.

Basierend auf den vorgestellten experimentellen und numerischen Untersuchungen wurde eine erweiterte Bemessungsregel vorgeschlagen, die den Einfluss der Belastungsreihenfolge auf die verbleibende Ermüdungslebensdauer berücksichtigt. Diese Regel ist als eine Erweiterung der P-M-Regel konzipiert worden. Eine exemplarische Umsetzung der Regel wurde für die Betonklasse C120 anhand von numerischen und experimentellen Ergebnissen validiert und mit den vorhandenen Schädigungsakkumulationsregeln aus der Literatur verglichen. Damit wurde ein Ansatz zur Formulierung allgemein gültiger Bemessungsregel bereitgestellt, der zur realistischeren Prognose der Ermüdungslebensdauer von Beton unter Druck für Belastungsszenarien mit variablen Amplituden verwendet werden kann.

Die durchgeführten numerischen und experimentellen Studien haben gezeigt, dass die triaxiale Spannungsumlagerung im Materialvolumen einen grundlegenden Mechanismus der Ermüdungsentwicklung darstellt. Zur Erfassung dieses Mechanismus wurde im Rahmen des Forschungsvorhabens ein neues numerisches Microplane-Modell für Betonermüdung entwickelt. Das thermodynamisch basierte Modell kann für realistische 3D-Simulationen verwendet werden. Es erfasst die wichtigsten interagierenden dissipativen Mechanismen, die die Ermüdungsentwicklung steuern, und wurde anhand der durchgeführten Versuche kalibriert und validiert. Die mit dem Modell erhaltenen Ergebnisse repräsentieren mehrere Beobachtungsperspektiven auf das Materialverhalten und ermöglichen somit eine Identifikation und detaillierte Analyse der dissipativen Mechanismen, die das Ermüdungsverhalten bestimmen. Die Ergebnisse belegen die Fähigkeit des Modells, das monotone, zyklische und hochzyklische Ermüdungsverhalten des Betons mit denselben Materialparametern zu reproduzieren.

3 Ein phänomenologisches Materialmodell für die Schädigungsberechnung von Beton unter Ermüdungsbeanspruchung

Im Forschungsvorhaben WinConFat war ein Teilziel die gezielte Untersuchung der Einflüsse aus Spannungsumlagerungen auf das Ermüdungsverhalten von Turmkonstruktionen von Windenergieanlagen infolge der zyklischen Biegebeanspruchung aus Wind- und Wellenbelastungen. Um dies zu erreichen, wurde im Arbeitspaket 1.2 ein numerisches Materialmodell entwickelt, mit dem die Schädigungsentwicklung von Beton unter Ermüdungsbeanspruchung abgebildet werden kann. Das Modell wurde in dem Finite-Elemente-Programm ANSYS Mechanical implementiert. Die Schädigungsberechnung geschieht hierbei in einem iterativen Prozess, bei dem die einzelnen Lastwechsel der Ermüdungsbeanspruchung zu Lastkollektiven mit gleichem Lastniveau zusammengefasst werden. Je Iterationsdurchgang wird ein Lastkollektiv appliziert, die resultierende Schädigung berechnet und die Steifigkeitsverteilung im Bauteil aktualisiert. Der Implementierung liegt ein linear-elastisches Materialmodell für den Beton zugrunde, das elementweise je Lastkollektiv gilt. Zusätzlich werden Algorithmen ergänzt, mit denen durch kontinuierliche Aktualisierung der Elementsteifigkeiten auf Bauteilebene über die Beanspruchungsdauer ein nichtlineares Materialverhalten simuliert wird. Der Beton wird vereinfachend als homogen betrachtet. Das Materialmodell wurde anschließend in numerischen Nachrechnungen von Ermüdungsversuchen an Betonbalken getestet. Die Implementierung und Anwendung des Modells werden nachfolgend näher beschrieben.

3.1 Entwicklung und Beschreibung des Materialmodells

3.1.1 Mechanischer Hintergrund

Das implementierte Materialmodell ist die numerische Umsetzung und Erweiterung des mechanisch basierten Dehnungsmodells nach /102/. Dessen wichtigste Elemente werden an dieser Stelle zusammengefasst, für genauere Informationen wird auf die Originalquelle verwiesen.

In dem Dehnungsmodell bestehen die Betondehnungen unter Ermüdungsbeanspruchung aus vier einzelnen Anteilen – einem elastischen Dehnungsanteil ε_{el}, einem lastwechselabhängigen plastischen Dehnungsanteil ε_d, einem zeitabhängigen viskosen Dehnungsanteil ε_{cr} und einem Temperaturdehnungsanteil ε_t. Ein qualitativer Verlauf der Dehnungsanteile über die Lastwechselzahl ist in Bild 3-1 dargestellt. Die Gesamtdehnung ε_{fat}, die am Bauteil während der Ermüdungsbeanspruchung gemessen wird, kann nach Gleichung (3-1) ermittelt werden. Bild 3-2 veranschaulicht dies grafisch. In üblichen Ermüdungsversuchen sind die ersten drei Dehnungsanteile Stauchungen, die Dehnungswerte sind damit negativ definiert. Die aus der Probekörpererwärmung resultierenden Dehnungen sind positiv definiert, da diese zu einer Ausdehnung der Probekörper führen. Sie verringern damit die im Ermüdungsversuch gemessene Dehnung. Die einzelnen Dehnungsanteile sind unabhängig voneinander, daher handelt es sich um ein additives Dehnungsmodell.

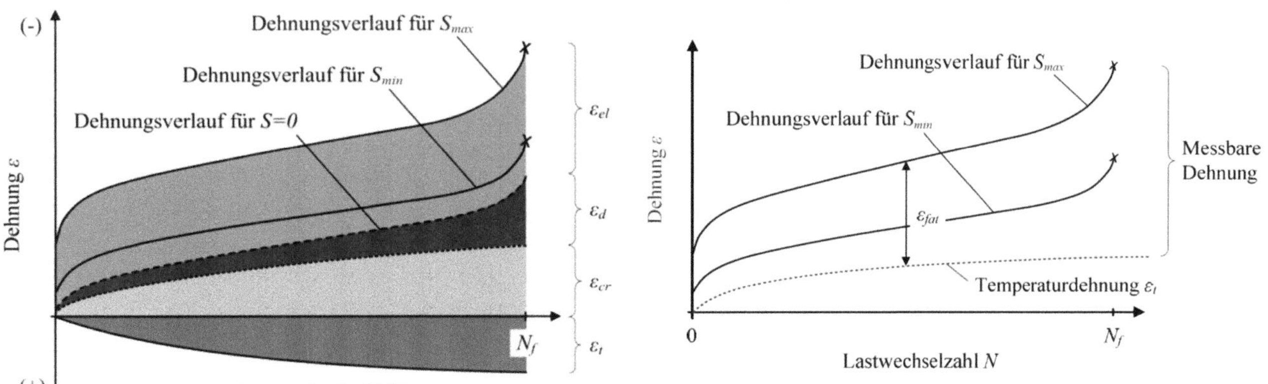

Bild 3-1: Qualitativer Verlauf der einzelnen Dehnungsanteile, nach /102/

Bild 3-2: Qualitative Visualisierung der in Ermüdungsversuchen messbaren Dehnung, nach /103/

$$|\varepsilon_{fat}| = |\varepsilon_{el}| + |\varepsilon_d| + |\varepsilon_{cr}| - |\varepsilon_t| \tag{3-1}$$

Der elastische Dehnungsanteil wird über das Hookesche Gesetz nach Gleichung (3-2) beschrieben und entspricht dabei den reversiblen Verformungen zwischen dem Oberspannungsniveau σ_{max} und dem entlasteten Zustand. Die gekrümmte Form der Be- und Entlastungsäste wird für diese Modellvorstellung vernachlässigt.

Der Sekantenmodul $E_c(N)$ nimmt in Abhängigkeit der Beanspruchung mit zunehmender Lastwechselzahl ab und bildet die Degradation der Materialsteifigkeit ab. Diese wird einerseits durch die Verdichtung des Zementsteins und andererseits durch Rissbildungsprozesse parallel und senkrecht zur Belastungsrichtung verursacht. Die geringere Porosität von höherfesten Betonen hat zur Folge, dass diese infolge von Beanspruchungen weniger stark verdichtet werden können und die Neigung zur Rissbildung senkrecht zur Beanspruchungsrichtung abnimmt. Der bessere Verbund zwischen Zementleim und Gesteinskörnung hat zudem eine geringere Rissbildung parallel zur Beanspruchungsrichtung zur Folge. Deshalb ist die Steifigkeitsdegradation bei höherfesten Betonen geringer ausgeprägt als bei normalfesten Betonen.

$$\varepsilon_{el} = \varepsilon_{max} = \frac{\sigma_{max}}{E_c(N)} \tag{3-2}$$

Der elastische Dehnungsanteil enthält jedoch nur die Auswirkungen der beschriebenen Prozesse auf das elastische Verformungsverhalten. Die inelastischen Verformungen werden über den plastischen Dehnungsanteil berücksichtigt. Dieser beinhaltet alle irreversiblen Verformungen, die als Folge der Materialzerrüttung und der sukzessiven Verschiebung der Rissflanken entstehen. Sie stellen somit eine inkrementelle Schädigungszunahme je Lastwechsel dar.

Im viskosen Dehnungsanteil werden alle visko-elastischen Dehnungen berücksichtigt, die aus dem zeitabhängigen Kriechverhalten des Betons entstehen. Im Beton unter Dauerbeanspruchung auftretende visko-plastische Verformungen werden in der Kriechforschung ebenfalls dem Betonkriechen zugeordnet, in dieser Betrachtung werden sie jedoch durch den plastischen Dehnungsanteil berücksichtigt. Für die Ermittlung des viskosen Dehnungsanteils wird angenommen, dass es für jedes Ermüdungsbeanspruchungsniveau eine statische Ersatzbeanspruchung gibt, die dieselben Kriechdehnungen hervorruft. Diese Ersatzbeanspruchung wird als kriechaffines Spannungsniveau bezeichnet. Mit dieser Größe lassen sich die viskosen Dehnungen im Beton unter Ermüdungsbeanspruchung isoliert ermitteln. Diese sind zeitabhängig formuliert und nach Gleichung (3-3) über die Belastungsfrequenz f mit der Lastwechselzahl N verknüpft.

$$N = f \cdot t \tag{3-3}$$

Die Verformungen aus der Erwärmung des Betons infolge der Ermüdungsbeanspruchung werden über den Temperaturdehnungsanteil erfasst. Während jedes Lastwechsels wird ein Teil der eingebrachten Energie in Wärmeenergie umgewandelt. Diese entspricht der Hysteresefläche zwischen einem Ent- und Wiederbelastungspfad des zyklischen Beanspruchungsverlaufs im Spannungs-Dehnungs-Diagramm. Somit hängt die Erwärmung der Prüfkörper von der Spannungsschwingbreite, der Beanspruchungsfrequenz sowie der Wärmeleitfähigkeit und den Konvektionsbedingungen an der Prüfkörperoberfläche ab. Die Temperaturdehnungen werden über Gleichung (3-4) mit dem Wärmeausdehnungskoeffizienten des Betons α_T und der mittleren Temperaturänderung ΔT berechnet.

$$\varepsilon_t = \alpha_T \cdot \Delta T \tag{3-4}$$

Zu Erwärmungen im Beton infolge einer Ermüdungsbeanspruchung kommt es jedoch hauptsächlich in Versuchen, z. B. /104/ bis /106/, da diese zur Verringerung des Zeitbedarfs mit Beanspruchungsfrequenzen durchgeführt werden, die deutlich höher sind als bei tatsächlich an Bauteilen auftretenden Ermüdungsbeanspruchungen. Der Einfluss der Beanspruchungsfrequenz auf das Ermüdungsverhalten von Beton wird an anderer Stelle untersucht, z. B. in /107/ und an dieser Stelle vernachlässigt. Ebenso wird ein Einfluss der Prüfkörpertemperatur auf die Steifigkeit, Festigkeit und Kriecheigenschaften des Betons nicht berücksichtigt, sowie eine mögliche Änderung der Bezugsfestigkeit während der Ermüdungsversuche.

3.1.2 Experimentelle Untersuchung der Steifigkeitsdegradation an zylindrischen Prüfkörpern

Zur Bestimmung des Degradationsverlaufs des Sekantenmoduls über die Beanspruchungsdauer wurden Ermüdungsversuche an zylindrischen Prüfkörpern ausgewertet, die im Rahmen des Gesamtvorhabens zur Ermittlung des Ermüdungswiderstandes für hohe und sehr hohe Lastwechselzahlen durchgeführt wurden /108/. Die Prüfkörper wurden mit der gleichen Betonzusammensetzung wie die späteren Validierungsbalken gefertigt, s. Abschnitt 3.2.1, Tabelle 3-5 und /109/.

Bei der Auswertung wurde der Sekantenmodul anhand des Entlastungsasts zwischen Ober- und Unterspannungsniveau nach Bild 3-3 ermittelt.

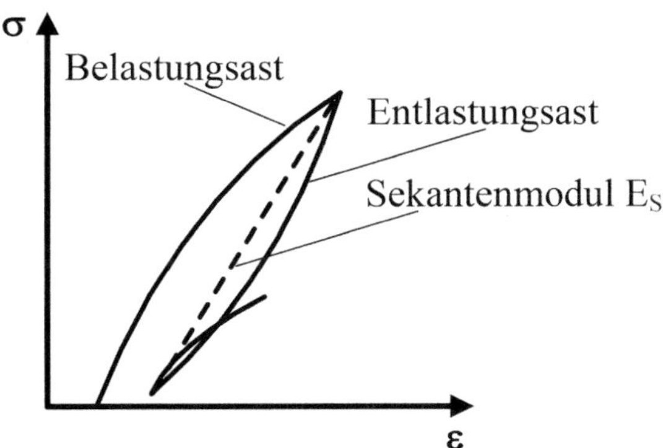

Bild 3-3: Schematische Darstellung der Ermittlung des Sekantenmoduls /110/

Die Ermittlung der Steifigkeitsverläufe erfolgte an Betonzylindern der Betone C40 und C80. Dies sind die Betone, aus denen auch die Balkenprobekörper gefertigt wurden. Tabelle 3-1 gibt eine Übersicht über die Anzahl der untersuchten Zylinderprüfkörper der jeweiligen Lastniveaus, Betonarten und Beanspruchungsfrequenzen. Die große Varianz in den Beanspruchungsfrequenzen liegt daran, dass im Gesamtvorhaben unter anderem die Untersuchung des Einflusses dieser auf das Ermüdungsverhalten untersucht wurde. Im Rahmen dieses Beitrags wird dies jedoch nicht näher verfolgt und auf /108/ verwiesen.

Tabelle 3-1: Versuchsprogramm der Ermüdungsversuche an zylindrischen Prüfkörpern

	C80				C40
S_{max} / S_{min}	2 Hz	4 Hz	5 Hz	7 Hz	5 Hz
0,80 / 0,05	3	3	-	3	3
0,75 / 0,05	3	3	-	3	-
0,70 / 0,05	3	3	-	3	6
0,625 / 0,05	-	-	3	-	4

Die Probekörper (*d/h* = 100/300 mm) wurden von der Firma Max Bögl in einem Kunststoffschalungssystem hergestellt. Der C80 war ein selbstverdichtender Beton, die Proben des C40 wurden nach der Betonage kurzzeitig mit einer Rüttelflasche verdichtet. Die Umgebungstemperatur betrug 20 °C und zur Verringerung des Austrocknungsschwindens wurde nachträglich das paraffinhaltige Nachbehandlungsmittel MasterKure 217WB der Firma BASF auf die obere luftberührte Zylinderstirnfläche appliziert. Etwa eine Woche nach der Betonage wurden die Stirnflächen in einer CNC-Fräse plangeschliffen, die Probekörper ausgeschalt und zum Prüfort transportiert. Dort wurden sie in einer Klimakammer bei 20 °C (± 2 °C) Lufttemperatur und 65 % (± 5 %) relativer Luftfeuchte gelagert. Tabelle 3-2 stellt die Randbedingungen aller betrachteten Versuche zusammen.

Tabelle 3-2: Übersicht über die Versuchsrandbedingungen der zur Auswertung verwendeten Probekörper

PK-Nr.	Beton	Charge	d / h [mm]	S_{max} / S_{min} [–]	f [Hz]	Bezugsdruckfestigkeit $f_{c,mean}$ [MPa]	Probenalter [Tage]	Bruchlastwechselzahl [–]
28		2	99,90 / 290,57			98,99	252	3.980
33		3	100,37 / 292,47		2	100,84	155	23.119
35		3	99,30 / 294,21			100,84	156	14.521
21		2	99,94 / 291,83			98,99	224	37.995
21	C80	3	99,78 / 291,24	0,70 / 0,05	4	100,84	147	18.036
25		3	100,44 / 292,31			100,84	148	20.307
24		2	100,39 / 289,17			98,99	244	42.963
51		3	100,00 / 293,90		7	100,84	161	27.154
52		3	100,00 / 292,25			100,84	162	20.009
27		2	99,70 / 291,73			98,99	245	61.105
30		3	99,54 / 291,69		2	100,84	154	10.926
37		3	100,00 / 294,26			100,84	157	15.701
25		2	99,68 / 290,17			98,99	245	1.473
39	C80	3	99,87 / 293,35	0,75 / 0,05	4	100,84	160	11.350
50		3	99,51 / 294,33			100,84	161	11.122
22		2	100,99 / 293,87			98,99	243	24.845
26		3	99,40 / 293,73		7	100,84	148	5.886
53		3	99,78 / 293,31			100,84	162	10.015
26		2	99,68 / 292,30			98,99	245	5.000
58		3	100,00 / 293,25		2	100,84	164	1.514
59		3	100,22 / 293,47			100,84	168	1.141
23		2	99,91 / 292,17			98,99	244	8.983
19	C80	3	99,94 / 293,80	0,80 / 0,05	4	100,84	147	1.984
54		3	99,74 / 294,58			100,84	164	2.100
20		2	99,27 / 292,68			98,99	222	112
11		3	99,80 / 291,77		7	100,84	147	2.345
18		3	100,32 / 293,33			100,84	147	4.465
05		2	99,46 / 292,63			98,99	165	121.560
06	C80	3	100,42 / 291,20	0,625 / 0,05	5	104,64	120	193.937
07		3	99,17 / 294,40			104,64	122	139.892
19		2	99,44 / 281,12			48,29	144	2.244.702
22	C40	2	100,14 / 285,51	0,625 / 0,05	5	48,29	202	2.977.720
24		2	99,77 / 286,58			48,29	209	2.061.961
21		2	98,73 / 287,93			48,29	201	262.282
01		2	99,83 / 291,20			39,90	123	21.553
02		2	100,20 / 282,80			39,90	102	17.003
03		2	100,00 / 293,60			39,90	101	9.753
04	C40	1	98,77 / 287,30	0,70 / 0,05	5	48,90	103	39.103
05		1	98,97 / 288,70			48,90	102	28.253
06		1	98,93 / 288,00			48,90	99	21.603
06		2	99,53 / 279,02			48,29	322	717
32	C40	2	99,76 / 274,77	0,80 / 0,05	5	48,29	323	252
45		2	99,84 / 282,16			48,29	327	1.244

Die Prüfkörper wurden in einer hydraulischen Prüfmaschine kraftgeregelt mit den angegebenen Beanspruchungsniveaus und -frequenzen bis zum Versagen belastet. Während der Prüfungen wurden die Maschinenkraft, der Maschinenweg sowie die Probekörperverformungen in Längsrichtung mittels drei Laserdistanzsensoren, die um den Probekörper herum in einem Winkel von 120° versetzt angeordnet waren, kontinuierlich erfasst.

Die auf die Ausgangssteifigkeit $E_{c,0}$ im ersten Lastwechsel bezogenen Steifigkeiten für jeden Lastwechsel wurden ausgewertet und über die bezogene Lebensdauer $\nu = N/N_f$ dargestellt. Nachfolgend werden nur die gemittelten Verläufe der Versuche mit gleichem Lastniveau und gleicher Beanspruchungsfrequenz gezeigt, die Einzelverläufe sind im Anhang zu finden. In Bild 3-4 und Bild 3-5 sind zunächst die resultierenden Steifigkeitsverläufe der Prüfkörper des C80-Betons dargestellt.

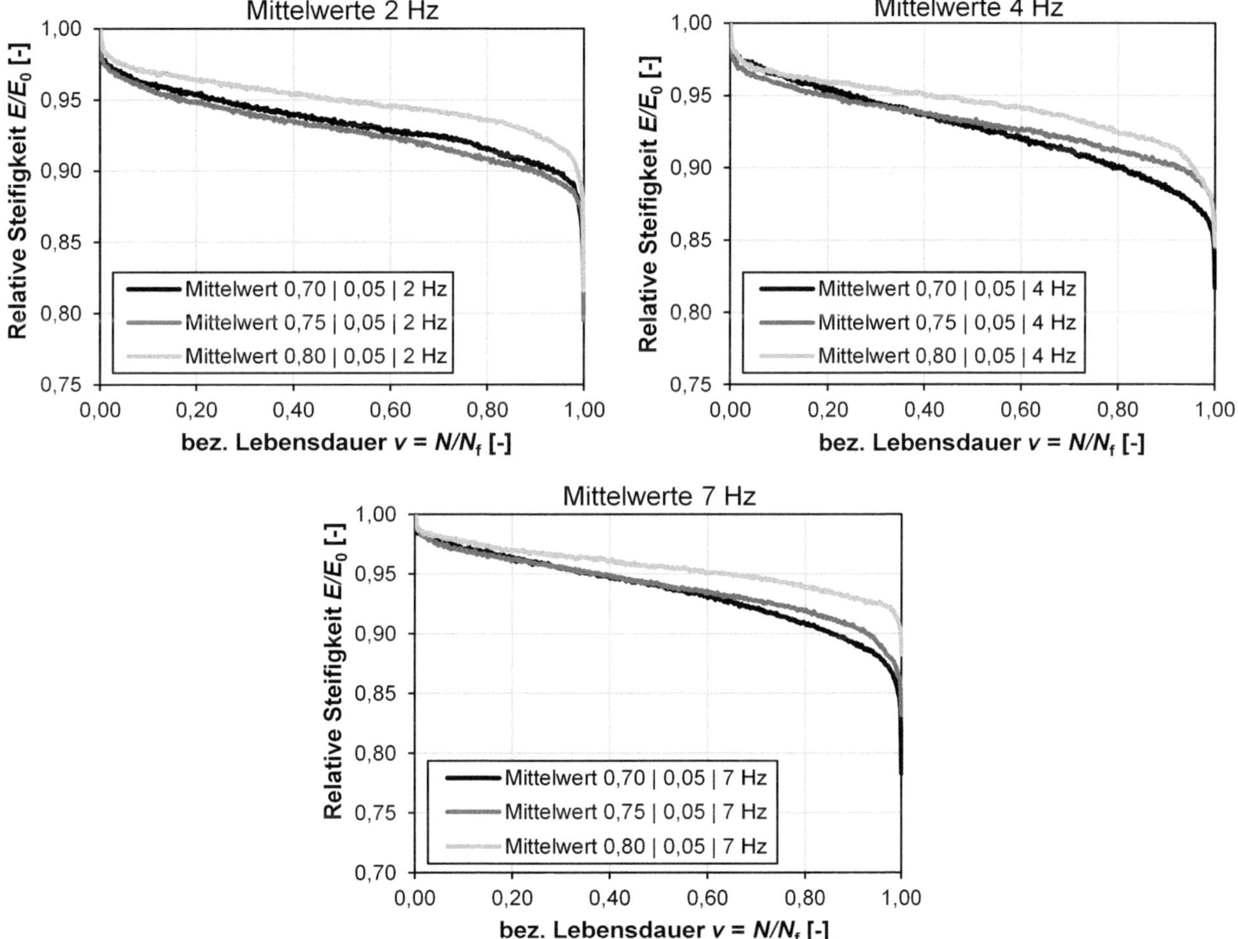

Bild 3-4: Mittelwerte der Steifigkeitsverläufe über die bezogene Lebensdauer, getrennt nach Beanspruchungsfrequenz (Beton C80)

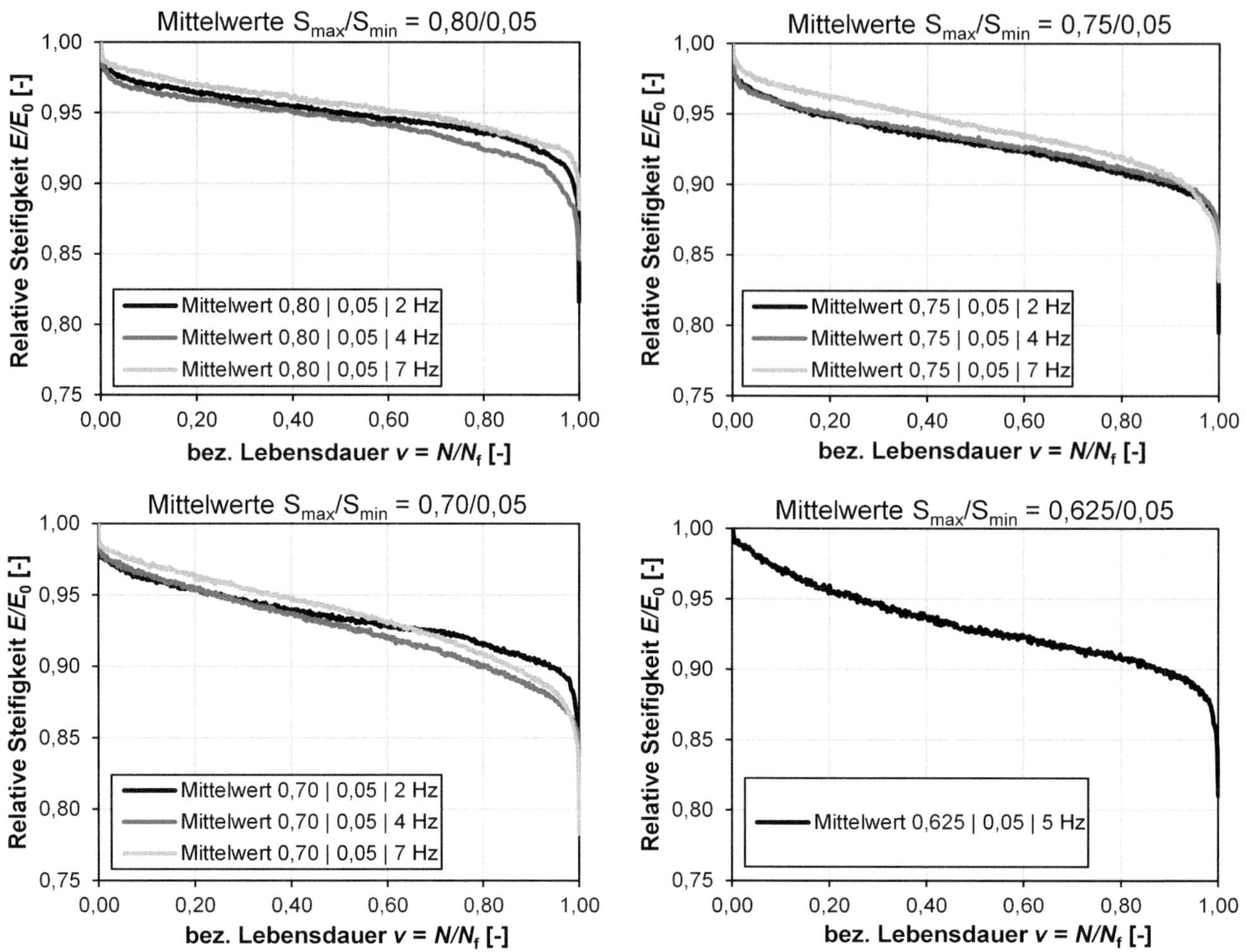

Bild 3-5: Mittelwerte der Steifigkeitsverläufe über die bezogene Lebensdauer, getrennt nach Oberspannungsniveau (Beton C80)

Beim Vergleich der Kurven wird deutlich, dass das Beanspruchungsniveau einen größeren Einfluss auf die Steifigkeitsdegradation hat als die Beanspruchungsfrequenz. In Bild 3-4 liegen für alle drei untersuchten Frequenzen die Kurven des Beanspruchungsniveaus S_{max}/S_{min} = 0,80/0,05 oberhalb der beiden Kurven mit geringerer Oberspannung. Die Prüfkörper dieser Versuche wiesen während der gesamten Versuchsdauer eine höhere Steifigkeit auf als die der anderen Versuche. Dies ist hauptsächlich dadurch bedingt, dass es in der zweiten Phase der Ermüdungsbeanspruchung zu einem langsameren Risswachstum kommt. Dies deckt sich mit den Ergebnissen aus der Literatur, vgl. /44/ und /111/. Die Reststeifigkeit der Prüfkörper auf den höheren Beanspruchungsniveaus ist ebenfalls größer und der Übergang in die dritte Phase geschieht später. Die Reststeifigkeit ist hierbei die berechnete Steifigkeit im letzten vollständig aufgebrachten Lastwechsel.

Ein Frequenzeinfluss auf den Steifigkeitsverlauf lässt sich in den Grafiken in Bild 3-5 nicht erkennen. Die Kurven für die unterschiedlichen Beanspruchungsfrequenzen liegen in den Diagrammen für die einzelnen Beanspruchungsniveaus gebündelt beisammen und weisen einen ähnlichen Verlauf auf. Lediglich die Proben in den 7-Hz-Versuchen zeigen zu Beginn der Beanspruchung eine geringere Steifigkeitsabnahme, gleichen sich mit zunehmender Versuchsdauer jedoch den anderen Proben an. In den Diagrammen in Bild 3-5 lässt sich ebenfalls erkennen, dass die Reststeifigkeit mit abnehmender Oberspannung sinkt. Dies deutet darauf hin, dass die größere Anzahl an ertragenen Lastwechseln auf den geringeren Oberspannungsniveau dazu geführt hat, dass es in diesen Probekörpern zu einer stärkeren Rissausbreitung kam.

Ferner wurden die Steifigkeitsverläufe von Prüfkörpern des C40-Betons untersucht. Die Ergebnisse sind nachfolgend in Bild 3-6 dargestellt. Bei diesen Versuchen betrug die Beanspruchungsfrequenz 5 Hz und wurde nicht variiert, daher sind keine Aussagen zum Frequenzeinfluss möglich. Auffällig ist ein starker Steifigkeitsabfall während der ersten Lastwechsel vor allem bei den Versuchen mit den bezogenen Oberspannungen S_{max} = 0,70 und S_{max} = 0,80. Auf diesen beiden Beanspruchungsniveaus wiesen die Prüfkörper nach 5 % der Lebensdauer im Mittel nur noch etwa 90 % der ursprünglichen Steifigkeit auf, wohingegen die Prüfkörper, die mit der bezogenen Oberspannung S_{max} = 0,625 getestet wurden, zu diesem Zeitpunkt noch etwa 97 % der

Ausgangssteifigkeit aufwiesen. Die Steigung in der zweiten Phase der Beanspruchung ist unabhängig vom Beanspruchungsniveau ähnlich.

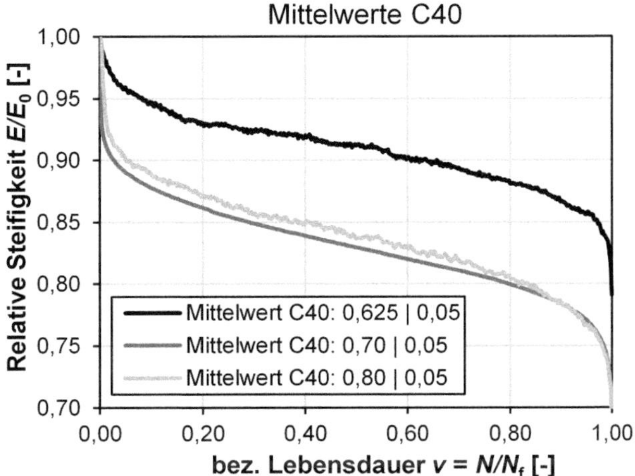

Bild 3-6: Mittelwerte der Steifigkeitsverläufe über die bezogene Lebensdauer in Abhängigkeit des Oberspannungsniveaus (Betonfestigkeitsklasse C40)

Aufgrund des zuvor gezeigten geringen Einflusses der Beanspruchungsfrequenz wird in der Folge jeweils der Mittelwert über alle Frequenzen betrachtet. Beim direkten Vergleich der Steifigkeitsverläufe der beiden Betondruckfestigkeiten für die betrachteten Beanspruchungsniveaus in Bild 3-7 wird der starke initiale Steifigkeitsabfall bei den höheren beiden Oberspannungsniveaus beim C40-Beton ebenfalls deutlich. Auch der Steifigkeitsabfall in der zweiten Phase der Ermüdungsbeanspruchung ist bei den beiden höheren Beanspruchungsniveaus für den C40-Beton stärker ausgeprägt als beim Vergleichsbeton. Auf dem Oberspannungsniveau S_{max} = 0,625 verläuft die Steifigkeitsdegradation hingegen ähnlich. Der initiale größere Abfall ist beim C40-Beton hier zwar ebenfalls vorhanden, aber in deutlich geringerem Maße. Aus diesen Verläufen lässt sich schließen, dass der C40-Beton bei Beanspruchungsniveaus, die nahe der Festigkeit liegen, eine deutlich größere Steifigkeitsdegradation erfährt als der C80-Beton.

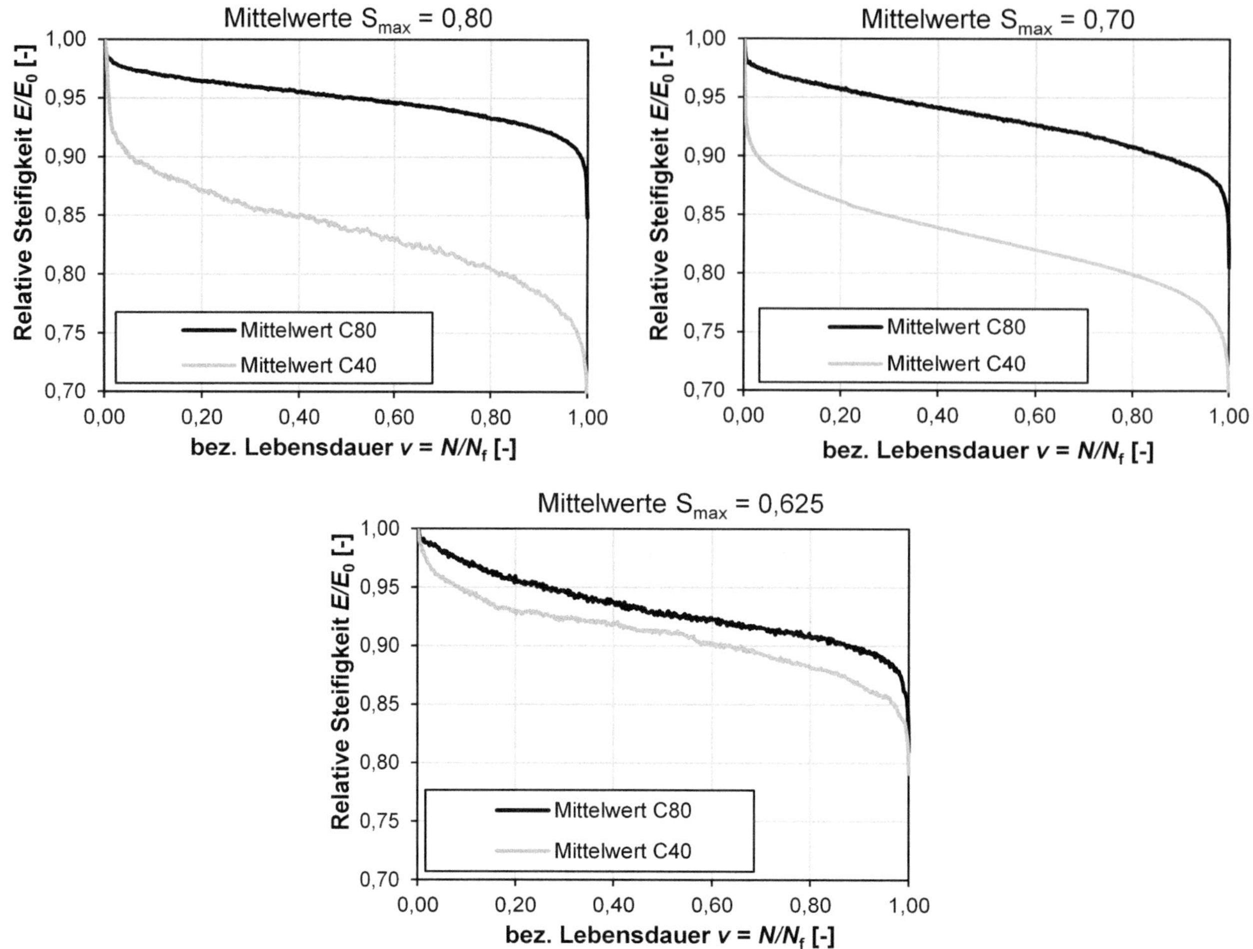

Bild 3-7: Mittelwerte der Steifigkeitsverläufe über die bezogene Lebensdauer, getrennt nach Betonfestigkeitsklasse (Frequenzbereich 2–7 Hz)

3.1.3 Numerische Umsetzung

Das aus den einzelnen Dehnungsanteilen bestehende mechanische Modell zur Beschreibung der Betondehnungen unter Ermüdungsbeanspruchung wird in eine Berechnungsroutine im Finite-Elemente-Programm ANSYS Mechanical implementiert. Nachfolgend wird dies für die einzelnen Dehnungsanteile beschrieben und anschließend der iterative Berechnungsprozess der Routine vorgestellt.

3.1.3.1 Elastischer Dehnungsanteil

Die elastischen Dehnungen werden im numerischen Modell direkt aus der äußeren Belastung für das Ober- bzw. Unterspannungsniveau über das Hookesche Gesetz berechnet. Sie hängen lediglich vom Elastizitätsmodul der einzelnen Elemente ab. Dieser ist jedoch nur zu Beanspruchungsbeginn für alle Elemente gleich. Die sukzessive Steifigkeitsdegradation während der Ermüdungsbeanspruchung wird durch eine elementweise Abnahme des Elastizitätsmoduls abgebildet. Im numerischen Modell treten bei beliebiger Belastung an verschiedenen Elementen unterschiedliche Kombinationen aus Ober- und Unterspannungsniveau auf. Für eine exakte phänomenologische Beschreibung der Steifigkeitsdegradation im numerischen Modell wären somit Untersuchungen für alle möglichen Beanspruchungsniveaus notwendig. Dies bedeutet einen enormen Zeitaufwand. Daher wird vereinfachend jeweils der Mittelwert der durchgeführten Versuche je Parameterkombination und Betonfestigkeitsklasse betrachtet und für diesen eine Näherungsfunktion ermittelt.

Aufgrund der festgestellten Unterschiede in den Steifigkeitsverläufen der beiden untersuchten Betone, wird eine Näherungsfunktion je Beton ermittelt. Wie zuvor dargestellt, weisen die einzelnen Steifigkeitsverläufe bei unterschiedlichen Randbedingungen unterschiedliche Reststeifigkeiten auf. Damit die Verläufe der einzelnen Versuche miteinander verglichen werden können, wird zunächst der Einfluss der absoluten Reststeifigkeit $E_{c,f}$ entfernt. Dies geschieht über Gleichung (3-5). Hierbei wird der Verlauf der relativen Steifigkeit $E_c(v)/E_{c,0}$ in eine Schädigung $D(v)$ umgerechnet. Die Prüffrequenz wird wegen ihres untergeordneten Einflusses vernachlässigt.

$$D(v) = \left(1 - \frac{E_c(v)}{E_{c,0}}\right) / \left(1 - \frac{E_{c,f}}{E_{c,0}}\right) \tag{3-5}$$

Die Schädigung hat bei Beanspruchungsbeginn den Wert 0 und nimmt mit sukzessiver Versuchsdauer bis zum Maximalwert 1 zu. Bild 3-8 zeigt die Mittelwerte der Schädigungsverläufe auf den unterschiedlichen Beanspruchungsniveaus.

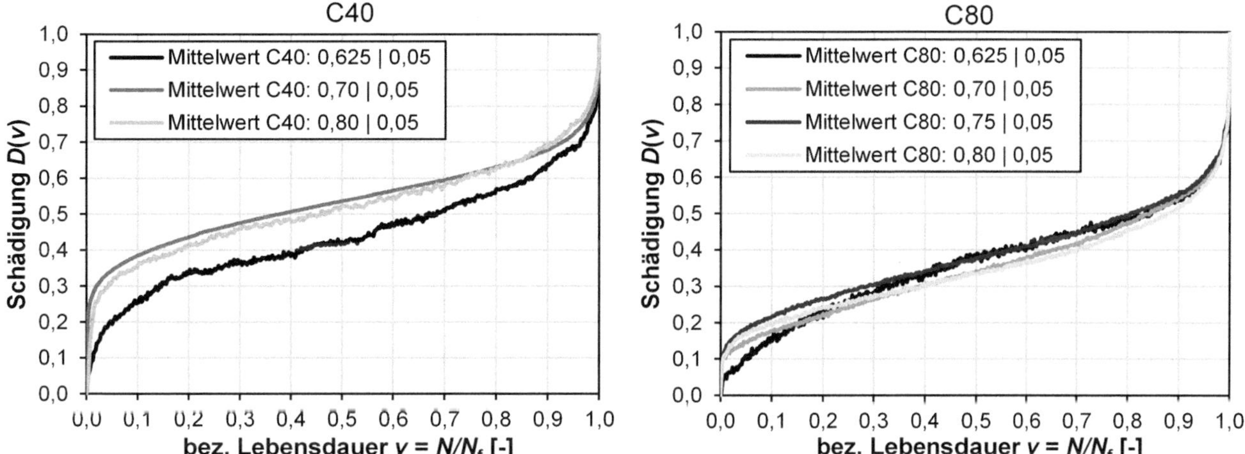

Bild 3-8: Mittelwerte der Schädigungsverläufe für die verschiedenen Beanspruchungsniveaus (links: Beton C40, rechts: Beton C80)

Die Kurven weisen nun einen ähnlichen Verlauf auf, sodass sich eine Näherungsfunktion ermitteln lässt. Hierfür wird vereinfachend der Mittelwert aller Versuche eines Betons gebildet und über eine Funktion angenähert, die analog zum charakteristischen Materialverhalten von Beton unter Ermüdungsbeanspruchung drei Phasen D^I–D^{III} abbildet. Die erste und letzte Phase werden über einen exponentiellen Ansatz, die zweite Phase wird über eine lineare Funktion beschrieben. Die Funktionen werden durch die Gleichungen (3-6) bis (3-15) beschrieben, Tabelle 3-3 enthält die zugehörigen Parameter.

$$D^I(v) = a_1 \cdot v^{b_1} \tag{3-6}$$

$$D^{II}(v) = D^{I/II} + \overline{D}^{II} \cdot (v - v^{I/II}) \tag{3-7}$$

$$D^{III}(v) = 1 - a_3 \cdot (1 - v)^{b_3} \tag{3-8}$$

$$D^{II} = \frac{\Delta \mathrm{D}}{v^{II/III} - v^{I/II}} \tag{3-9}$$

$$\Delta D^{II} = D^{II/III} - D^{I/II} \tag{3-10}$$

$$\Delta D^{III} = 1 - D^{II/III} \tag{3-11}$$

$$a_1 = \frac{D^{I/II}}{{v^{I/II}}^{b_1}} \tag{3-12}$$

$$b_1 = \frac{\overline{D}^{II} \cdot v^{I/II}}{D^{I/II}} \tag{3-13}$$

$$a_3 = \frac{\Delta D^{III}}{(1 - v^{II/III})^{b_3}} \tag{3-14}$$

$$b_3 = \frac{\overline{D}^{II} \cdot (1 - v^{II/III})}{\Delta D^{III}} \tag{3-15}$$

Tabelle 3-3: Phasenübergangsparameter für die Näherungsfunktionen der Schädigungsverläufe

Parameter	C40	C80
$\nu^{I/II}$	0,25	0,25
$\nu^{II/III}$	0,75	0,75
$D^{I/II}$	0,42	0,26
$D^{II/III}$	0,59	0,45

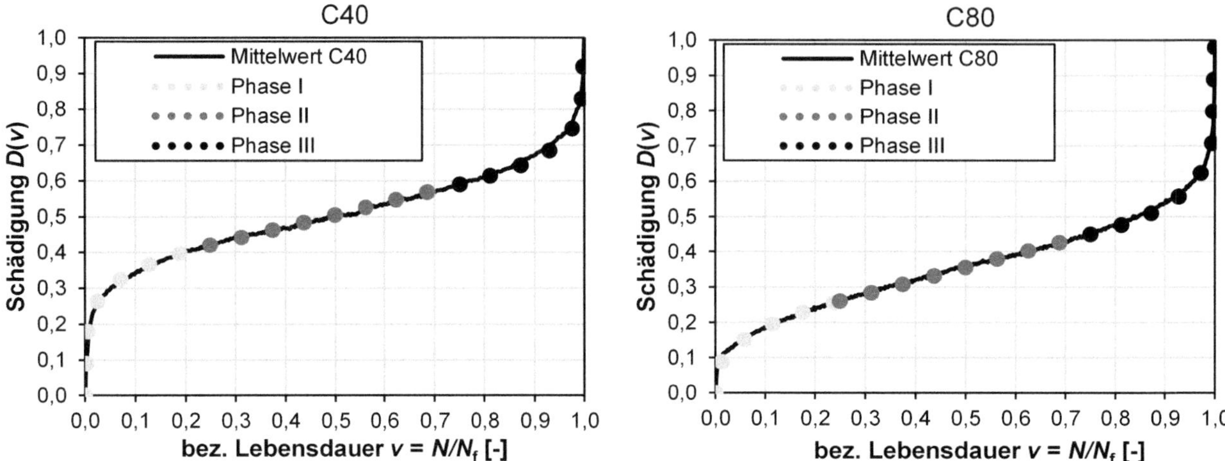

Bild 3-9: Näherungsfunktionen für die mittleren Schädigungsverläufe (links: Beton C40, rechts: Beton C80)

Bild 3-9 zeigt, dass die Näherungsfunktionen mit den gewählten Parametern die mittleren Schädigungsverläufe gut abbilden. Mit diesen Funktionen lässt sich im numerischen Modell die Schädigung eines Elements in Abhängigkeit der bezogenen Lebensdauer berechnen. Allerdings ist zu beachten, dass zur Wahrung der numerischen Stabilität bei Erreichen der vollständigen Schädigung eines Elements noch eine Reststeifigkeit zu bewahren ist. Dies wird erreicht, indem die Schädigung $D(\nu)$ über Gleichung (3-16) in eine modifizierte Schädigung $D^*(\nu)$ umgerechnet wird. Anschließend ergibt sich die relative Steifigkeitsfunktion $\eta(\nu)$ über Gleichung (3-17).

$$D^*(\nu) = \left(1 - \frac{E_{c,f,Mittel}}{E_{c,0}}\right) \cdot D(\nu) \tag{3-16}$$

$$\eta(\nu) = 1 - D^*(\nu) \tag{3-17}$$

Mit Gleichung (3-17) kann für jedes Element zu jedem Beanspruchungszeitpunkt ν die Steifigkeit $\eta(\nu)$ berechnet und im Modell angepasst werden. Bild 3-10 zeigt die resultierenden relativen Steifigkeitsfunktionen.

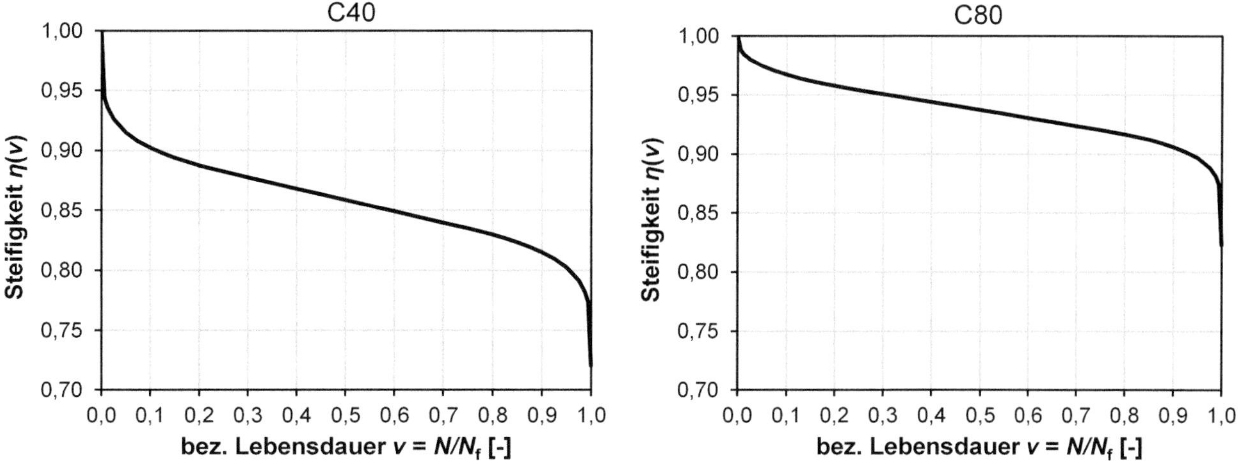

Bild 3-10: Relative Steifigkeitsfunktionen über die bezogene Lebensdauer (links: Beton C40, rechts: Beton C80)

Die bezogene Lebensdauer ν gibt für jedes Element an, welcher Anteil der maximal ertragbaren Lastwechsel bereits akkumuliert wurde. Sie wird dabei mit jedem Lastkollektiv inkrementell um den Wert $\Delta\nu$ erhöht. Die Größe des Inkrements ist abhängig von der Anzahl an Lastwechseln ΔN, die im aktuellen Lastkollektiv aufgebracht wird, und der aktuell am Element vorliegenden Ober- und Unterspannung. Um beliebige Beanspruchungszustände abbilden zu können, werden an dieser Stelle jedoch nicht die Spannungen in Richtung der lokalen Koordinatenachsen, sondern die im Element vorliegenden Hauptspannungen σ_I, σ_{II} und σ_{III} verwendet. Mit diesen wird die Bruchlastwechselzahl N_{f,j^*} nach Model Code 2010 /60/ für jede Hauptachsenrichtung j^* getrennt berechnet und anschließend der Vektor $\overrightarrow{\Delta\nu_{HA}}$ des bezogenen Lebensdauerinkrements nach Gleichung (3-18) gebildet.

$$\overrightarrow{\Delta\nu_{HA}} = \begin{pmatrix} \Delta\nu_I \\ \Delta\nu_{II} \\ \Delta\nu_{III} \end{pmatrix} = \begin{pmatrix} \frac{\Delta N}{N_{f,I}} \\ \frac{\Delta N}{N_{f,II}} \\ \frac{\Delta N}{N_{f,III}} \end{pmatrix} \tag{3-18}$$

Die einzelnen bezogenen Lebensdauerinkremente lassen sich so jedoch noch nicht im numerischen Modell verwenden, da die Hauptachsen im Allgemeinen nicht den globalen Koordinatenachsen entsprechen. Daher wird der Winkel zwischen diesen beiden Koordinatensystemen berechnet und anschließend eine Koordinatentransformation durchgeführt. Mit dieser wird der Vektor $\overrightarrow{\Delta\nu_{HA}}$ in das globale Koordinatensystem gedreht und es entsteht der Vektor $\overrightarrow{\Delta\nu_{xyz}}$. Dieser enthält nun die bezogenen Lebensdauerinkremente in Richtung der drei globalen Koordinatenachsen, siehe Gleichung (3-19).

$$\overrightarrow{\Delta\nu_{xyz}} = \begin{pmatrix} \Delta\nu_x \\ \Delta\nu_y \\ \Delta\nu_z \end{pmatrix} \tag{3-19}$$

Die richtungsbezogenen Komponenten dieses Vektors werden für die Berechnung des plastischen Dehnungsanteils in Kapitel 3.1.3.4 verwendet. Zur Berechnung der isotropen Steifigkeitsdegradation der Elemente muss der Vektor jedoch in einen skalaren Parameter $\Delta\nu_{res}$ überführt werden. Dies geschieht in Gleichung (3-20) über den Betrag des Vektors, der als Größe des Lebensdauerinkrements interpretiert wird.

$$\Delta\nu_{res} = \sqrt{{\Delta\nu_x}^2 + {\Delta\nu_y}^2 + {\Delta\nu_z}^2} \tag{3-20}$$

$$\nu_n = \nu_{n-1} + \Delta\nu_{res} \tag{3-21}$$

Dieses resultierende Inkrement wird anschließend auf den Wert der bezogenen Lebensdauer des vorigen Iterationsschritts ν_{n-1} addiert und ergibt die aktuelle bezogene Lebensdauer ν_n des Elements nach Gleichung (3-21). Mit diesem Wert kann die Steifigkeit anhand der zuvor vorgestellten Steifigkeitsfunktion $\eta(\nu)$ ermittelt werden.

3.1.3.2 Viskoser Dehnungsanteil

Im viskosen Dehnungsanteil werden im numerischen Modell nur die visko-elastischen Verformungen des Betons berücksichtigt. Visko-plastische Anteile werden über den plastischen Dehnungsanteil erfasst. Zur Ermittlung der viskosen Dehnungen wird die Kriechzahl nach *fib* Model Code 2010 /60/ verwendet. Gleichung (3-22) beschreibt die Kriechdehnung ε_{cr}, die ein Element nach einem Zeitraum $t_i - t_0$ unter einer anliegenden Spannung aufweist. Im Gegensatz zur Kriechfunktion des Model Code wird anstelle der tatsächlichen Spannung zum betrachteten Zeitpunkt die kriechaffine Spannung $\sigma_{cr,eq}$ nach /102/ verwendet. Die Grundannahme hierbei ist, dass es zu jedem Ermüdungsbeanspruchungsniveau eine statische Ersatzspannung gibt, die dieselben Kriechdehnungen im Beton verursacht wie die zugehörige Ermüdungsbeanspruchung. Im numerischen Modell wird für jedes Element auf Basis der aktuellen Ober- und Unterspannung zunächst das kriechaffine Spannungsniveau des aufgebrachten Lastkollektivs ermittelt und damit anschließend die viskose Dehnung des Elements berechnet. Die genaue Berechnung des kriechaffinen Spannungsniveaus ist in /103/ ausführlich beschrieben. Gleichung (3-22) geht von einer konstanten Spannung über die gesamte Beanspruchungsdauer aus. Aufgrund der Materialdegradation kommt es im Querschnitt jedoch zu Steifigkeitsänderungen und damit zu veränderlichen Spannungszuständen über die Beanspruchungsdauer. Um dies zu berücksichtigen, werden nach Gleichung (3-23) für jedes Lastkollektiv die Kriechdehnungsinkremente $\Delta\varepsilon_{cr,i}$ mit dem im betrachteten Kollektiv anliegenden Beanspruchungsniveau berechnet. Hierbei wird zudem der degradierte Elastizitätsmodul E_i des betrachteten Elements zum aktuellen Berechnungszeitpunkt berücksichtigt. Anschließend werden elementweise die Kriechdehnungsinkremente nach Gleichung (3-24) zum gesamten viskosen Dehnungsanteil ε_{cr} kumuliert. Diese Berechnung erfolgt vereinfachend für jede lokale Koordinatenrichtung getrennt.

$$\varepsilon_{cr}(t_i, t_0) = \frac{\sigma_{cr,eq}}{E_i} \cdot \varphi(t_i, t_0) \tag{3-22}$$

$$\Delta\varepsilon_{cr,i} = \varepsilon_{cr}(t_i) - \varepsilon_{cr}(t_{i-1}) \tag{3-23}$$

$$\varepsilon_{cr} = \sum_{i=1}^{m} \Delta\varepsilon_{cr,i} \tag{3-24}$$

3.1.3.3 Temperaturdehnungsanteil

Für die Berechnung der Dehnungsanteile, die aus der Probekörpererwärmung infolge der Ermüdungsbeanspruchung resultieren, wurden Ergebnisse aus Ermüdungsversuchen an Betonzylindern (im Mittel *d*/*h* = 103/280 mm) aus /103/ ausgewertet. Die Betondruckfestigkeit betrug etwa $f_c \approx 70$ N/mm² und liegt damit zwischen den in diesem Beitrag betrachteten Betondruckfestigkeiten. In dieser Versuchsreihe wurden Belastungsfrequenzen von 1 Hz und 10 Hz sowie bezogene Oberspannungen S_{max} = 0,80, S_{max} = 0,70 und S_{max} = 0,60 untersucht. Die bezogene Unterspannung betrug bei allen Versuchen S_{min} = 0,05. Für alle untersuchten Probekörper wurden die gemessenen Erwärmungen durch die jeweilige Bruchlastwechselzahl dividiert, um eine mittlere Erwärmungsrate für die unterschiedlichen Beanspruchungen zu ermitteln. Tabelle 3-4 gibt die mittleren Erwärmungsraten an. Die daraus resultierenden Erwärmungsverläufe sind in Bild 3-11 dargestellt.

Tabelle 3-4: Mittlere Erwärmungsraten der Probekörper in Kelvin/Lastwechsel

S_{max}	1 Hz	10 Hz
0,80	0,001325	0,001488
0,70	0,000085	0,000682
0,60	0,000017	0,000201

Bei den Versuchen wurde beobachtet, dass sich die Probekörper, die mit einer Frequenz von 1 Hz auf einem Oberspannungsniveau S_{max} = 0,70 und S_{max} = 0,60 getestet wurden, ab einem bestimmten Punkt nicht weiter erwärmten. Dies waren besonders die Versuche, die eine ausgeprägte zweite Phase des Ermüdungsverhaltens aufwiesen, in der es nur zu einem geringen Schädigungszuwachs kam. Dies wird berücksichtigt, indem für diese Randbedingungen die Erwärmungsrate ab diesem Punkt auf null gesetzt wird. Bei den übrigen Versuchen trat dieser Effekt nicht auf, hier lag eine nahezu lineare Erwärmung der Probekörper bis zum Versagen vor. Vereinfachend wird an dieser Stelle der lineare Verlauf weiter extrapoliert. Um zu verhindern, dass bei großen Lastwechselzahlen unrealistische Temperaturen auftreten, wird hierfür eine Obergrenze definiert, die sich an Erfahrungen aus der Literatur orientiert. In /104/, /105/ und /112/ bis /115/ traten keine gemessenen Probekörpertemperaturen über 80 °C auf, deshalb wird dieser Wert als Grenzwert für die Temperaturen verwendet.

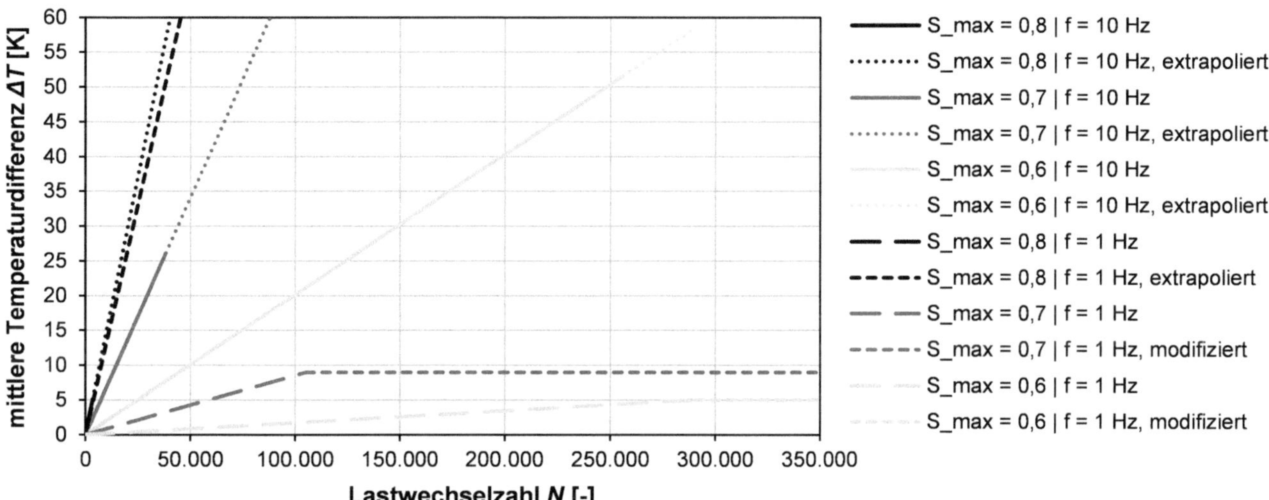

Bild 3-11: Gemittelte Probekörpererwärmungen für die einzelnen Beanspruchungsniveaus

Im numerischen Modell erfolgt die Entwicklung der Temperaturdehnungsanteile indirekt über das Aufbringen der berechneten Erwärmung als Temperaturrandbedingung. Hierfür wird elementweise in Abhängigkeit der lokal vorliegenden Oberspannung und der Belastungsfrequenz zwischen den Erwärmungsverläufen interpoliert. Durch Multiplikation mit der Anzahl der Lastwechsel des aktuellen Lastkollektivs ergibt sich die Erwärmung des entsprechenden Elements. Diese Temperatur wird im nächsten Schritt auf alle Knoten des jeweiligen Elements aufgebracht. Anschließend werden die Dehnungen infolge Temperatur in Abhängigkeit des Wärmeausdehnungskoeffizientens nach Gleichung (3-4) ermittelt. Temperaturänderungen infolge Wärmeabfluss an die Umgebung werden vereinfachend vernachlässigt, sodass die Dehnungen direkt aus der aufgebrachten Temperatur berechnet werden.

3.1.3.4 Plastischer Dehnungsanteil

Im plastischen Dehnungsanteil werden alle irreversiblen Betonstauchungen erfasst, die durch die Ermüdungsbeanspruchung verursacht werden. Daher kann dieser Anteil als Maß für die innere Gefügestörung angesehen werden. Die Größe dieser Dehnung kann experimentell jedoch nicht direkt gemessen, sondern muss mit Hilfe der weiteren Dehnungsanteile aus der gemessenen Gesamtstauchung berechnet werden. Während der elastische, der plastische und der viskose Dehnungsanteil Stauchungen des Betons darstellen und demnach negative Dehnungen sind, sind die Temperaturdehnungen positiv definiert. Sie sorgen dafür, dass die gemessene Stauchung ε_{fat} im Ermüdungsversuch kleiner ist als die Summe der elastischen, plastischen und viskosen Anteile:

$$|\varepsilon_{fat}| = |\varepsilon_{el}| + |\varepsilon_{d}| + |\varepsilon_{cr}| - |\varepsilon_{t}| \qquad (3\text{-}25)$$

Mit den bekannten Größen ε_{fat}, ε_{el}, ε_{cr} und ε_{t} lässt sich der plastische Dehnungsanteil in Ermüdungsversuchen nach Gleichung (3-26) berechnen:

$$|\varepsilon_{d}| = |\varepsilon_{fat}| - |\varepsilon_{el}| - |\varepsilon_{cr}| + |\varepsilon_{t}| \qquad (3\text{-}26)$$

In /102/ wurde dies im Rahmen der Untersuchungen ausgewertet, s. Bild 3-12. Es ergab sich ein linearer Zusammenhang zwischen dem berechneten plastischen Dehnungsanteil und der logarithmierten Bruchlastwechselzahl der einzelnen Probekörper, der in /116/ zu Gleichung (3-27) weiterentwickelt wurde. Beim Erreichen der Bruchlastwechselzahl N_f weisen die Betonproben demnach eine plastische Dehnung $\varepsilon_d(N_f)$ auf, die während der Ermüdungsbeanspruchung mit jedem Lastwechsel kontinuierlich ansteigt bis dieser Wert erreicht ist. Dies gilt jedoch nur unter der Annahme gleichbleibender Ober- und Unterspannungen.

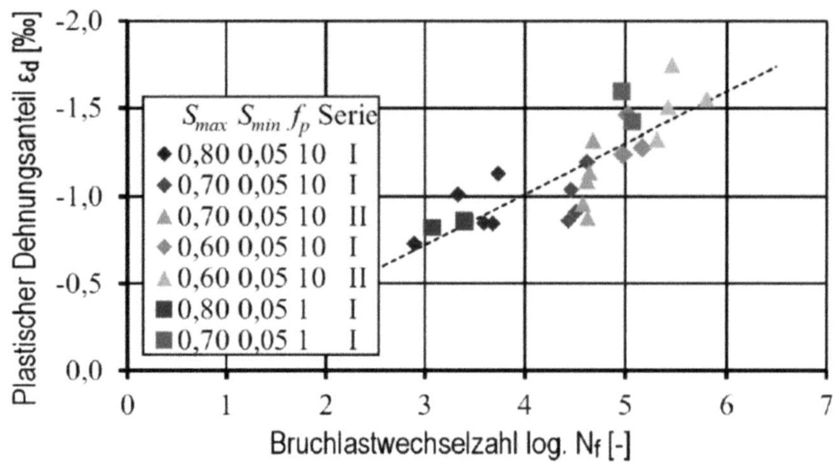

Bild 3-12: Plastischer Dehnungsanteil für einen Beton aus der Versuchsreihe in /103/, aus /116/

$$\varepsilon_d(N_f) = \left(-0{,}278959 \cdot \log N_f\right) \cdot 10^{-3} \tag{3-27}$$

Bei den in WinConFat ebenfalls untersuchten Betonbalken (Kapitel 3.2.1 und /109/) sind jedoch aufgrund der erwarteten Degradationsprozesse über die Beanspruchungsdauer unterschiedliche Spannungen am gleichen Ort zu erwarten, sodass dieser Zusammenhang nicht direkt verwendet werden kann. Es wird vereinfachend die Annahme getroffen, dass ein lineares Wachstum der plastischen Dehnungen über die einzelnen Lastwechsel vorliegt. Mit dieser Modellvorstellung lässt sich in der iterativen numerischen Berechnung in jedem Lastkollektiv ein Inkrement der plastischen Dehnung für jedes Element i berechnen. Hierfür wird zunächst auf Basis der am betrachteten Element vorliegenden Ober- und Unterspannung die Bruchlastwechselzahl $N_{f,i,j}$ berechnet. Damit ist nach Gleichung (3-27) auch die plastische Dehnung bekannt, die das Element aufwiese, wenn die Beanspruchung bis zum Versagen gleichbliebe. Aufgrund der iterativen Berechnung soll im betrachteten Lastkollektiv jedoch nur ein kleiner Teil dieser Dehnung akkumuliert werden. Die Größe hängt vom bezogenen Lebensdauerinkrement $\Delta\nu_{i,j}$ aus Kapitel 3.1.3.1 für die entsprechende Koordinatenrichtung j ab. Wird dieser Parameter mit Gleichung (3-27) multipliziert, ergibt sich die Funktion zur Berechnung des plastischen Dehnungsinkrements $\Delta\varepsilon_{d,i,j}$ nach Gleichung (3-28). Das Lebensdauerinkrement steuert somit, wie groß der Anteil ist, um den die plastische Dehnung des betrachteten Elements im aktuellen Lastkollektiv anwächst. Ist das Lebensdauerinkrement sehr klein, wodurch nur sehr wenige Lastwechsel betrachtet werden, wachsen auch die plastischen Dehnungen nur um einen sehr kleinen Teil. Wird hingegen der andere Grenzfall betrachtet, in dem das Lebensdauerinkrement $\Delta\nu_{i,j} = 1{,}0$ beträgt, was bedeutet, dass alle ertragbaren Lastwechsel im aktuellen Lastkollektiv aufgebracht werden, nimmt die plastische Dehnung um den maximal erreichbaren Wert zu. Die einzelnen Inkremente werden über die Lastkollektive kontinuierlich addiert und ergeben am Ende der Berechnung die tatsächliche Größe der plastischen Dehnung des Elements nach Gleichung (3-29).

$$\Delta\varepsilon_{d,i,j} = \Delta\nu_{i,j} \cdot \left(-0{,}278959 \cdot \log N_{f,i,j}\right) \cdot 10^{-3} \tag{3-28}$$

$$\varepsilon_{d,j} = \sum_{i=1}^{m} \Delta\varepsilon_{d,i,j} \tag{3-29}$$

3.1.3.5 Berechnungsablauf

Die numerische Implementierung des mechanisch basierten Dehnungsmodells erfolgt in einem iterativen Berechnungsablauf. Die einzelnen Lastwechsel der Ermüdungsbeanspruchung werden dabei vereinfachend zu Lastkollektiven zusammengefasst und nacheinander aufgebracht. Jedes Lastkollektiv steht für einen Iterationsdurchlauf. Innerhalb einer Iteration wird das Modell einmal mit den Belastungen des Unterspannungsniveaus und einmal mit denen des Oberspannungsniveaus quasi-statisch berechnet. Ebenso wird mit den Ergebnissen dieser beiden Berechnungen ein nachgeschalteter Auswertungsalgorithmus angesteuert, der die Elementschädigungen und die einzelnen Dehnungsanteile berechnet.

Zu Beginn der gesamten Berechnung erfolgt zunächst die initiale Systemgenerierung, die Definition der Materialeigenschaften und das Aufbringen der Randbedingungen. Alle Elemente des Modells haben zu diesem Zeitpunkt denselben Elastizitätsmodul. Anschließend erfolgt eine vorgeschaltete Berechnung des Systems mit lediglich den statischen Beanspruchungen. Damit wird im Beispiel der Balkenprobekörper aus Abschnitt 3.2

der Zeitraum vom Einbau der Probekörper in den Versuchsstand sowie dem Aufbringen der Längsvorspannung und der vertikalen Federabspannung bis zum tatsächlichen Versuchsbeginn mit dem Starten der Ermüdungsbeanspruchung berücksichtigt. In diesem Zeitraum kommt es unter den statischen Belastungen bereits zu einem Kriechen des Betons. Die daraus resultierenden viskosen Dehnungen können mit dieser vorgeschalteten Berechnung simuliert werden.

Anschließend wird das erste Lastkollektiv aufgebracht. In diesem wird zunächst nur ein einzelner Lastwechsel betrachtet. Dies ist sinnvoll, da es gerade am ungeschädigten System zu lokalen Spannungsspitzen kommen kann. Diese verursachen bei nur einem Lastwechsel auch nur eine geringe Schädigung im Modell, die jedoch dafür sorgt, dass bei allen folgenden Lastkollektiven die Spannungsspitzen aufgrund der veränderten Steifigkeitsverteilung im Querschnitt nicht mehr so stark auftreten. Mit einer größeren Anzahl an Lastwechseln im ersten Lastkollektiv könnte dieser Effekt nicht berücksichtigt werden.

Innerhalb des Iterationsdurchlaufs werden nun zwei quasi-statische Berechnungen für das Unter- und Oberspannungsniveau durchgeführt und die Spannungen aller Elemente beider Zustände gespeichert. Anschließend beginnt der Auswertungsalgorithmus. Dieser beinhaltet eine Schleife über alle Elemente, in der zunächst die Bruchlastwechselzahlen auf Basis der Hauptspannungen berechnet werden. Mit diesen können, wie in Kapitel 3.1.3.1 beschrieben, die bezogenen Lebensdauerinkremente in Hauptachsenrichtung ermittelt werden. Nach einer Koordinatentransformation ins globale Koordinatensystem wird mit ihnen die bezogene Lebensdauer als skalarer Wert berechnet. Mit dieser kann über die relative Steifigkeitsfunktion der neue Elastizitätsmodul für das Element ermittelt werden. Außerdem erfolgen die Kriechberechnung zur Ermittlung des viskosen Dehnungsanteils sowie die Berechnung der Elementtemperatur für den Temperaturdehnungsanteil. Mit dem bezogenen Lebensdauerinkrement wird ferner der akkumulierte plastische Dehnungsanteil berechnet. Die Dehnungswerte werden den Elementen zugewiesen und abgespeichert. Damit ist der Auswertungsalgorithmus beendet und es erfolgt eine Prüfung, ob bereits ein Versagenskriterium erfüllt ist. Wenn dies der Fall ist, wird die Berechnung beendet, ansonsten werden die Elementsteifigkeiten angepasst, die neuen Temperaturrandbedingungen aufgebracht und die Berechnung mit dem nächsten Lastkollektiv fortgesetzt. Bild 3-13 zeigt eine Visualisierung des Berechnungsablaufs.

Anhand eines Verifikationsbeispiels wurde die numerische Implementierung überprüft. Hierfür wurde ein Ermüdungsversuch an einem Betonzylinder (d/h = 103/280 mm, f_c = 70 N/mm²) nachgerechnet. Die Beanspruchungsfrequenz betrug f = 10 Hz und die Ober- und Unterspannung S_{max}/S_{min} = 0,60/0,05. Bild 3-14 zeigt den Verlauf der einzelnen Dehnungsanteile im numerischen Modell. Die Temperaturdehnung wirkt dabei wie erwartet den übrigen Dehnungsanteilen entgegen und nimmt über die Beanspruchungsdauer linear zu. Ebenso steigt der plastische Dehnungsanteil linear, was durch die inkrementelle Implementierung und die über die Beanspruchungsdauer unveränderte Spanungsverteilung im Probekörper bedingt ist. Im Kriechdehnungsanteil kann zu Beginn ein etwas stärkerer Anstieg erkannt werden, der anschließend abflacht. Dies wird im elastischen Dehnungsanteil noch deutlicher. Während der ersten Lastwechsel ist der Steifigkeitsabfall noch am größten, was zu einem vermehrten Wachstum des elastischen Dehnungsanteils führt. Mit zunehmender Beanspruchungsdauer fällt die Steifigkeitsdegradation geringer aus, wie in Kapitel 3.1.3.1 gezeigt, und das Dehnungswachstum ist ebenfalls langsamer. Nach etwa 150.000 Lastwechseln lag eine vollständige Schädigung des Modells vor und die Berechnung wurde beendet. Die maximale Dehnung vor dem Versagen beträgt etwa -3,2 ‰. Dies liegt sehr nah am Mittelwert der in den Versuchen gemessenen Bruchdehnung von -3,37 ‰. Im Mittel versagten die Probekörper in den vergleichbaren Versuchen nach 163.163 Lastwechseln. Dies zeigt, dass die absolute Größe der Dehnungen für Zylinderversuche im numerischen Modell gut abgebildet werden kann.

Bild 3-15 zeigt die einzelnen Anteile an der Gesamtdehnung im Vergleich zu den im Versuch gemessenen Werten. Hierfür wurde der letzte vollständige Lastwechsel vor dem Versagen betrachtet. Auch hier wird eine sehr gute Übereinstimmung der einzelnen Dehnungsanteile zwischen der numerischen Nachrechnung und den Versuchswerten deutlich.

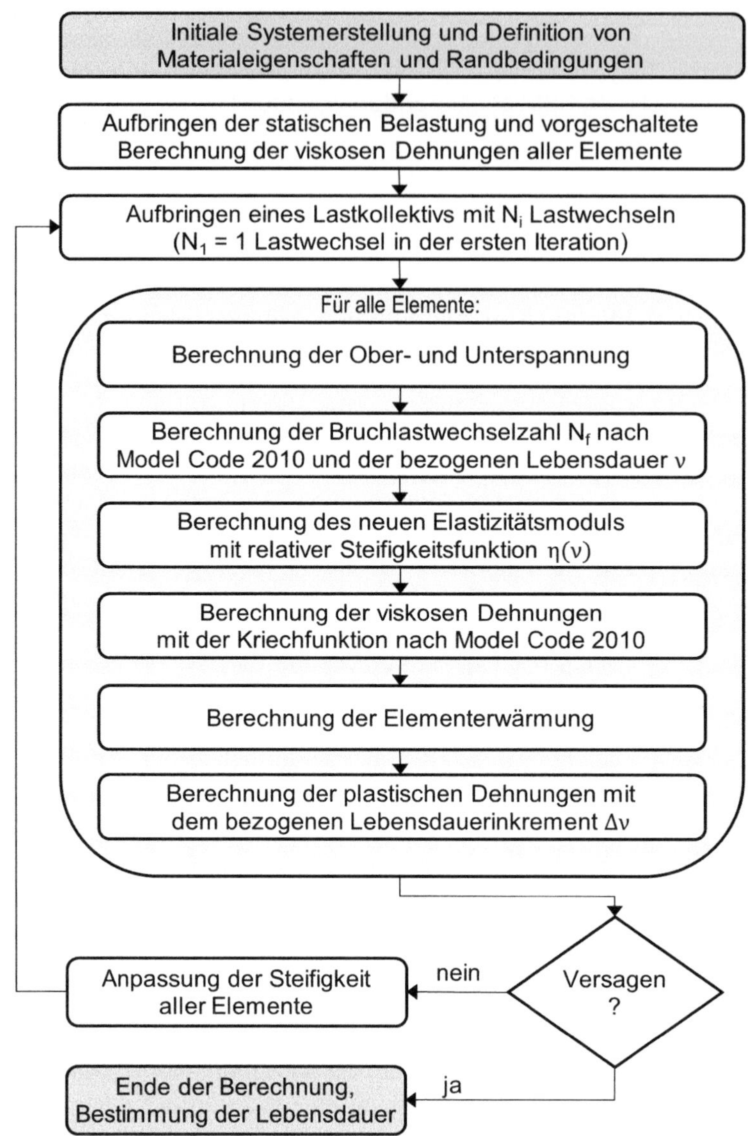

Bild 3-13: Flussdiagramm des Berechnungsablaufs

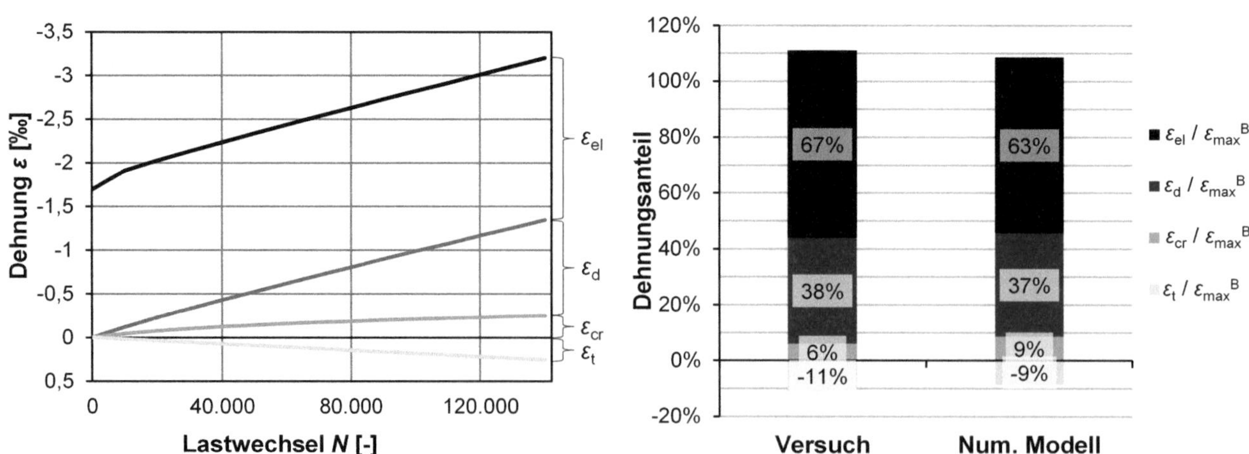

Bild 3-14: Verlauf der einzelnen Dehnungsanteile in der numerischen Berechnung

Bild 3-15: Prozentuale Anteile der Dehnungsanteile an der Gesamtdehnung beim Bruch

3.2 Anwendung auf experimentelle Vergleichsuntersuchungen

Das zuvor beschriebene Materialmodell wurde anhand von experimentellen Untersuchungen an großformatigen Betonbalken unter Ermüdungsbeanspruchung getestet. Ziel der Versuchsreihe war es, eine Schädigung in den biegebeanspruchten Balken hervorzurufen, die zu einer ungleichmäßigen Steifigkeitsdegradation und damit zu Spannungsumlagerungen im Betonquerschnitt führt. Dieser Effekt sollte mit dem numerischen Modell ebenfalls abgebildet werden. Nachfolgend werden der Versuchsaufbau und das Versuchsprogramm sowie die Auswertung der numerischen und experimentellen Ergebnisse präsentiert.

3.2.1 Experimentelle Untersuchungen

3.2.1.1 Aufbau des Versuchsstands

Der Versuchsstand für die großformatigen Ermüdungsversuche dieses Vorhabens wurde im Resonanzprüfstand des Instituts für Massivbau der Leibniz Universität Hannover errichtet. Das Besondere an diesem Versuchsstand ist, dass die aufzubringenden Kräfte durch Ausnutzen des Resonanzprinzips erzeugt werden. Voraussetzung hierfür ist eine genaue Dimensionierung der Probekörper und des Versuchsstands, da beide als Teil des Gesamtschwingsystems mitwirken. Nachfolgend wird eine kurze Zusammenfassung der finalen Dimensionierung dargestellt, eine ausführlichere Beschreibung befindet sich in /109/.

Der Versuchsstand entsprach einem Vier-Punkt-Biegeversuch, damit ein Spannungsgradient im Querschnitt vorlag und Spannungsumlagerungen auftraten. Zudem bot dieser den Vorteil, dass im mittleren Bereich zwischen den Lasteinleitungspunkten eine konstante Biegemomenten- und keine Querkraftbeanspruchung vorlagen. Die untersuchten Balken hatten eine Spannweite von 4,0 m und eine Gesamtlänge von 4,4 m. Der Abstand zwischen den Lasteinleitungspunkten betrug 1,4 m. An den Auflagern waren die Balken gelenkig auf Rollen gelagert, jedoch konstruktiv gegen eine Längsverschiebung gesichert. Der Fixpunkt lag in Balkenmitte, wodurch die Verformungen in Längsrichtung minimiert wurden. Die Einleitung der vertikalen Lasten in die Probekörper erfolgte über Querhäupter, an denen die Unwuchtmotoren befestigt waren. Zur Vermeidung von lokalen Spannungsspitzen infolge einer zu konzentrierten Lasteinleitung waren an diesen Stellen Ausgleichsplatten aus Stahl auf den Beton geklebt, auf denen die Querhäupter mit Stahlhalbrollen auflagen. Die Querhäupter waren mit Gewindestangen im Federkeller unterhalb des Versuchsstands verspannt und zudem mit einer zusätzlichen Stahlmasse ballastiert. Die Federvorspannung diente zur Einstellung des Spannungsniveaus im Balkenprobekörper und die Ballastierung zur Justierung der Eigenfrequenz des Schwingsystems. In Balkenlängsrichtung wurden die Balken mit zwei Gewindestangen exzentrisch und ohne Verbund vorgespannt, um eine Überdrückung des Querschnitts während der gesamten Versuchsdauer sicherzustellen. Im mittleren Bereich hatten die Balken einen umgedrehten T-Querschnitt und an den Enden einen rechteckigen Querschnitt zur Einleitung der großen Vorspannkräfte. Bild 3-16 zeigt die Abmessungen der Probekörper und Bild 3-17 den Versuchsstand mit einem eingebauten Balkenprobekörper.

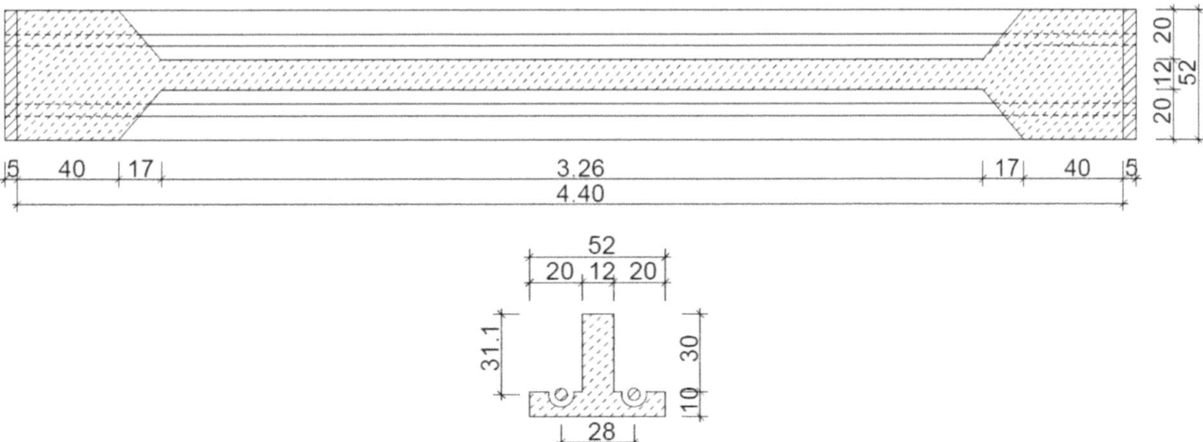

Bild 3-16: Abmessungen der Balkenprobekörper (oben: Horizontalschnitt, unten: Querschnitt in Feldmitte)

Bild 3-17: Resonanzprüfstand mit eingebautem Balkenprobekörper

3.2.1.2 Versuchsprogramm und Materialparameter

Die im Verbundvorhaben verwendeten Betonzusammensetzungen wurden vom assoziierten Partner, der Firmengruppe Max Bögl, entwickelt. Die Balkenprobekörper dieses Arbeitspakets wurden im Fertigteilwerk von Max Bögl hergestellt. Im Rahmen der experimentellen Untersuchungen von WinConFat wurden insgesamt drei verschiedene Betone der Festigkeitsklassen C40/50, C80/95 und C120 untersucht, die nachfolgend als C40, C80 und C120 bezeichnet werden. Die ersten beiden wurden für die Untersuchungen in diesem Arbeitspaket verwendet. Tabelle 3-5 liefert einen Überblick über die jeweiligen Betonzusammensetzungen.

Tabelle 3-5: Zusammensetzung der im Arbeitspaket 1.2 von WinConFat verwendeten Betone

Bezeichnung	C40	C80
Zement	CEM II / A-LL 42,5 N	CEM I 52,5 R
Gesteinskörnung 2/8	Kalksplitt	Quarzkies
Gesteinskörnung 8/16	Kalksplitt	Kalksplitt
w/z-Wert	0,50	0,47

Im Rahmen der Versuchsreihe wurde neben dem Einfluss der Betonfestigkeit auch der Einfluss des Beanspruchungsniveaus anhand von zwei verschiedenen bezogenen Oberspannungen (S_{max} = 0,75 und S_{max} = 0,65) untersucht. Die bezogene Unterspannung wurde einheitlich zu S_{min} = 0,05 festgelegt. Die Bezugsdruckfestigkeit wurde an jeweils drei Betonzylindern mit den Abmessungen D/H = 150/300 mm bestimmt, die aus der gleichen Betoncharge wie der jeweilige Balkenprobekörper stammten. Tabelle 3-6 zeigt die Verteilung der untersuchten Probekörper auf die Betonfestigkeiten und Beanspruchungsniveaus. Die Beanspruchungsfrequenz lag in Abhängigkeit des Elastizitätsmoduls der Balkenprobekörper zwischen 14 und 18 Hz.

Tabelle 3-6: Anzahl der Balkenprobekörper für die Ermüdungsversuche

S_{max} / S_{min}	C40	C80
0,75 / 0,05	2 + 1*	2
0,65 / 0,05	1	3

* davon 1 Probekörper mit planmäßiger Vorschädigung

Grundsätzlich waren je Parameterkombination zwei Balken vorgesehen. Beim bezogenen Oberspannungsniveau S_{max} = 0,65 konnte die Untersuchung eines zweiten Probekörpers des C40-Betons nicht durchgeführt werden, da dieser beim Einbau in den Versuchsstand beschädigt wurde. Der Probekörper, der auf diesem Beanspruchungsniveau tatsächlich geprüft wurde, hatte nach 63 Mio. Lastwechseln noch nicht versagt, weshalb er anschließend auf dem höheren Oberspannungsniveau weiter geprüft wurde. Dieser Versuch ist in Tabelle 3-6 als Probekörper mit planmäßiger Vorschädigung gekennzeichnet. Diese zwei Versuchsabschnitte sind in der weiteren Auswertung mit den Buchstaben „a“ und „b“ gekennzeichnet.

Zu jedem Balken wurden drei Betonzylinder aus derselben Betoncharge hergestellt. Am ersten Betonzylinder wurde in einer kraftgeregelten Prüfung die Bruchlast ermittelt und aus dieser die Betondruckfestigkeit berechnet. Anhand dieser wurden anschließend die Lastniveaus für die Versuche zur Ermittlung des stabilisierten Elastizitätsmoduls mit dem Verfahren B nach DIN EN 12390-13 /117/ an den beiden weiteren Betonzylindern berechnet und die Versuche durchgeführt. Anschließend wurden die beiden Probekörper ebenfalls bis zum Versagen belastet, um je Balken insgesamt drei Werte zur Ermittlung einer durchschnittlichen Betondruckfestigkeit zur Verfügung zu haben. Tabelle 3-7 und Tabelle 3-8 stellen die Mittelwerte der Untersuchungsergebnisse an den Betonzylindern dar.

Tabelle 3-7: Ergebnisse der Untersuchungen an den zylindrischen Probekörpern des C40-Betons

Probekörper	Mittelwerte Elastizitätsmodul	Mittelwerte Betondruckfestigkeit	Alter der Proben
	[N/mm²]	[N/mm²]	[d]
C40-1	31478	48,3	77
C40-2	31846	52,4	139
C40-4	32370	53,4	96
Mittelwerte	31898	51,4	104

Tabelle 3-8: Ergebnisse der Untersuchungen an den zylindrischen Probekörpern des C80-Betons

Probekörper	Mittelwerte Elastizitätsmodul	Mittelwerte Betondruckfestigkeit	Alter der Proben
	[N/mm²]	[N/mm²]	[d]
C80-1	41891	109,8	307
C80-2	42462	106,2	400
C80-3	41991	95,4	161
C80-4	42204	98,1	307
C80-5	39049	102,0	376
Mittelwerte	41541	102,3	310

3.2.2 Numerische Nachrechnung der experimentellen Untersuchungen

Nachfolgend wird das verwendete numerische Modell und dessen Anwendung auf die durchgeführten experimentellen Untersuchungen näher vorgestellt. Dabei liegt der Fokus der Auswertung auf dem Vergleich der numerischen Ergebnisse mit den Versuchsergebnissen. Eine detaillierte Auswertung der experimentellen Untersuchungen ist in /109/ zu finden.

3.2.2.1 Numerisches Modell

Für die Modellierung des Balkens in ANSYS Mechanical wurden Volumenelemente vom Typ Solid226 mit Freiheitsgraden für Knotenverschiebungen und -temperaturen verwendet. Die stählernen Lastverteilungsplatten wurden ebenfalls mit diesem Elementtyp vernetzt. Bei der Generierung des Netzes wurde darauf geachtet, möglichst wenig verzerrte Elemente zu erzeugen. Die Spannstangen für die horizontale Vorspannkraft wurden mit Balkenelementen des Typs Beam188 vernetzt. Die beiden Auflager des Balkens wurden in vertikaler Richtung durch Linienlager in Querrichtung idealisiert. In den Versuchen lag wegen der Rollenlagerung eine Verschieblichkeit in Balkenlängsrichtung vor. Dies ist in numerischen Modellen aus Stabilitätsgründen nicht sinnvoll, daher wurden in dieser Richtung Federelemente vom Typ Combin14 am Balken befestigt. Deren Federsteifigkeit wurde sehr gering gewählt, sodass zwar eine numerische Randbedingung vorhanden war, diese jedoch keinen Einfluss auf die Ergebnisse hatte. Die vertikale Federabspannung und die Unwuchterregung wurden als quasi-statische Knotenkräfte auf starr mit den Betonelementen verbundene Lasteinleitungsplatten appliziert. Die Längsvorspannung wurde über Vorspannelemente in die Balkenelemente aufgebracht. Die Balkenelemente selbst waren starr an die Ankerplatten an beiden Balkenenden gekoppelt. Die Größe der aufgebrachten Kräfte wurde aus den in den Versuchen gemessenen Randbedingungen berechnet. Hierfür wurden die Kräfte jeweils über die Versuchsdauer gemittelt und als konstante Größen im numerischen Modell appliziert. In den Versuchen wiesen die Werte nur sehr geringe Abweichungen vom Sollwert von meist unter 4 % auf, daher wird dies als hinreichend genau angesehen. Bild 3-18 zeigt das numerische Modell mit den Randbedingungen und Tabelle 3-9 die aufgebrachten Kraftrandbedingungen sowie Lastwechselzahlen. Diese entsprechen genau den in den Versuchen auf die jeweiligen Balkenprobekörper aufgebrachten Lastwechseln. Bei den markierten Balkenprobekörpern lag beim Beenden der Versuche kein vollständiges Versagen vor. Balken C80-3 war der Testbalken, bei dem kein Versagen anvisiert wurde. Daher wurde er auch mit einer höheren Unterspannung beansprucht und der Versuch nach dem Sicherstellen der korrekten Funktion des Versuchsstands beendet. Balken C40-1 wies lediglich einzelne Risse im am stärksten beanspruchten Bereich auf und hätte noch weitere Lastwechsel ertragen können, allerdings kam es unterhalb einer Lasteinleitungsstelle zu einer ungewollten starken Schädigung des Betons, sodass keine konstante Unwuchterregung mehr aufgebracht werden konnte. Balken C40-2a wies auch nach 63,9 Mio. Lastwechseln noch keine sichtbare Schädigung auf, sodass der Versuch an dieser Stelle beendet und unter der Bezeichnung C40-2b auf dem höheren Beanspruchungsniveau fortgesetzt wurde.

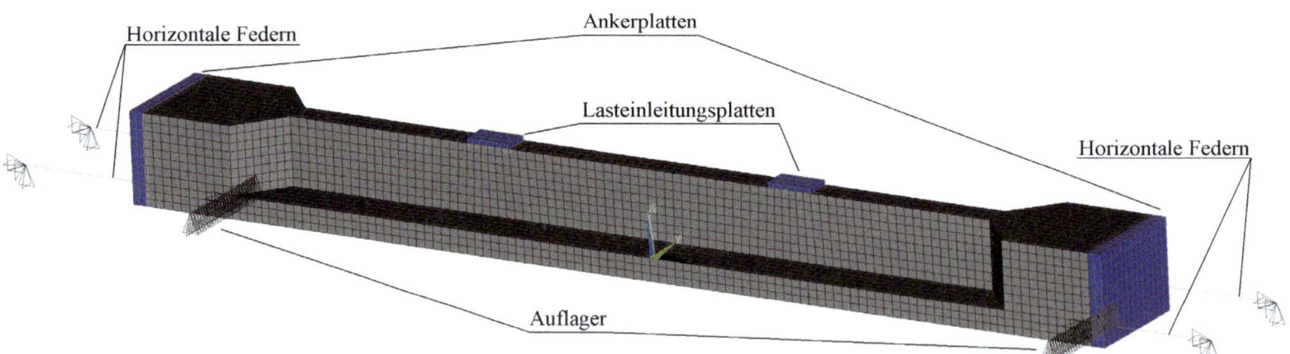

Bild 3-18: Numerisches Modell des Balkenprobekörpers mit Randbedingungen /118/

Tabelle 3-9: Beanspruchungsniveaus, Kraftrandbedingungen und Lastwechselzahlen der Probekörper

Balkenprobekörper	S_{max} / S_{min}		Längsvorspannung	Federabspannung je Querhaupt	Kraftschwingbreite Unwuchterregung	Lastwechselzahl
	Ziel	aufgebracht				
	[–]	[–]	[kN]	[kN]	[kN]	[–]
C80-1	0,75 / 0,05	0,747 / 0,044	2320	117,8	515,6	97.325
C80-5		0,762 / 0,065	2386	112,5	475,0	73.497
C80-2	0,65 / 0,05	0,638 / 0,064	2354	104,8	406,7	1.551.912
C80-3*		0,650 / 0,165	2225	101,1	309,3	2.321.824
C80-4		0,655 / 0,090	2321	93,4	369,8	2.918.037
C40-1*	0,75 / 0,05	0,743 / 0,106	1440	47,2	205,6	3.664.615
C40-2b		0,746 / 0,086	1394	49,6	230,7	53.951
C40-4		0,729 / 0,081	1698	50,5	231,0	1.325.000
C40-2a*	0,65 / 0,05	0,628 / 0,080	1642	41,5	192,0	63.883.813

** Diese Tests wurden beendet, bevor ein Ermüdungsversagen vorlag*

3.2.2.2 Temperaturentwicklung

Infolge der Ermüdungsbeanspruchung kam es in allen Probekörpern zu einer Erwärmung aufgrund der hohen Belastungsfrequenz. Die größte Erwärmung trat jeweils nahe der Balkenoberseite in Feldmitte auf, die entsprechenden Verläufe sind in Bild 3-19 (a und b) über die bezogene Lebensdauer dargestellt. Im numerischen Modell wurde ebenfalls die Erwärmung berechnet, jedoch elementweise wie in Kapitel 3.1.3.3 beschrieben. Die resultierenden Verläufe sind in Bild 3-19 (c und d) dargestellt.

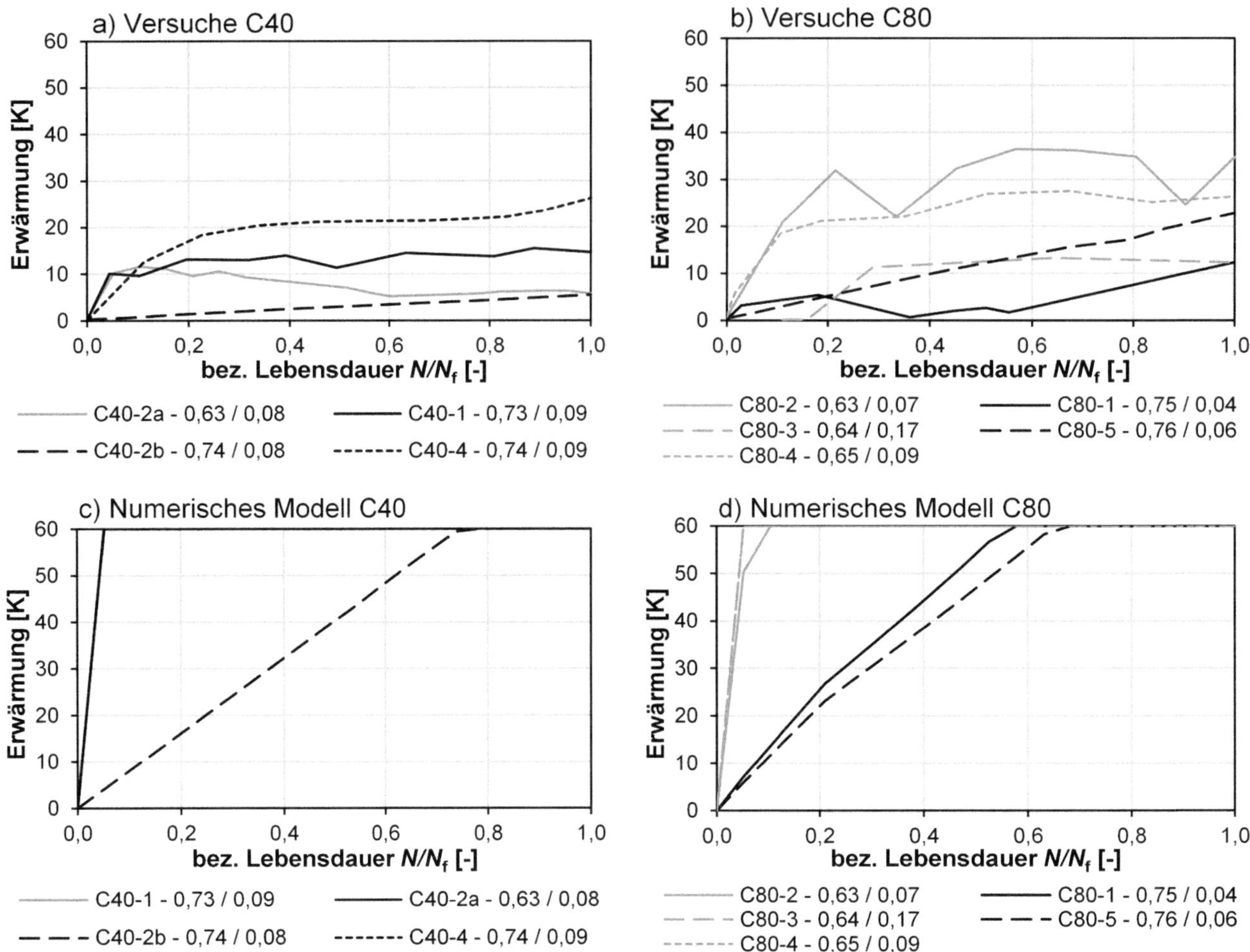

Bild 3-19: Erwärmung an der Balkenoberseite in den Versuchen und numerischen Berechnungen

Die Erwärmung der Balken am obersten Sensor war in den einzelnen Versuchen sehr unterschiedlich und lag zwischen 7 K und maximal 38 K. Gerade zu Beanspruchungsbeginn erfolgte eine stärkere Erwärmung, die sich dann ab etwa 20 % der Lebensdauer nur noch geringfügig veränderte. Kurz vor dem Versagen kam es bei mehreren Probekörpern zu einer weiteren Erwärmung. Bei den Probekörpern C80-1, C80-5 und C40-2b, die am schnellsten versagten, war dieses Verhalten jedoch nicht zu beobachten. Diese Probekörper erwärmten sich aufgrund des höheren bezogenen Oberspannungsniveaus zwar pro Lastwechsel stärker als die anderen Balken, wurden jedoch bereits zerstört, bevor sie höhere Gesamttemperaturen erreichen konnten. Durch den Bezug der Abszissenwerte auf die Bruchlastwechselzahlen ist diese schnelle Erwärmung jedoch nicht direkt erkennbar. In den Ergebnissen der numerischen Simulationen wird ein ähnliches Verhalten ersichtlich. Die Erwärmungsverläufe dieser drei Probekörper steigen deutlich langsamer als die der anderen, allerdings überschätzt das numerische Modell die absolute Größe der Erwärmung bei allen Probekörpern deutlich. Alle erreichen während der Lebensdauer die implementierte Obergrenze von 60 K. Dies ist unter anderem auch darauf zurückzuführen, dass im Modell vereinfachend Wärmeleitung und -abfluss an die Umgebung vernachlässigt wurden. Demnach kann die Temperatur in den einzelnen Elementen nur steigen. Der Einfluss des Wärmeabflusses an die Umgebung in Ermüdungsversuchen an Betonzylindern wurde in /104/ untersucht und die Ergebnisse könnten bei einer weiteren Optimierung des numerischen Modells berücksichtigt werden. Ein weiterer Grund für die hohen Temperaturen ist, dass für die zugrundeliegenden Erwärmungsfunktionen nur Versuche an zylindrischen Probekörpern betrachtet wurden. Aus diesen Gründen stimmen die vom numerischen Modell berechneten Verläufe noch nicht ausreichend mit den in den Versuchen gemessenen überein. Um in der weiteren Auswertung Fehler infolge der ungleichen Temperaturen zu vermeiden, wurden die experimentell gemessenen Dehnungen um diesen Effekt korrigiert und die Temperaturdehnungsanteile im numerischen Modell sind fortan ebenfalls nicht berücksichtigt.

3.2.2.3 Dehnungsentwicklung

Die Dehnungsentwicklung der Probekörper wurde in den Versuchen mit Hilfe von Dehnungsmessstreifen aufgezeichnet. Diese waren unter anderem in Feldmitte in regelmäßigen Abständen über die Querschnittshöhe verteilt. In Bild 3-20 (a und b) sind die Dehnungsverläufe der einzelnen Probekörper auf dem Oberspannungsniveau an der Balkenoberseite über die bezogene Lastwechselzahl dargestellt. Es fällt auf, dass bei allen Probekörpern während der ersten 10 % der Lebensdauer der größte Dehnungszuwachs geschieht. In dieser Phase hat die durch die Ermüdungsbeanspruchung initiierte Rissbildung den größten Einfluss auf die Dehnungen. Nach dieser Phase ist der Rissbildungsprozess überwiegend abgeschlossen und die Probekörper gehen über in eine Phase des konstanten Risswachstums, in der die Betondehnungen kontinuierlich zunehmen. Die meisten der Probekörper versagten am Ende schlagartig, was sich durch den fehlenden Dehnungsanstieg kurz vor dem Versagen belegen lässt. Bei durchgeführten Versuchen an zylindrischen Betonprobekörpern, z. B. in /103/ und /119/, konnte an dieser Stelle eine überproportionale Dehnungszunahme gemessen werden, woraus sich insgesamt das charakteristische dreiphasige Materialverhalten von Beton unter Ermüdungsbeanspruchung ergibt. Dies konnte in den Balkenversuchen nicht festgestellt werden.

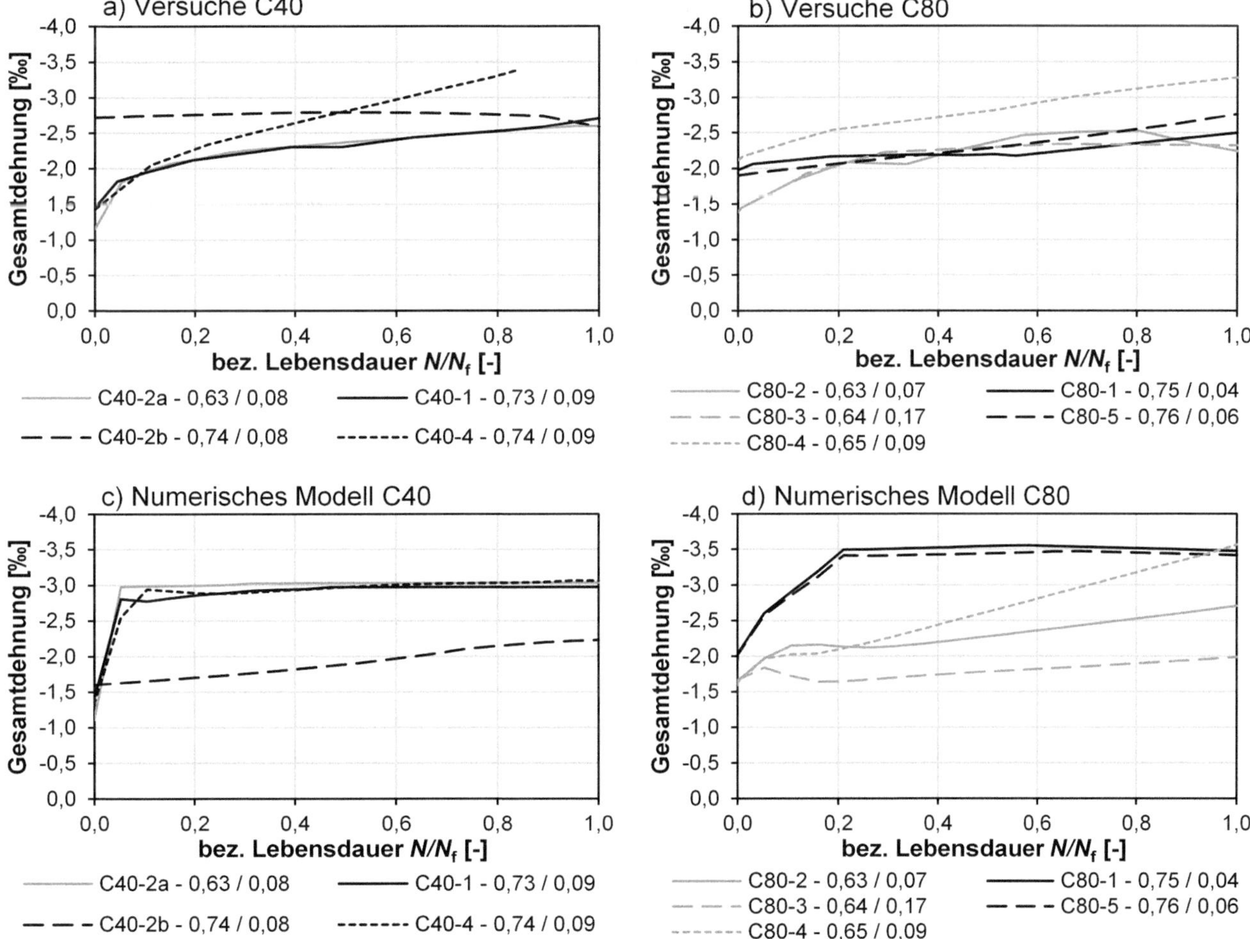

Bild 3-20: Gesamtdehnung an der Balkenoberseite in den Versuchen und numerischen Berechnungen

Probekörper C40-2b fällt hier jedoch aus der Reihe. Dies war der Balken, der in Tabelle 3-6 als vorgeschädigter Probekörper gekennzeichnet ist. Aufgrund der vorhandenen Schädigung durch die Belastung auf dem geringeren Beanspruchungsniveau sind die Dehnungswerte zu Versuchsbeginn hier deutlich größer als bei den anderen Balken. Erwartungsgemäß lagen sie in der Größenordnung wie beim Ende des vorangegangenen Versuchs (Balken C40-2a). Sie nahmen im Verlauf des Versuchs nicht weiter zu, da der Probekörper sich, bezogen auf die Gesamtlebensdauer, bereits in Phase 2 des Schädigungsprozesses befand. Gegen Versuchsende nahm die Gesamtdehnung sogar etwas ab. Dies ist auf ein starkes Anwachsen der Risse um den DMS an der Balkenoberseite herum zu erklären, wodurch der Beton in diesem Bereich etwas entlastet wurde und der hier platzierte DMS nicht mehr den Verformungszustand des eigentlichen Bauteils wiedergab. Durch die Rissbildung wurde das Versagen angekündigt.

In Bild 3-20 (c und d) sind zum Vergleich die Dehnungsverläufe der einzelnen Balken aus den numerischen Simulationen dargestellt. Zu Beginn der Berechnung stimmen die berechneten Dehnungswerte der einzelnen Balken sehr gut mit den in den Versuchen gemessenen Werten überein. Im weiteren Verlauf nahmen die Dehnungen in den numerischen Berechnungen bei einigen Balken deutlich stärker zu als in den Versuchen. Dies ist vor allem bei den Balken auf dem höheren Oberspannungsniveau der Fall. Hier war jeweils bereits nach 10 % bzw. 20 % der bezogenen Lebensdauer der spätere Maximalwert der Dehnungen erreicht. Grund hierfür ist, dass das jeweils betrachtete Element an der Balkenoberseite zu diesem Zeitpunkt bereits vollständig geschädigt wurde und somit keinen weiteren Dehnungszuwachs erfahren konnte. Weiter unten im Querschnitt kam es jedoch weiterhin zu einer fortschreitenden Schädigung. Bei den übrigen Simulationen erreichte das jeweils oberste Element bis zum Berechnungsende nicht den vollständigen Schädigungsgrad, sodass die Dehnungen jeweils mit jedem Lastkollektiv weiter anwuchsen. Beim Versuchsende lagen die Dehnungswerte der Versuche und der Simulationen in etwa in einer Größenordnung. Daher kann festgestellt werden, dass das numerische Modell die Dehnungen grundsätzlich zufriedenstellend berechnet. In Bild 3-20 (c und d) fällt jedoch auch auf, dass bei einigen Verläufen nach etwa 10 % der Lebensdauer ein Dehnungsabfall auftrat. Um die Ursache hierfür zu erklären, werden anstelle der Gesamtdehnungen die einzelnen Dehnungsanteile getrennt voneinander betrachtet. In Bild 3-21 ist der elastische Dehnungsanteil, in Bild 3-22 der plastische Dehnungsanteil und in Bild 3-23 der viskose Dehnungsanteil dargestellt. Es ist zu erkennen, dass der viskose Dehnungsanteil während der Versuche nahezu konstant bleibt. Der Absolutwert zu Beginn wurde durch das Kriechen nach dem Aufbringen der statischen Lasten bis zum Versuchsbeginn hervorgerufen. Aufgrund des hohen Betonalters zu diesem Zeitpunkt von 77 bis 400 Tagen traten keine nennenswerten Kriechdehnungen infolge der folgenden Ermüdungsbeanspruchung auf. Der viskose Dehnungsanteil hat daher an dieser Stelle keinen Einfluss auf den Dehnungsabfall. Demnach bestehen die Gesamtdehnungen auf dem Oberspannungsniveau überwiegend aus elastischen und plastischen Dehnungsanteilen. Beim Vergleich der Verläufe dieser beiden Anteile werden verschiedene Effekte deutlich. Zum einen ist der schnelle Dehnungszuwachs zu Beanspruchungsbeginn hauptsächlich auf den plastischen Dehnungsanteil zurückzuführen, der die irreversiblen Verformungen infolge der Rissbildung abbildet. Wird die resultierende Schädigung im Element zu groß, fällt dessen Elastizitätsmodul ab und es hat anschließend nur noch einen geringeren Anteil am Lastabtrag, sodass die benachbarten Elemente größere Spannungen erfahren. Dies wird auch in Kapitel 3.2.2.5 noch detaillierter untersucht. Darüber hinaus fällt auf, dass der Abfall der Dehnungen auf den elastischen Dehnungsanteil zurückgeht. Dieser Effekt tritt nur bei den Modellen auf, in denen das betrachtete Element nicht vollständig geschädigt wurde. Da der elastische Dehnungsanteil nur vom Elastizitätsmodul des jeweiligen Elements und der anliegenden Spannung abhängt, lässt sich dieser Effekt auch in den zugehörigen Spannungsverläufen erkennen, die in Bild 3-39 dargestellt sind. Hier stellt sich aufgrund der nach dem ersten Lastkollektiv veränderten Steifigkeitsverteilung im Probekörper eine temporär veränderte Spannungsverteilung ein. Mit fortschreitender Lastwechselzahl verändert sich diese wieder hin zu einer gleichmäßigeren Verteilung.

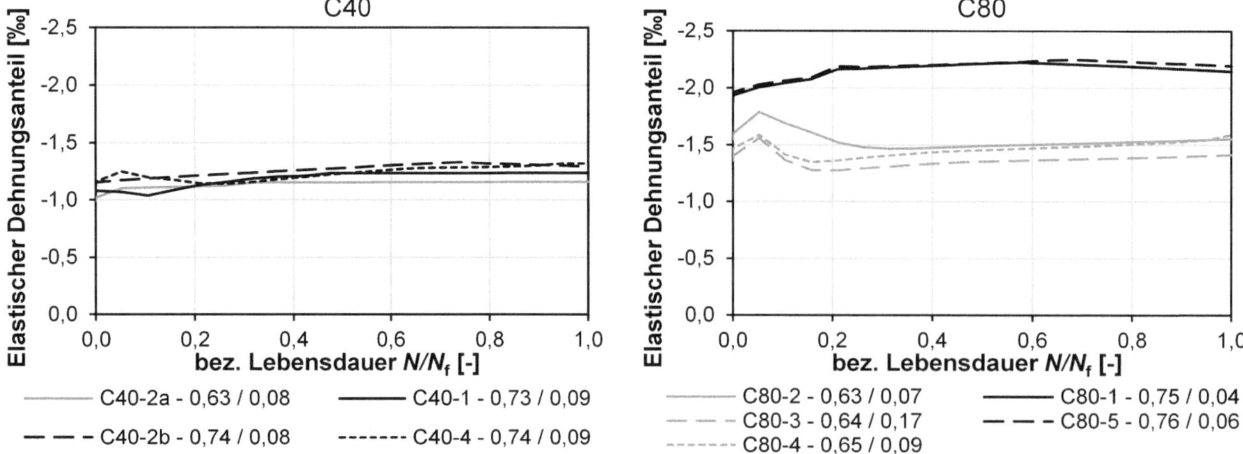

Bild 3-21: Verlauf des elastischen Dehnungsanteils (links: Beton C40, rechts: Beton C80)

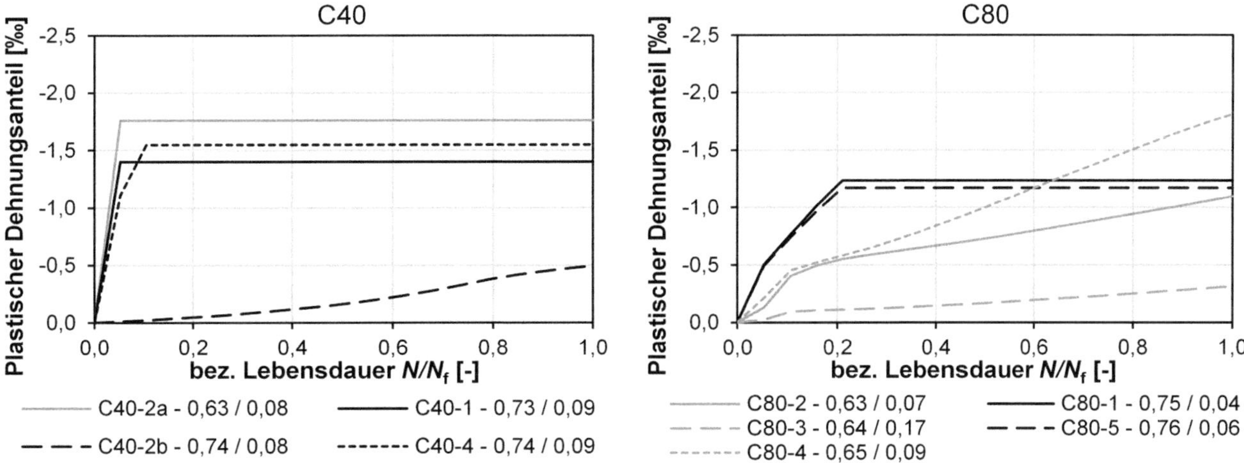

Bild 3-22: Verlauf des plastischen Dehnungsanteils (links: Beton C40, rechts: Beton C80)

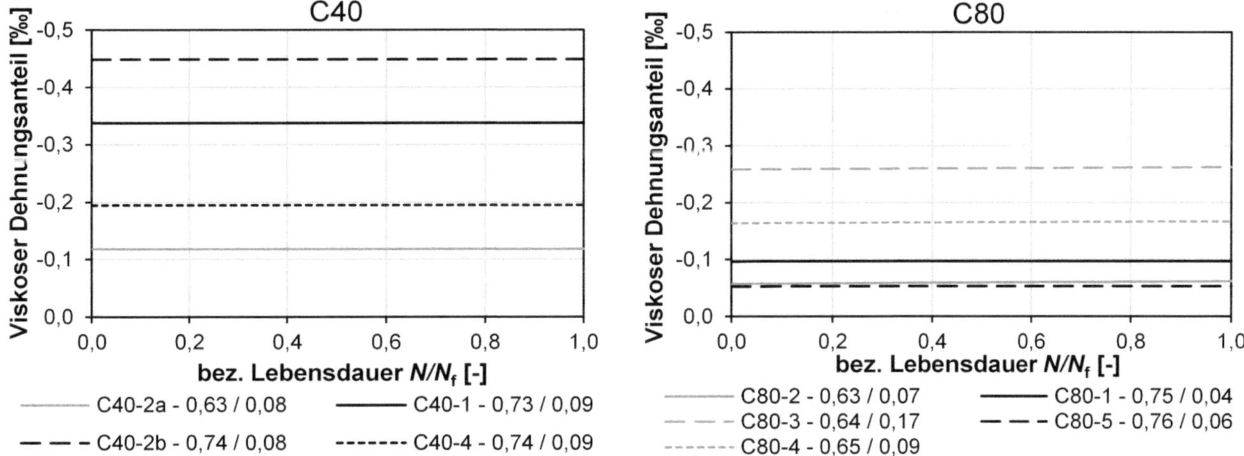

Bild 3-23: Verlauf des viskosen Dehnungsanteils (links: Beton C40, rechts: Beton C80)

Neben den Dehnungen an der Balkenoberseite werden auch die Dehnungsverläufe über die Querschnittshöhe betrachtet. Bild 3-24 stellt hierfür die entsprechenden Verläufe zu Beanspruchungsbeginn und am Ende der Simulationen dar. Zunächst wird deutlich, dass alle Balken auch am unteren Querschnittsrand vollständig überdrückt waren. Zu Beginn der Berechnung lagen ferner nahezu lineare Dehnungsverteilungen über die Querschnittshöhe vor. Je nach Beanspruchungsniveau war die äußere Belastung unterschiedlich, daher wiesen die Probekörper mit der höheren Oberspannung tendenziell eine stärkere Neigung auf. Nach Abschluss der Simulationen war die lineare Verteilung nicht mehr vorhanden, da nun vor allem an der Balkenoberseite plastische Dehnungsanteile hinzukamen. Es wird ebenfalls deutlich, dass nicht nur die oberste Elementreihe eine starke Schädigung erfuhr, sondern auch die darunter, da auch hier große Dehnungszunahmen erfolgten.

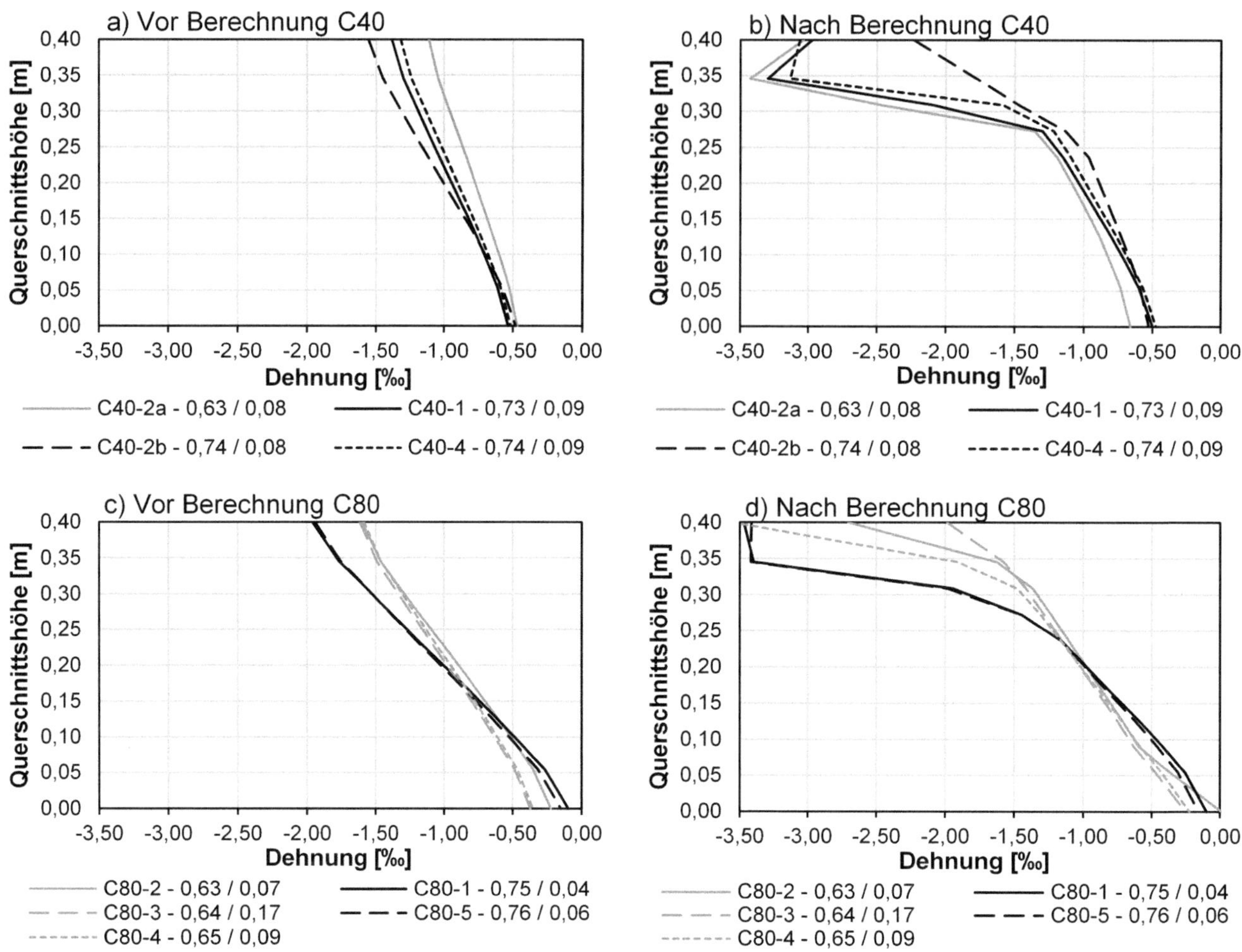

Bild 3-24: Dehnungsverlauf über die Querschnittshöhe zu Berechnungsbeginn und -ende

Noch deutlicher wird dies in Bild 3-25, in dem in a) und b) die Verläufe der Dehnungsdifferenz zwischen letztem und erstem Lastwechsel in den numerischen Simulationen abgebildet sind. Die größten Veränderungen geschahen demnach in den obersten 15 cm des Querschnitts. Dies kann auch durch die Schadensbilder der Versuche bestätigt werden, in denen es in diesem Bereich oft zu Abplatzungen der Betondruckzone kam. Beim Vergleich der berechneten Dehnungsdifferenzen mit den in den Versuchen gemessenen in Bild 3-25 c) und d) lässt sich erkennen, dass diese Lokalisierung in den Versuchen nicht so stark ausgeprägt war. Die Größe der Dehnungsänderung an der Balkenoberseite ist, wie bereits zuvor gesehen, ähnlich zu den Ergebnissen des numerischen Modells. Jedoch nahmen die Dehnungen auch auf mittlerer Querschnittshöhe zu und knickten am oberen Querschnittsrand weniger stark ab. Bei Balken C40-4 fiel kurz vor Versuchsende der DMS an der Balkenoberseite aus, deshalb liegt an dieser Stelle kein Wert vor. Die Dehnungsabnahme am oberen Querschnittsrand von Balken C40-2b ist darauf zurückzuführen, dass die Differenz zu dem vorgeschädigten Zustand gebildet wurde, der nach Beenden der Belastung von C40-2a vorlag. Hier war die Rissbildung offensichtlich bereits so weit fortgeschritten, dass während der Belastung auf dem hohen Oberspannungsniveau eine Entlastung des Bereichs auftrat, in dem der DMS befestigt war.

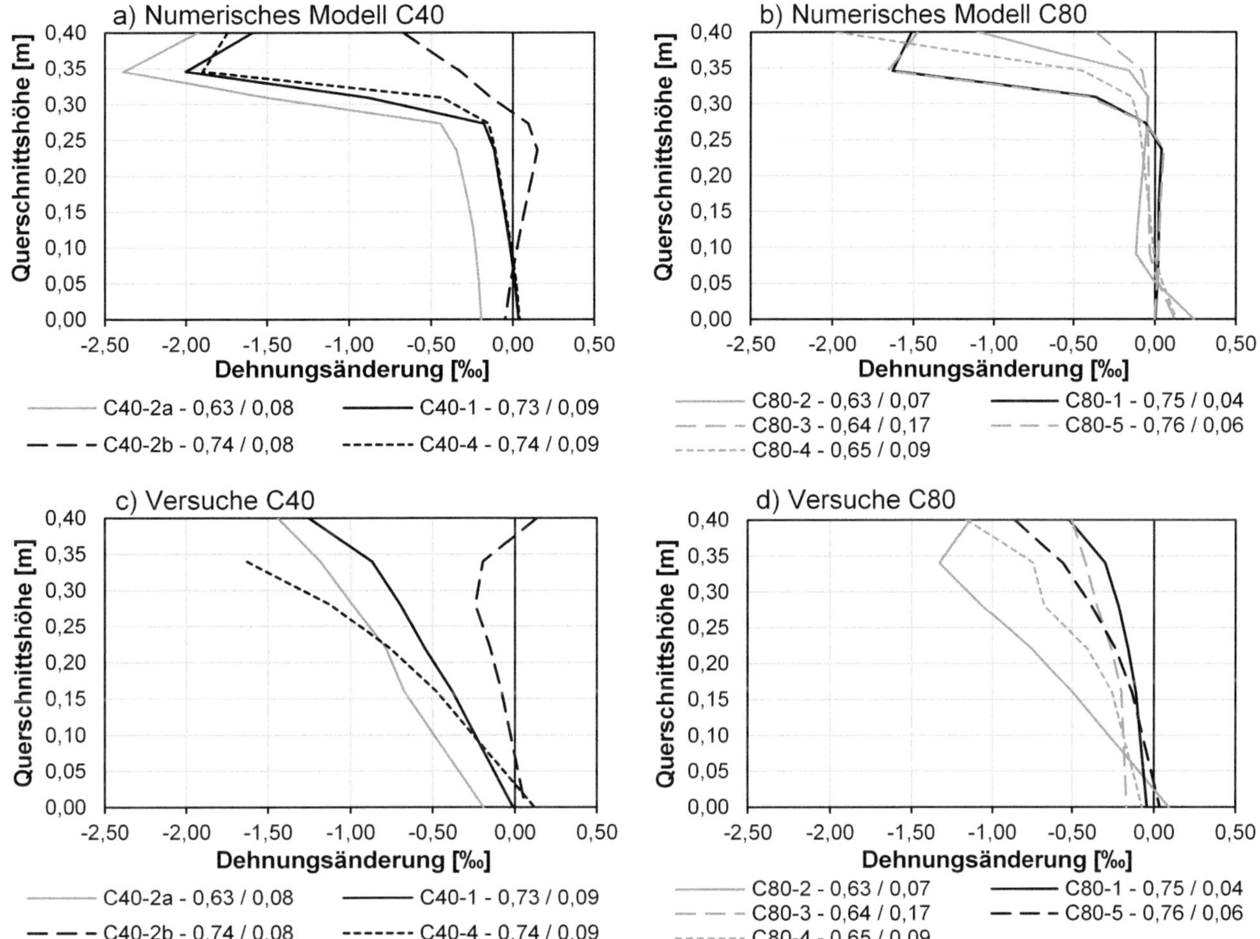

Bild 3-25: Verlauf der Dehnungsänderung zwischen erstem und letztem Lastwechsel über die Querschnittshöhe in den numerischen Berechnungen und den Versuchen

Nachfolgend werden die Dehnungsverläufe exemplarisch für Balken C80-4 im Detail präsentiert. Bild 3-26 stellt hierfür die Dehnungsverläufe auf dem Ober- und Unterspannungsniveau für den ersten und letzten Lastwechsel über die Querschnittshöhe in der numerischen Simulation und Bild 3-27 im Versuch dar. Im Versuch nahmen die Dehnungen am oberen Querschnittsrand auf dem Oberspannungsniveau von etwa -2,1 ‰ auf -3,3 ‰ zu, auf dem Unterspannungsniveau von etwa -1,1 ‰ auf -2,0 ‰. Im numerischen Modell wurde dieser Dehnungszuwachs etwas größer simuliert, auf dem Oberspannungsniveau von -1,6 ‰ auf -3,5 ‰ und auf dem Unterspannungsniveau von -0,3 ‰ auf -2,1 ‰. Vor allem am oberen Querschnittsrand wurden die Gesamtdehnungen vom numerischen Modell sehr treffend simuliert. Am unteren Rand veränderten sich die Dehnungen auf beiden Beanspruchungsniveaus im Versuch kaum, im numerischen Modell nahmen sie leicht ab. Es wird jedoch auch deutlich, dass der vom numerischen Modell berechnete Dehnungsverlauf auf dem Unterspannungsniveau von den Versuchsdaten stark abweicht. Im Versuch war die Dehnung an der Balkenoberseite größer als an der -unterseite, im numerischen Modell ist dies umgekehrt. Da auch die Dehnung am oberen Rand auf dem Oberspannungsniveau beim ersten Lastwechsel vom numerischen Modell geringfügig kleiner berechnet wurde, ist die Abweichung unabhängig von der Unwuchtbeanspruchung. Aus den statischen Beanspruchungen wie z. B. der vertikalen Federabspannung oder der horizontalen Balkenvorspannung kann sie nicht resultieren, da im numerischen Modell die im Versuch gemessenen Kräfte aufgebracht wurden. Eine mögliche Ursache kann ein geringerer Elastizitätsmodul des Balkenprobekörpers im Vergleich zu den Referenzzylindern sein.

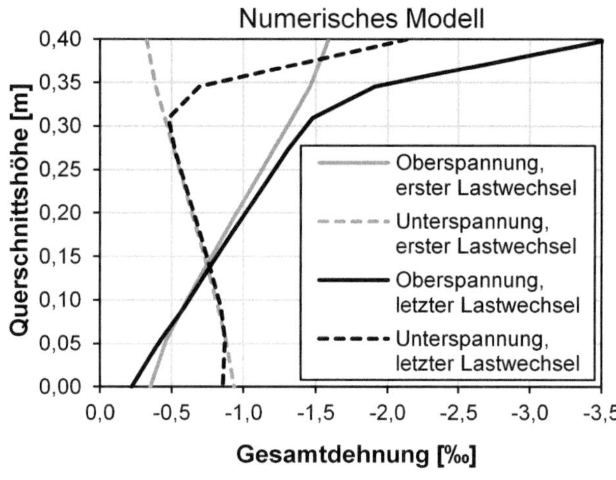

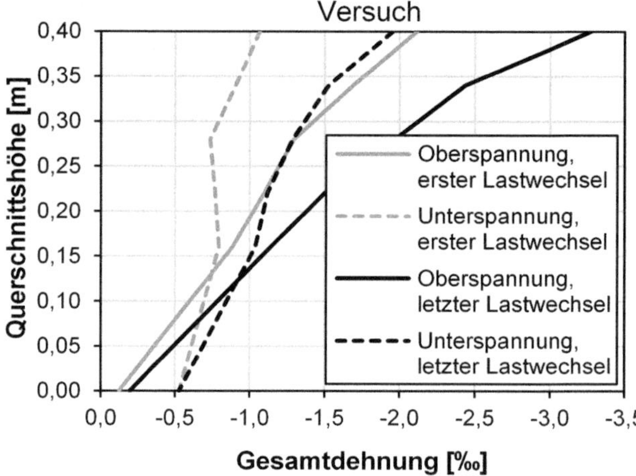

Bild 3-26: Dehnungsverläufe über die Probekörperhöhe von Balken C80-4 im numerischen Modell

Bild 3-27: Dehnungsverläufe über die Probekörperhöhe von Balken C80-4 im Versuch

Bild 3-28 verdeutlicht die gute Übereinstimmung zwischen Versuch und numerischen Modell am oberen Querschnittsrand. Zwar ist zu Beanspruchungsbeginn erneut die Differenz zwischen Versuch und numerischem Modell erkennbar, jedoch kann nachfolgend der Dehnungsverlauf über die Lastwechselzahl annähernd abgebildet werden. Die Steigung des Verlaufs des numerischen Modells ist leicht größer, sodass sich die anfänglich unterschätzten Werte der Versuchskurve annähern und bei Versuchsende diese sogar leicht übersteigen.

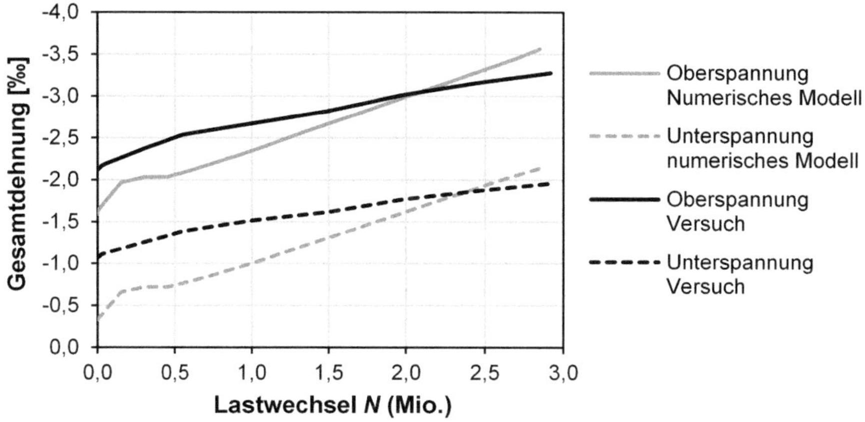

Bild 3-28: Dehnungsverläufe an der Balkenoberseite über die Versuchsdauer

In Bild 3-29, Bild 3-30 und Bild 3-31 sind die Verteilungen der elastischen, plastischen und viskosen Dehnung im Probekörper C80-4 zum Ende der Berechnung dargestellt. Darin ist zu sehen, dass der Bereich am oberen Querschnittsrand zwischen den Lasteinleitungsstellen jeweils die größten Dehnungen aufweist. Die elastische Dehnung resultiert dabei direkt aus der aufgebrachten Belastung. Die plastische Dehnung entsteht aus der irreversiblen Schädigung infolge der Ermüdungsbeanspruchung. Und die viskose Dehnung, die, wie in Kapitel 3.1.3.2 beschrieben wurde, mit dem kriechaffinen Spannungsniveau berechnet wurde, ist ebenfalls an der Stelle am größten, an der die größte Beanspruchung vorliegt. Seitlich der Lasteinleitungsstellen sind zudem lokal erhöhte Dehnungswerte erkennbar. Diese resultieren aus Spannungsspitzen, die infolge der konzentrierten Lasteinleitung entstanden.

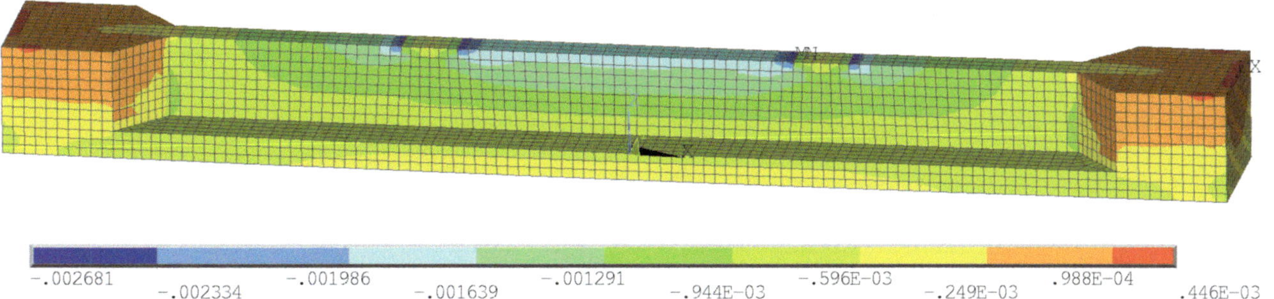

Bild 3-29: Verteilung der elastischen Dehnung in Normalenrichtung im Probekörper C80-4, Berechnungsende

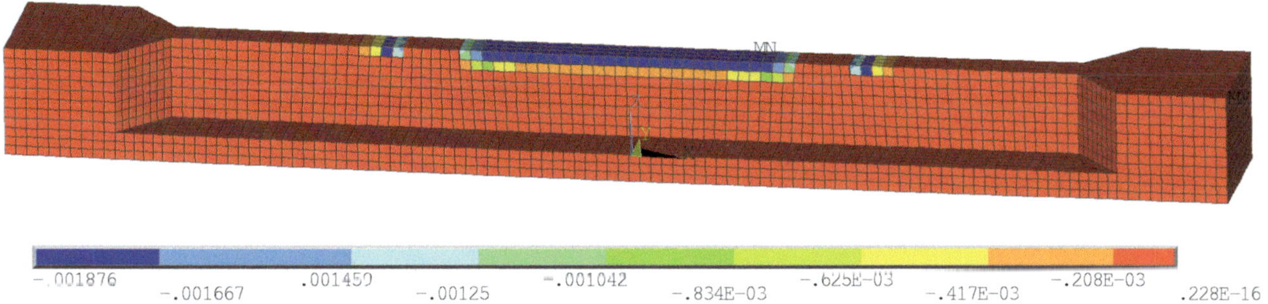

Bild 3-30: Verteilung der plastischen Dehnung in Normalenrichtung im Probekörper C80-4, Berechnungsende

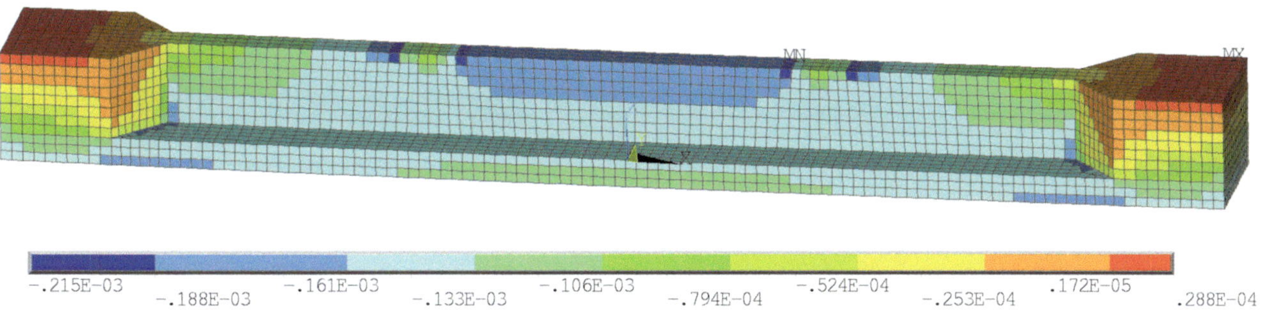

Bild 3-31: Verteilung der viskosen Dehnung in Normalenrichtung im Probekörper C80-4, Berechnungsende

3.2.2.4 Steifigkeitsentwicklung

Die Dehnungsveränderungen resultierten überwiegend aus den plastischen Anteilen der Rissbildung. Doch diese hatte auch einen Effekt auf die elastischen Eigenschaften der Probekörper. Wie in Kapitel 3.1.3.1 beschrieben wurde, verändert sich die Materialsteifigkeit des Betons in Abhängigkeit der Schädigung. Ein erstes Indiz hierfür lässt sich im Verlauf des Schwingwegs erkennen, der in Bild 3-32 (a und b) für die Ergebnisse der numerischen Berechnungen und in Bild 3-32 (c und d) für die Messwerte aus den Versuchen abgebildet ist. Er berechnet sich jeweils aus der Differenz zwischen maximaler und minimaler Auslenkung der Balken in Feldmitte.

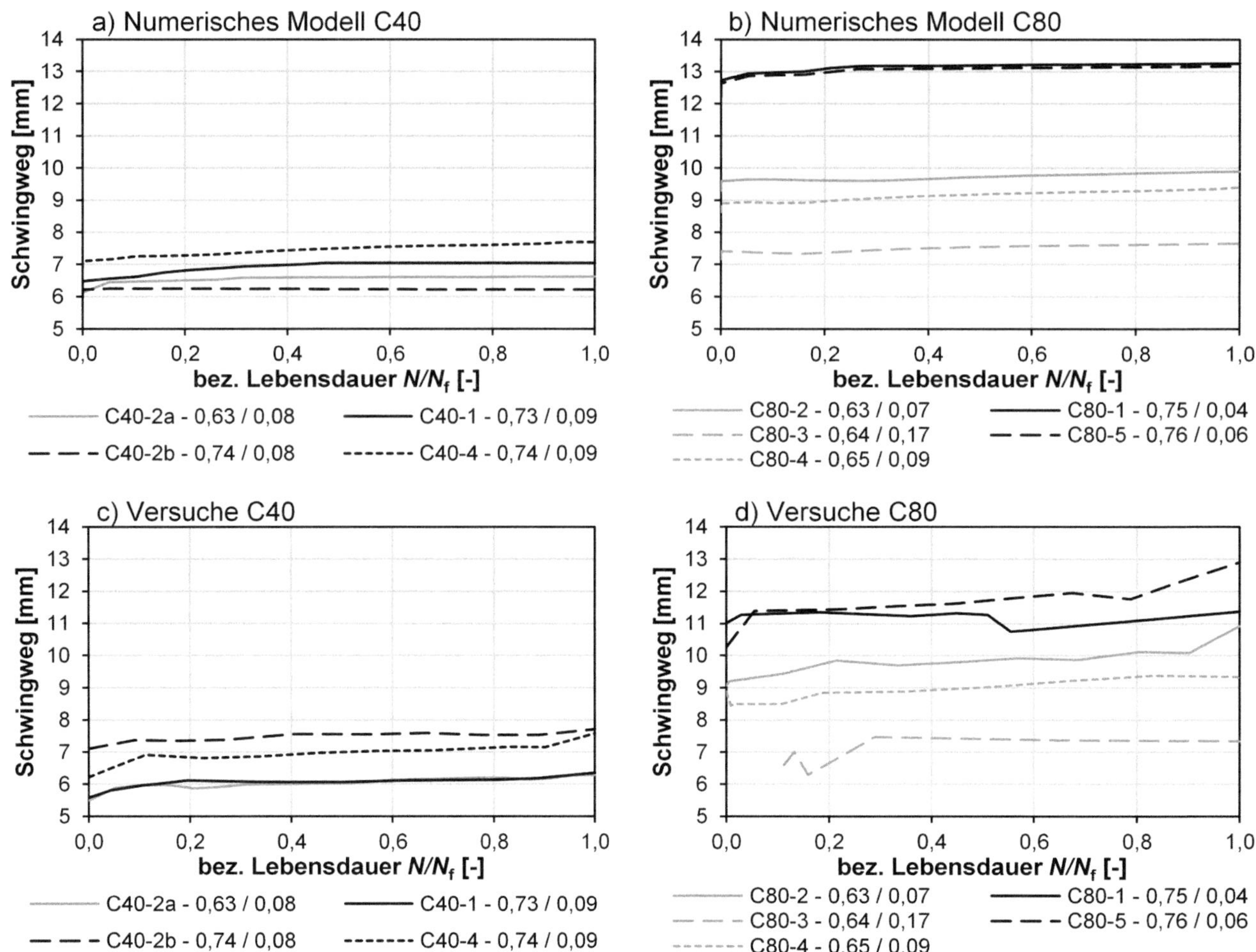

Bild 3-32: Verlauf des Schwingwegs der Balken in den numerischen Berechnungen und den Versuchen

Der größte Unterschied zwischen den einzelnen Kurven liegt in deren absoluter Höhe. Diese ist bedingt durch die Unterschiede in den Betondruckfestigkeiten der einzelnen Probekörper. Mit höherer Festigkeit war auch eine größere Unwuchtkraft erforderlich, um die notwendigen Spannungen im Querschnitt zu erreichen. Gleichzeitig nahm die Biegesteifigkeit der Balken nicht im selben Maß zu, sodass infolge höherer Unwuchtkräfte auch höhere Schwingwege auftraten. Die absolute Größe des Schwingwegs in den Versuchen wird vom numerischen Modell meist gut nachgerechnet. Bei Balken C40-2b liegt er im Versuch insgesamt höher, dies ist jedoch auf die Schädigung zurückzuführen, die aus der Vorbelastung auf dem geringeren Beanspruchungsniveau bereits im Probekörper vorhanden war und im numerischen Modell nicht abgebildet wurde. Ebenfalls fällt auf, dass der Schwingweg der Versuche am C80-Beton auf dem höheren Beanspruchungsniveau vom numerischen Modell überschätzt wird, auf dem geringeren Beanspruchungsniveau passt er jedoch gut zu den Versuchsergebnissen.

Ferner lässt sich in den Verläufen der numerischen Berechnung erkennen, dass die Schwingwege während der ersten Lastwechsel verhältnismäßig stark anstiegen. Dies ist auf eine Steifigkeitsänderung durch die initiale Rissbildung zurückzuführen. Anschließend nahmen die einzelnen Schwingwege zwar weiterhin zu, jedoch mit deutlich geringerer Rate. Dieses Verhalten konnte in den Versuchen ebenfalls beobachtet werden, wie in Bild 3-32 (c und d) zu erkennen ist. Hier kam es bei einigen Probekörpern kurz vor dem Versagen zudem noch zu einem etwas stärkeren Anstieg, der ein Versagen ankündigte, vom numerischen Modell so jedoch nicht abgebildet werden konnte. Allerdings beweist die gute Übereinstimmung der absoluten Größen des Schwingwegs, dass die Gesamtsteifigkeit des Schwingsystems vom Modell gut erfasst wurde.

Die genaue Veränderung der Steifigkeit kann im numerischen Modell elementweise anhand des Elastizitätsmoduls beobachtet werden. Dieser ist hierfür ist in Bild 3-33 (a und b) bezogen auf den jeweiligen Ausgangswert der einzelnen Berechnungen über die bezogene Lebensdauer dargestellt. Betrachtet wird immer das oberste Element in Feldmitte. Es wird deutlich, dass gerade bei den Balken, die auf dem höheren Oberspannungsniveau belastet wurden, ein steiler Steifigkeitsabfall zu Beanspruchungsbeginn erfolgte, der bereits während der ersten 20 % der Lebensdauer zu einer vollständigen Schädigung des Elements führte. In diesem Fall wurde der Elastizitätsmodul, wie in Kapitel 3.1.3.1 beschrieben wurde, auf einen definierten Endwert festgesetzt und veränderte sich fortan nicht mehr. Die übrigen Verläufe weisen zwar zu Beginn ebenfalls einen stärkeren Steifigkeitsabfall auf, dieser fällt jedoch weniger stark aus. Im Anschluss lag bei diesen Probekörpern eine kontinuierliche Abnahme der Steifigkeit vor, die sich bis auf bei Balken C80-4 auch bis zum Berechnungsende nicht veränderte. Bei diesem Balken kam es gegen Ende der Lebensdauer an der Balkenoberseite zu einer starken Schädigung, die in einem überproportionalen Steifigkeitsabfall resultierte. Eine Ausnahme von diesen Beobachtungen stellt Balken C40-2b dar. Dies war der Versuch am vorgeschädigten Balken, der nach seiner planmäßigen Beanspruchung auf dem geringeren Oberspannungsniveau noch nicht versagt hatte. Diese Vorschädigung wurde im numerischen Modell nicht realisiert, sodass dieser Verlauf isoliert betrachtet werden muss. Im numerischen Modell hätte dieser Balken noch mehr Lastwechsel ausgehalten als hier aufgebracht wurden.

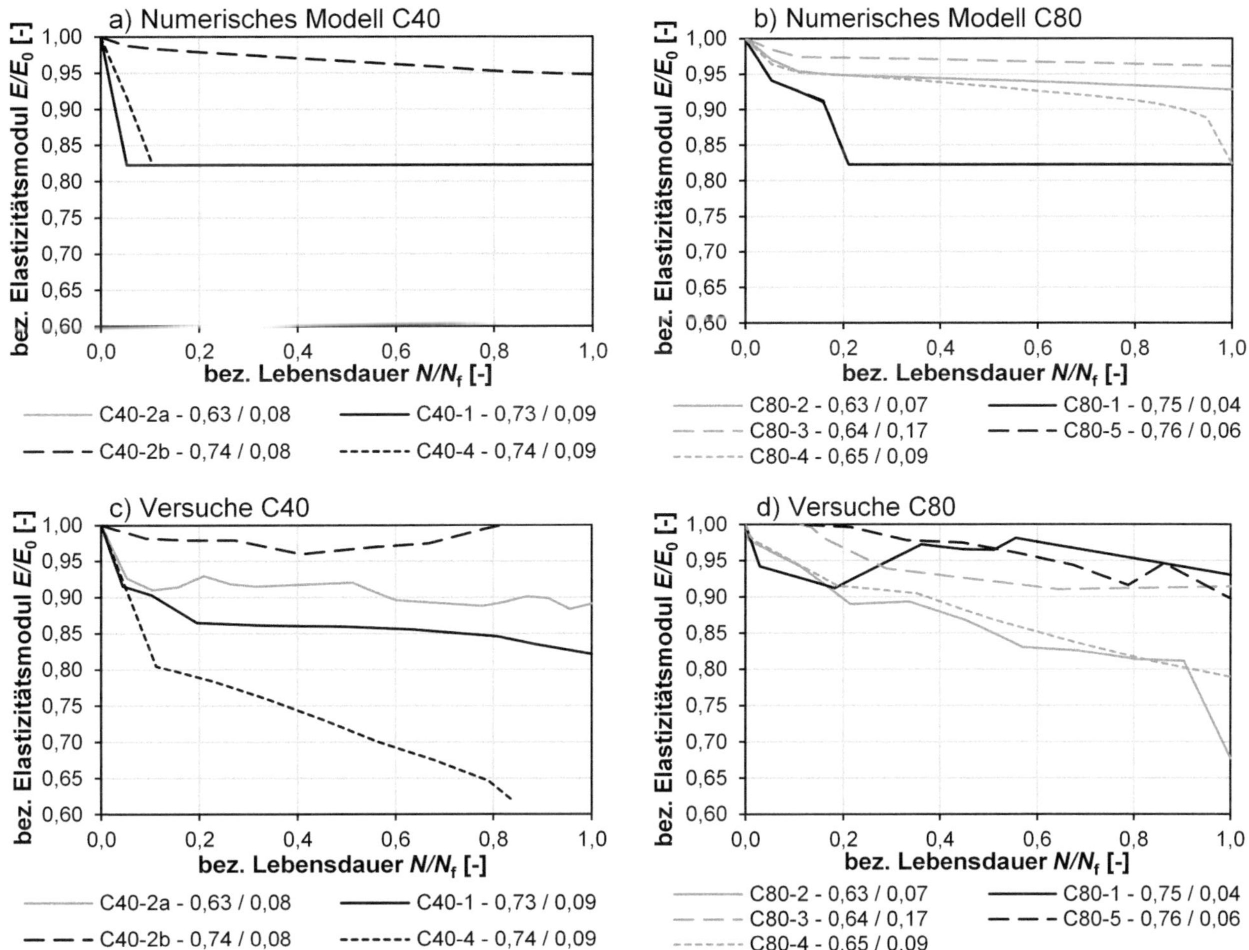

Bild 3-33: Verlauf des bezogenen Elastizitätsmoduls der Balken in den numerischen Berechnungen und den Versuchen

In Bild 3-33 (c und d) sind zum Vergleich die Verläufe des bezogenen Elastizitätsmoduls aus den Versuchen dargestellt. Diese wurden aus den aufgezeichneten Dehnungs- und Kraftgrößen berechnet. Bei der Umrechnung der Kräfte in Spannungen im Querschnitt wurde an dieser Stelle eine gleichmäßige Steifigkeitsverteilung angenommen. Da diese sich während der Versuche ändert, wird hier somit eine Ungenauigkeit inkludiert, die bei der weiteren Auswertung zu beachten ist. Es fällt auf, dass die Steifigkeitsabnahme der einzelnen Probekörper deutlich stärker streut als in den numerischen Berechnungen. Dies ist auf die streuenden Betoneigenschaften zurückzuführen, während im numerischen Modell ein gemittelter Verlauf für die Steifigkeitsdegradation in Kapitel 3.1.3.1 verwendet wurde. Die Endwerte des bezogenen Elastizitätsmoduls stimmen jedoch wieder gut überein. Lediglich bei zwei Probekörpern fiel der Wert auf etwa 65 % der Ausgangssteifigkeit.
In den Versuchen wurde zudem mit Hilfe von Ultraschallsensoren die Ultraschallgeschwindigkeit an verschiedenen Querschnittshöhen in Feldmitte gemessen und aus dieser ein dynamischer Elastizitätsmodul berechnet, vgl. /120/. Anhand dieser Werte konnten die übrigen Ergebnisse verifiziert werden. In Bild 3-34 und Bild 3-35 sind die Verläufe für Probekörper C40-1 exemplarisch dargestellt, jeweils an der Balkenoberseite bei H = 40 cm und 6 cm darunter.

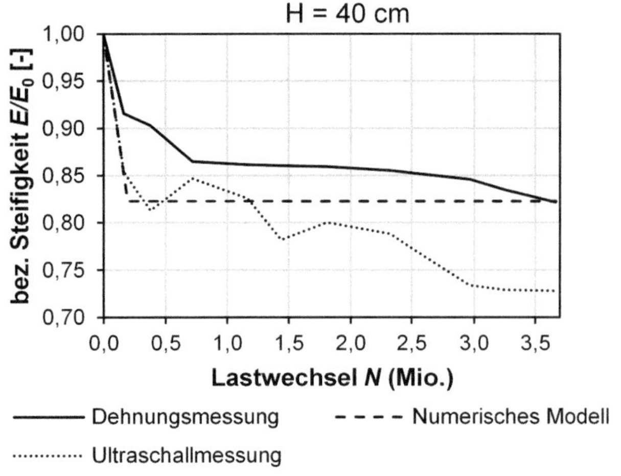

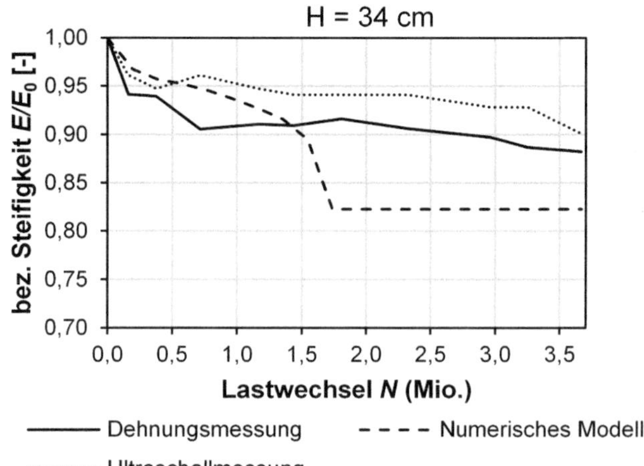

Bild 3-34: Bezogene Steifigkeitsverläufe an der Oberseite von Balken C40-1 über die Versuchsdauer

Bild 3-35: Bezogene Steifigkeitsverläufe 6 cm unterhalb der Oberseite von Balken C40-1 über die Versuchsdauer

Die Verläufe passen sehr gut zusammen. An der Balkenoberseite fiel die bezogene Steifigkeit für alle Auswertemethoden während der ersten 300.000 Lastwechsel bereits sehr stark ab. Während beim numerischen Modell nach den ersten 200.000 Lastwechseln keine weitere Steifigkeitsänderung in diesem Element geschahen, was durch die vollständige Schädigung dieses Element zu diesem Zeitpunkt bedingt ist, nahm die bezogene Steifigkeit, die aus den Ultraschallmessdaten berechnet wurde, weiter ab. Diese beiden Verläufe passen insgesamt sehr gut zusammen, lediglich die im numerischen Modell hinterlegte Reststeifigkeit passt hier nicht exakt zu diesem Probekörper. Die bezogene Steifigkeit, die aus den Dehnungsmesswerten berechnet wurde, nahm weniger stark als die beiden anderen ab, erreichte am Versuchsende jedoch ebenfalls die Reststeifigkeit des numerischen Modells von etwa 82 %. An der Messstelle 6 cm unterhalb der Balkenoberseite ist der initiale Steifigkeitsabfall bei allen drei Verläufen weniger ausgeprägt. Während der ersten 1,5 Mio. Lastwechsel verlaufen die drei Kurven sehr ähnlich, danach kam es im numerischen Modell jedoch zu einer vollständigen Schädigung dieses Elements, wodurch dessen Steifigkeit ebenfalls auf etwa 82 % des Ausgangswertes abfiel. Die mit den beiden anderen Auswertungsmethoden ermittelten Reststeifigkeiten liegen mit etwa 90 % bzw. 88 % des jeweiligen Ausgangswertes etwas darüber.

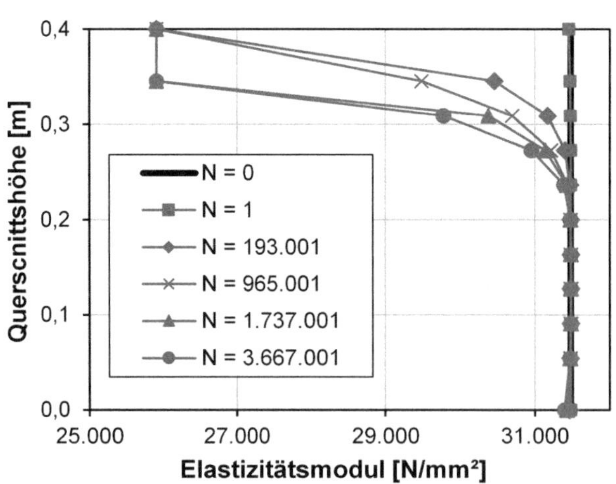

Bild 3-36: Verlauf des Elastizitätsmoduls über die Querschnittshöhe von Balken C40-1 für verschiedene Lastwechselzahlen

Inwieweit sich der Elastizitätsmodul im numerischen Model über die Querschnittshöhe mit zunehmender Lastwechselzahl veränderte, ist in Bild 3-36 dargestellt. Hier wird erneut deutlich, dass die obersten beiden Elemente nach 1,7 Mio. Lastwechseln bereits vollständig geschädigt waren und nur noch die definierte Reststeifigkeit aufwiesen. Die untere Querschnittshälfte hatte auch am Versuchsende noch keine Steifigkeitsänderung erfahren, lediglich am unteren Rand des Balkens ist eine leichte Degradation erkennbar. Zur Verdeutlichung sind nachfolgend in Bild 3-37 und Bild 3-38 die Verteilungen des Elastizitätsmoduls über den gesamten Probekörper nach 193.001 Lastwechseln sowie am Berechnungsende dargestellt.

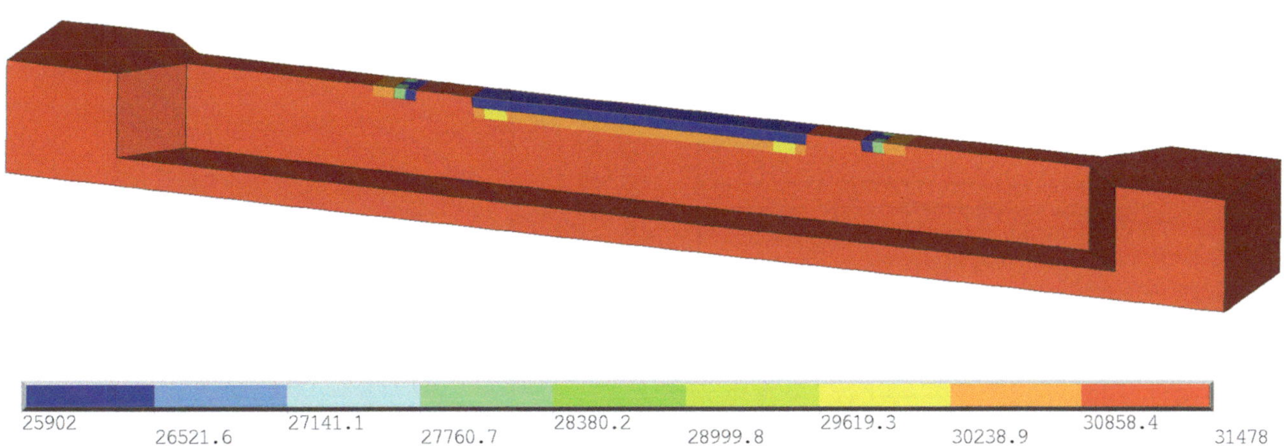

Bild 3-37: Verteilung des Elastizitätsmoduls im numerischen Modell nach 193.001 Lastwechseln

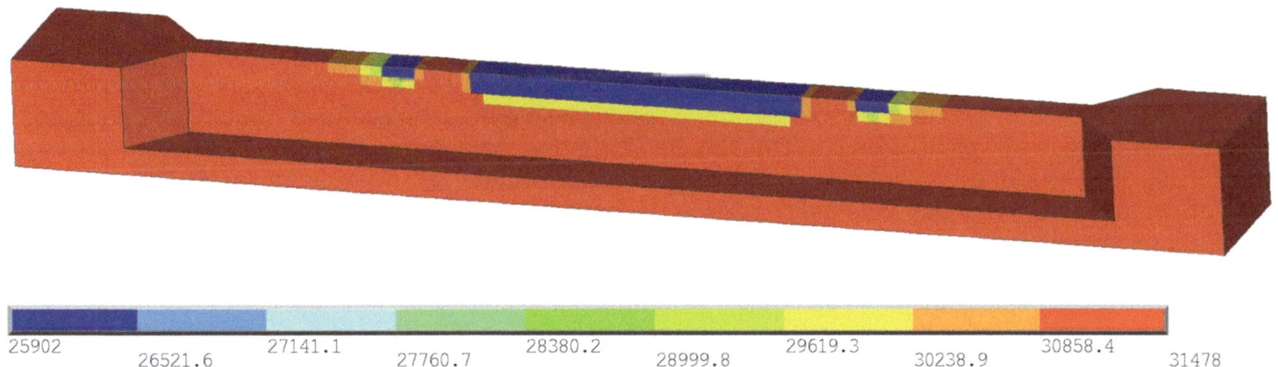

Bild 3-38: Verteilung des Elastizitätsmoduls im numerischen Modell nach 3,67 Mio. Lastwechseln

Die Steifigkeitsverteilung in Bild 3-37 ist der Zustand nach dem zweiten Iterationsdurchlauf. Insgesamt sind zu diesem Zeitpunkt 193.001 Lastwechsel aufgebracht. Es ist zu erkennen, dass die oberste Elementreihe zwischen den Lasteinleitungsstellen bereits vollständig geschädigt ist und einen Elastizitätsmodul von 25.902 N/mm² aufweist. Dies entspricht auch den Beobachtungen aus den vorigen Diagrammen und bestätigt die starke Schädigung in diesem Bereich. Auch in der Elementreihe darunter ist bereits ein Steifigkeitsabfall erkennbar. Ferner sind außerhalb der Lasteinleitungsstellen infolge von Spannungsspitzen lokale Schädigungen sichtbar. Mit fortschreitender Lastwechselzahl vergrößerten sich die geschädigten Bereiche, bis sie den Zustand zum Berechnungsende erreichten, der in Bild 3-38 dargestellt ist. Nach den 3,67 Mio. Lastwechseln ist auch die zweite Elementreihe vollständig geschädigt und die dritte Reihe weist ebenfalls eine Teilschädigung auf, wie auch in Bild 3-36 zu sehen ist. Deutlich wird jedoch auch, dass der Probekörper außerhalb dieser stark geschädigten Bereiche nahezu keine Schädigung aufweist und sich die Ermüdungsschädigung auf den am stärksten beanspruchten Bereich konzentriert.

3.2.2.5 Spannungsumlagerung

Im Gegensatz zu den Versuchen kann im numerischen Modell zu jedem Zeitpunkt die tatsächliche Spannung im Querschnitt direkt ausgelesen werden. Damit lassen sich auftretende Spannungsveränderungen zielgerichteter untersuchen. Zu diesem Zweck wurden in Bild 3-39 die Normalspannungen der obersten Elemente der einzelnen Modelle in Feldmitte über die bezogene Lebensdauer aufgetragen. Anhand der absoluten Größe zu Simulationsbeginn lassen sich direkt die unterschiedlichen Betonfestigkeiten der Probekörper erkennen, da mit der höheren Festigkeit auch größere absolute Spannungswerte benötigt wurden, um dieselben bezogenen Oberspannungen zu erreichen. Nach den ersten Lastwechseln wird ein unterschiedliches Verhalten der einzelnen Probekörper ersichtlich. Dies war bereits in den Verläufen der elastischen Dehnungsanteile in Bild 3-21 erkennbar, die direkt aus den Elementspannungen resultierten. Demnach nahm die Normalspannung in den Modellen mit dem niedrigeren Spannungsniveau zunächst einmal zu und fiel anschließend wieder ab. Bei den anderen Modellen fehlt dieser initiale Spannungsanstieg. Auffällig ist, dass dies genau die Modelle sind, bei denen die betrachteten Elemente die geringste Steifigkeitsverringerung erfahren haben, wie in Bild 3-33 gezeigt wird.

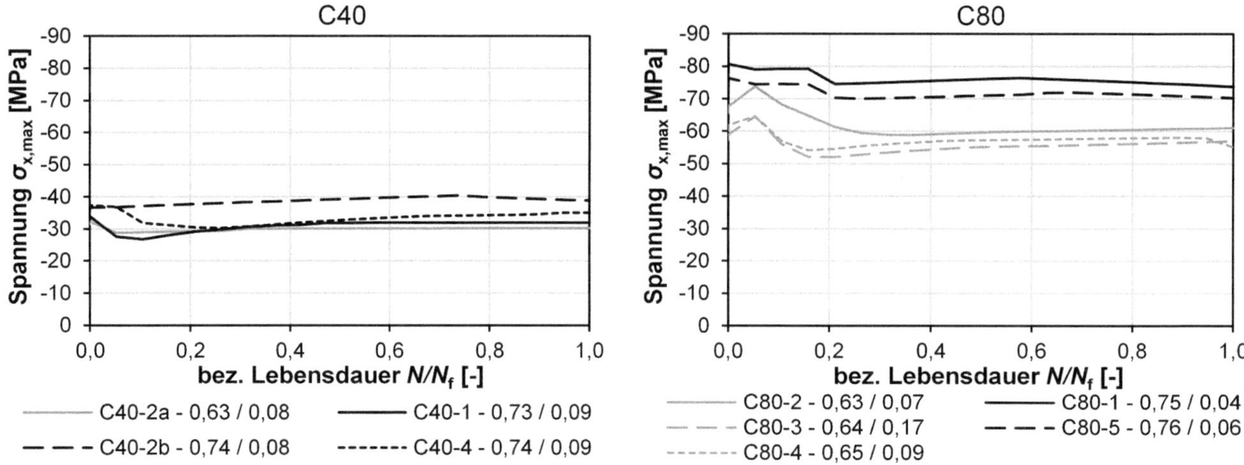

Bild 3-39: Verlauf der absoluten Spannung an der Balkenoberseite, Balkenmitte (links: Beton C40, rechts: Beton C80)

Bezieht man die Spannungswerte aus Bild 3-39 auf die Betondruckfestigkeit des jeweiligen Probekörpers, ergeben sich die Verläufe aus Bild 3-40. Es wird deutlich, dass das Ziel-Beanspruchungsniveau bei den meisten Modellen zwar zu Beginn erreicht wurde, das tatsächliche Spannungsniveau im weiteren Verlauf jedoch teilweise stark davon abweicht. Dies ist demnach die Folge der Umlagerung der Spannung durch die veränderte Steifigkeitsverteilung im Querschnitt. Da die Kraftrandbedingungen über die gesamte Dauer konstant gehalten wurden, war demnach eine gleichmäßige Beanspruchungssituation gewährleistet. Da das berechnete Dehnungsverhalten in den numerischen Modellen dem Verhalten aus den Versuchen entsprach, kann geschlussfolgert werden, dass dieser Effekt in den Versuchen in ähnlicher Form aufgetreten sein muss. Demnach hat die Ermüdungsschädigung einen positiven Effekt auf die am stärksten beanspruchten Bereiche.

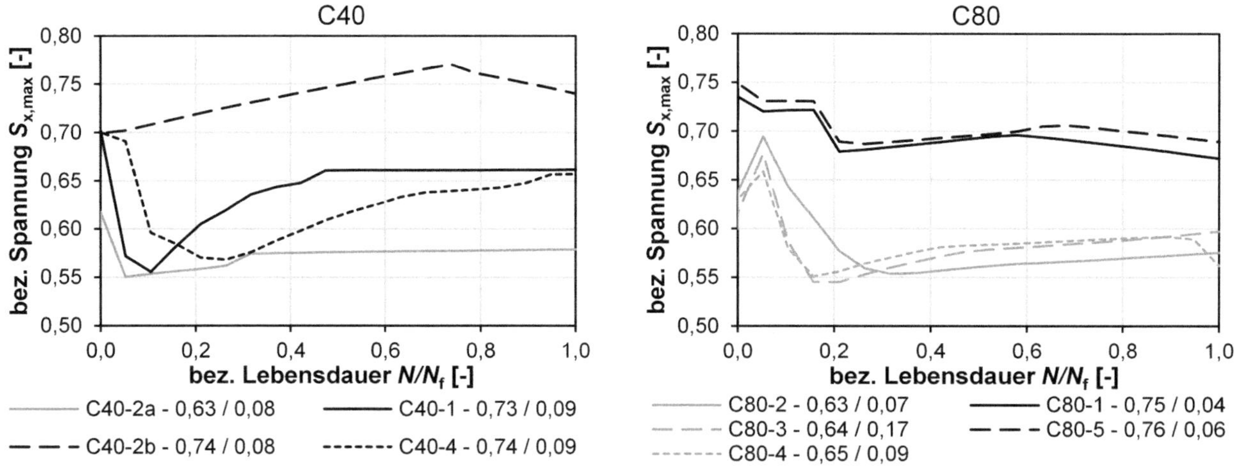

Bild 3-40: Verlauf der bezogenen Spannung an der Balkenoberseite in Balkenmitte (links: Beton C40, rechts: Beton C80)

Am Beispiel von Balken C80-2 wird in Bild 3-41 die Entwicklung der Spannung über die Querschnittshöhe zu verschiedenen Zeitpunkten der Berechnung dargestellt. Die Spannungswerte sind dabei jeweils auf den Ausgangswert in der ersten Iteration bezogen. Hier wird für die bezogene Lebensdauer N/N_f = 0,05 die in Kapitel 3.2.2.3 erwähnte ungewöhnliche Spannungsveränderung deutlich. Zu diesem Zeitpunkt nahm die Spannung an der Ober- und Unterseite zu, während sie im Querschnittsinneren abnahm. Im weiteren Verlauf der Berechnung normalisierte sich dieser Effekt jedoch wieder und es kam zu der erwarteten Spannungsabnahme am oberen Querschnittsrand und einer Spannungszunahme weiter unten im Querschnitt. Da sich infolge der Steifigkeitsdegradation der Schwerpunkt des ideellen Querschnitts veränderte, verschob sich das Maximum mit zunehmender Lastwechselzahl nach unten. Am oberen Querschnittsrand geschah nach den anfänglichen großen Änderungen jedoch nicht mehr viel, die Spannung blieb anschließend bei allen Probekörpern weitestgehend konstant, wie auch Bild 3-39 bestätigt.

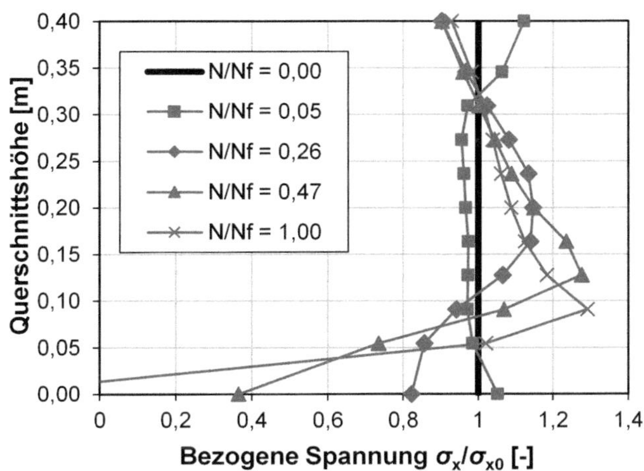

Bild 3-41: Verlauf der bezogenen Spannung über die Querschnittshöhe von Balken C80-2 für verschiedene Berechnungszeitpunkte

Analog zu Bild 3-41 sind in Bild 3-42 und Bild 3-43 für alle Modelle die Verläufe der auf den jeweiligen Ausgangswert bezogenen Spannung über die Querschnittshöhe am Ende der Berechnungen dargestellt. Insgesamt wird der beobachtete Effekt bestätigt, dass die Spannung am oberen Querschnittsrand über die Beanspruchungsdauer abnahm und dafür im Querschnittsinneren größer wurde. Es sind jedoch auch Unterschiede zu erkennen. So weisen beim C80-Beton die Verläufe von Balken C80-1 und C80-5 eine lokalisierte Spannungszunahme etwa 10 cm unterhalb der Oberseite auf, bei Balken C80-2 liegt diese etwa 30 cm unterhalb der Oberseite und bei den anderen Balken ist die Spannung deutlich gleichmäßiger über die Querschnittshöhe verteilt. Dies ist auf deutlich unterschiedliche Steifigkeitsverteilungen im Querschnitt zurückzuführen, vgl. Bild 3-44. So liegt bei allen Balken am Ende der Beanspruchung vor allem im obersten Element ein unterschiedlicher bezogener Elastizitätsmodul vor. Bei den Balken des C40-Betons sticht nur Balken C40-2b heraus. Er weist ein ähnliches Verhalten auf wie Balken C80-2 bei einer bezogenen Lebensdauer von $N/N_f = 0{,}05$. Da die Vorschädigung dieses Balkens im numerischen Modell nicht berücksichtigt wurde und die Berechnung nach derselben Anzahl an Lastwechseln wie im Versuch beendet wurde, kann geschlussfolgert werden, dass dies noch nicht der Zustand vor dem Versagen ist und sich die Spannungsverteilung demnach bei einer Fortsetzung der Berechnung noch ändern würde. Alle weiteren Spannungsverläufe des C40-Betons liegen beinahe aufeinander und weisen ein sehr ähnliches Verhalten auf. Auch die zugehörigen Verteilungen des bezogenen Elastizitätsmoduls in Bild 3-45 sehen sehr ähnlich aus. Bei allen Balken sind die obersten beiden Elemente am Simulationsende vollständig geschädigt und auch im Querschnitt darunter liegt eine gleiche Verteilung vor.

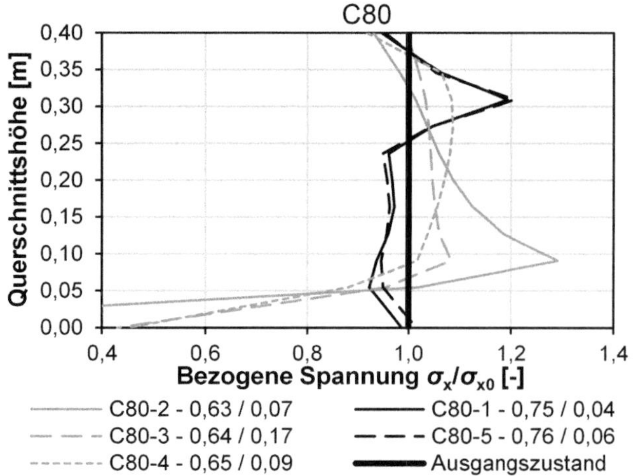

Bild 3-42: Verlauf der bezogenen Spannung über die Querschnittshöhe der Probekörper des C80-Betons (jeweils in Balkenmitte)

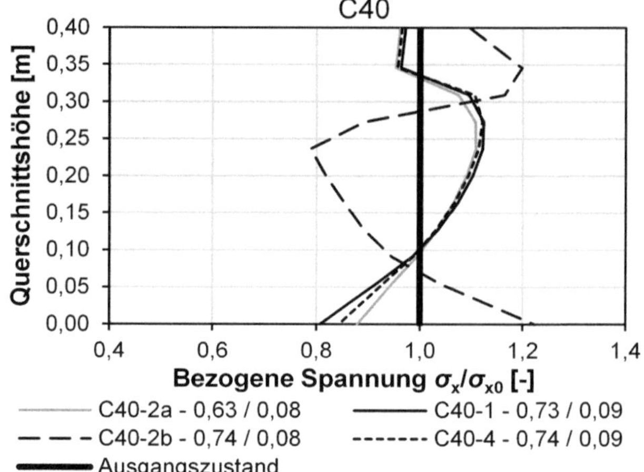

Bild 3-43: Verlauf der bezogenen Spannung über die Querschnittshöhe der Probekörper des C40-Betons (jeweils in Balkenmitte)

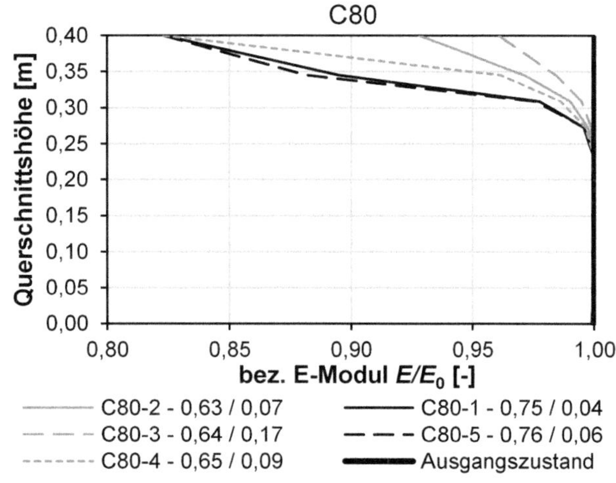

Bild 3-44: Verlauf des bezogenen Elastizitätsmoduls über die Querschnittshöhe der Probekörper des C80-Betons (jeweils in Balkenmitte)

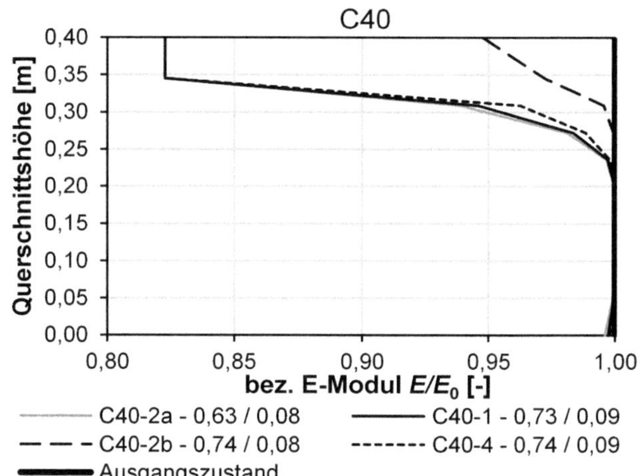

Bild 3-45: Verlauf des bezogenen Elastizitätsmoduls über die Querschnittshöhe der Probekörper des C40-Betons (jeweils in Balkenmitte)

3.2.2.6 Bewertung der Lebensdauer

Bei allen Probekörpern bis auf den Testbalken C80-3 wurde in den experimentellen Untersuchungen ein Schädigungsgrad erreicht, mit dem die Beanspruchung nicht fortgesetzt werden konnte. Bei einigen resultierte die Schädigung in einer vollständigen Zerstörung des Probekörpers, bei anderen waren lediglich deutliche Risse sichtbar. Jedoch konnte aufgrund der Zerstörung des Materialgefüges keine konstante Ermüdungsbeanspruchung mehr aufgebracht werden. Tabelle 3-10 stellt die ertragenen Lastwechselzahlen sowie die Art des Schädigungsbilds für die einzelnen Probekörper gegenüber.

Tabelle 3-10: Lastwechselzahlen der Probekörper bei Versuchsende

Balkenprobekörper	S_{max} / S_{min}		Lastwechselzahl *N*	*log N*	D^{PM} (Model Code 2010)	Schädigungsbild im Versuch
	Ziel	aufgebracht				
	[-]	[-]	[-]	[-]	[-]	
C80-1	0,75 / 0,05	0,746 / 0,043	97.325	4,99	10,77	Abplatzung Betondruckzone
C80-5		0,763 / 0,063	73.497	4,87	10,78	Vollständige Zerstörung
C80-2	0,65 / 0,05	0,633 / 0,072	1.551.912	6,19	1,42	Vollständige Zerstörung
C80-3		0,642 / 0,166	2.321.824	6,37	0,35	Vertikaler Trennriss
C80-4		0,654 / 0,091	2.918.037	6,47	3,92	Kleine Längsrisse
C40-1	0,75 / 0,05	0,730 / 0,093	3.664.615	6,56	94,39	Kleine Längsrisse, Abplatzung unter Lasteinleitung
C40-2b		0,745 / 0,085	53.951	4,73	2,80	Vollständige Zerstörung
C40-4		0,736 / 0,088	1.325.000	6,12	45,83	Kleine Längsrisse
C40-2a	0,65 / 0,05	0,629 / 0,081	63.883.813	7,81	43,42	-

Wie es zu erwarten war, weisen die Probekörper, die auf dem höheren Beanspruchungsniveau belastet wurden, geringere Bruchlastwechselzahlen auf. Insbesondere die Balken des C80-Betons versagten vergleichsweise früh. Ferner wurden diese Probekörper überwiegend stark beschädigt, sodass von einem spröderen Materialverhalten bei der höheren Betonfestigkeit ausgegangen werden kann. Zudem wird die Tendenz deutlich, dass, je größer die ertragene Lastwechselzahl der Balken ist, das Versagensbild umso weniger deutlich ausfällt. Daraus kann geschlossen werden, dass es unter der Ermüdungsbeanspruchung entweder zu einem schnellen spröden Versagen kommt oder, falls dies nicht eintritt, eine langsame, sukzessive Materialdegradation geschieht, die insgesamt jedoch deutlich duktiler ist.

In Tabelle 3-10 sind zudem für alle Balken und die zugehörigen bezogenen Spannungen die skalaren Schädigungsparameter nach Palmgren /121/ und Miner /122/ auf Grundlage der rechnerischen Bruchlastwechselzahlen nach *fib* Model Code 2010 /60/ ermittelt worden. Diese gelten zwar nur für die Spannungen an der Balkenoberseite, geben jedoch Aufschluss darüber, wie viel mehr Lastwechsel die Balken ertragen haben, als sie eigentlich rechnerisch ertragen hätten. So wird deutlich, dass der Testbalken C80-3 auch rechnerisch noch nicht versagt hat. Alle anderen Balken weisen Schädigungsparameter über 1,0 auf, was für ein Versagen steht. Auffällig ist zudem, dass die Probekörper, bei denen der Wert nur knapp über 1,0 liegt, eine vollständige Zerstörung aufwiesen, was die vorige Hypothese des schnellen spröden Versagens bestätigt.

In Bild 3-46 ist dies noch einmal grafisch aufbereitet, in dem die tatsächlichen Bruchlastwechselzahlen den Wöhlerlinien nach Model Code 1990 /57/ und *fib* Model Code 2010 /60/ gegenübergestellt wurden. Da die Wöhlerlinien unterspannungsniveauabhängig sind und jeder Versuch ein leicht unterschiedliches Unterspannungsniveau aufwies, wurden die Grenz-Wöhlerlinien für das kleinste und größte Unterspannungsniveau aller Versuche außer Balken C80-3 verwendet. Alle dargestellten Probekörper konnten deutlich mehr Lastwechsel ertragen, als die Wöhlerlinien es prognostizieren. An dieser Stelle sei jedoch darauf hingewiesen, dass die Wöhlerlinien anhand von einstufigen Ermüdungsversuchen an axial beanspruchten Betonzylindern ermittelt wurden, wodurch ein Vergleich mit den Balkenversuchen nur bedingt möglich ist. Wie in Kapitel 3.2.2.5 gezeigt wurde, kam es in diesen biegebeanspruchten Bauteilen zu einer Veränderung der tatsächlichen Spannung, wodurch kein Einstufenversuch mehr vorlag. Gleichzeitig erhöhte sich hierdurch die rechnerisch ertragbare Lastwechselzahl.

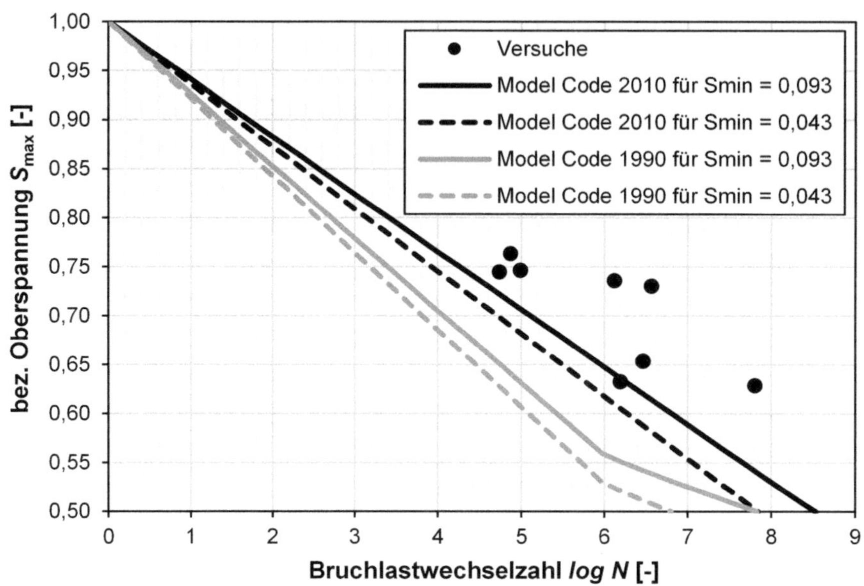

Bild 3-46: Bruchlastwechselzahlen der Probekörper im Vergleich zu den Wöhlerlinien

Um im numerischen Modell Aussagen zur Lebensdauer der Balken treffen zu können, wird der Schädigungsparameter D für das Element an der Balkenoberseite in Feldmitte betrachtet. Dessen Verlauf über die bezogene Lebensdauer ist in Bild 3-47 für alle Probekörper dargestellt. Analog zum Verlauf des bezogenen Elastizitätsmoduls wird deutlich, dass Balken C40-1 und C40-2a an dieser Stelle sehr schnell vollständig geschädigt wurden. Zwar verringerte sich der Elastizitätsmodul des Elements ab diesem Zeitpunkt nicht mehr, jedoch konnte der fiktive Schädigungsparameter auf Basis der vorliegenden Spannungen weiter akkumuliert werden und somit Einblicke in den Schädigungsfortschritt im Modell liefern. So wird deutlich, dass ab dem Zeitpunkt der vollständigen Schädigung des Elements der Schädigungsparameter nur noch langsamer anwuchs. Dies ist auf die Spannungsumlagerung infolge der Steifigkeitsdegradation zurückzuführen. Mit zunehmender Lastwechselzahl stieg die Schädigungsrate jedoch wieder an, bis sie ab einem gewissen Punkt nur noch linear zunahm. An diesem Punkt traten im Balkenquerschnitt keine weiteren Steifigkeits- und Spannungsveränderungen mehr auf. Bei Balken C40-1 war dies nach etwa 35 % und bei Balken C40-2a nach etwa 50 % der bezogenen Lebensdauer der Fall. Daraus kann geschlossen werden, dass diese beiden Balken im Versuch deutlich mehr Lastwechsel ertragen haben, als es vom numerischen Modell prognostiziert wird. Balken C40-4 war am oberen Rand nach etwa 10 % der Lebensdauer vollständig geschädigt. Anschließend kam es bis zum Ende der Berechnung zu Steifigkeits- und Spannungsumlagerungen im Querschnittsinneren. Diese drei Balken sind genau die, die beim Ende der Versuche die geringste sichtbare Schädigung aufwiesen. Zudem scheint der verwendete C40-Beton einen größeren Ermüdungswiderstand zu haben. Bei den Balken der höheren Festigkeitsklasse wurden C80-1 und C80-5 im numerischen Modell am oberen Querschnittsrand ebenfalls vor dem Berechnungsende vollständig geschädigt, jeweils nach etwa 20 % der Lebensdauer. Dies ist auf das höhere Oberspannungsniveau zurückzuführen, mit dem sie belastet wurden. Die drei weiteren Balken C80-2, C80-3 und C80-4 wurden mit dem geringeren Oberspannungsniveau belastet und erreichten an der Balkenoberseite in Feldmitte keine vollständige Schädigung. Lediglich bei Balken C80-4 war dies ganz zum Berechnungsende der Fall. Auch dieser wies im Vergleich der drei Balken untereinander die geringste sichtbare Schädigung im Versuch auf. Balken C80-2 hingegen wurde im Versuch vollständig zerstört, in dessen Modell gibt es in der numerischen Berechnung jedoch noch kein Element, das nach derselben Anzahl an Lastwechseln vollständig geschädigt ist.

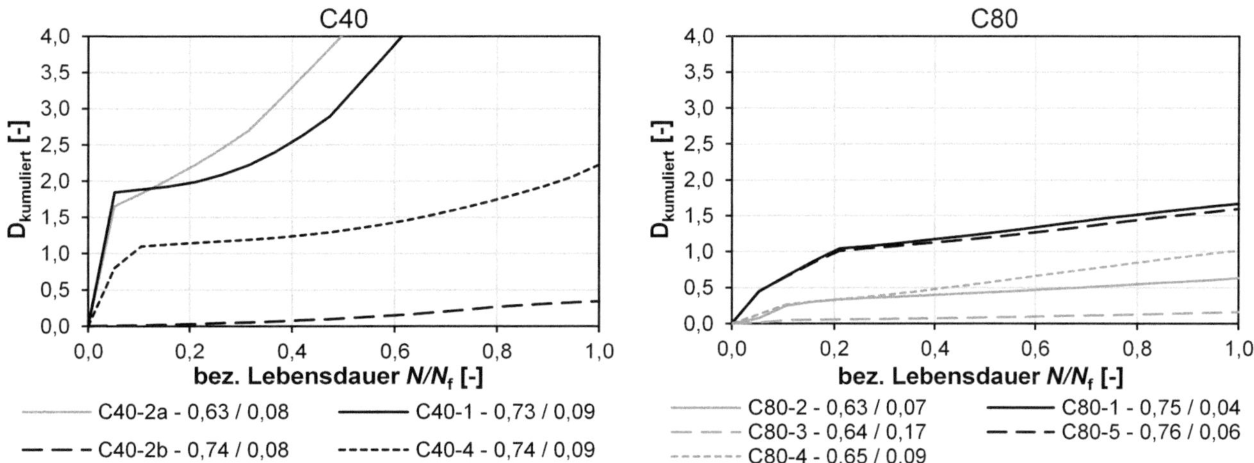

Bild 3-47: Verlauf des Schädigungsparameters *D* an der Balkenoberseite (Balkenmitte) über die bezogene Lebensdauer im numerischen Modell (links: Beton C40, rechts: Beton C80)

Der tatsächliche Schädigungsfortschritt pro Lastwechsel kann in Bild 3-48 abgelesen werden. Hier wird deutlich, wie dieser vor allem durch das Oberspannungsniveau beeinflusst wird. Alle Versuche auf dem hohen Oberspannungsniveau weisen einen deutlich steileren Schädigungsanstieg auf und erreichen sehr schnell einen Wert über 1,0. Dahingegen ist die Schädigungsrate der Versuche auf dem niedrigen Oberspannungsniveau kleiner. Es scheint, dass diese Versuche noch wesentlich mehr Lastwechsel benötigt hätten, um einen Schädigungswert $D > 1{,}0$ zu erreichen. Dies deutet darauf hin, dass in den Versuchen noch weitere Effekte einen Einfluss auf das Ermüdungsverhalten der Probekörper hatten und das numerische Modell in diesem Stand noch nicht in der Lage ist den genauen Versagenszeitpunkt zu ermitteln.

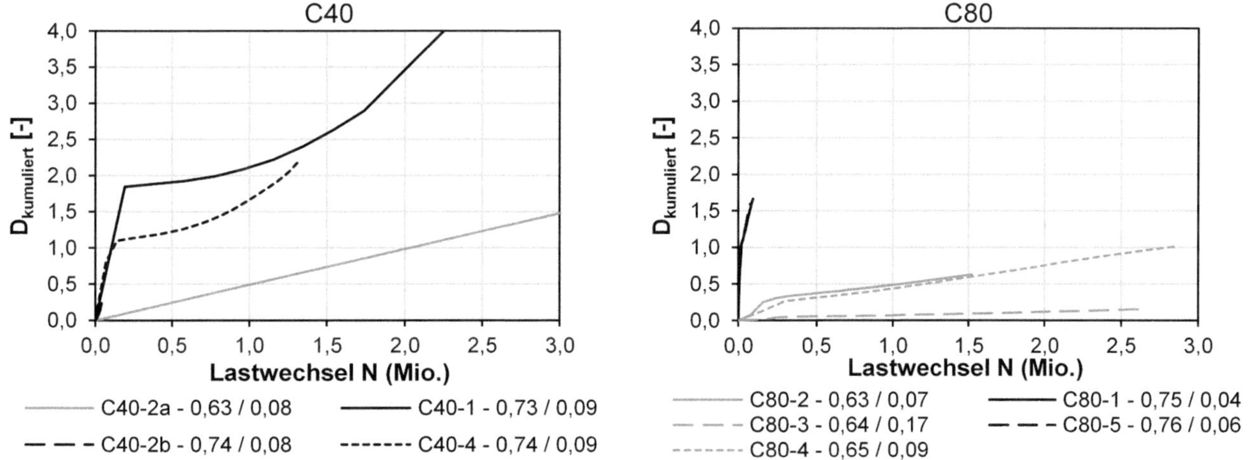

Bild 3-48: Verlauf des Schädigungsparameters *D* an der Balkenoberseite (Balkenmitte) über die Lastwechselzahl im numerischen Modell (links: Beton C40, rechts: Beton C80)

3.3 Zusammenfassung und Fazit

In diesem Arbeitspaket stand die Untersuchung der Einflüsse aus Spannungsumlagerungen im Fokus, wie sie bei Turmkonstruktionen von Windenergieanlagen infolge der zyklischen Biegebeanspruchung aus Wind- und Wellenbelastungen auftreten. Insbesondere der Bereich sehr hoher Lastwechselzahlen sollte untersucht werden, da gerade für den Very-high-Cycle-Fatigue-Bereich ($N > 2{\cdot}10^6$) bisher nur sehr wenige Ergebnisse vorliegen. Mit den Ergebnissen sollte eine bessere Übertragbarkeit der im Labor an kleinmaßstäblichen Proben gewonnenen Erkenntnisse auf reale Bauteile ermöglicht werden. Um dieses Ziel zu erreichen, wurden experimentelle Ermüdungsuntersuchungen an biegebeanspruchten Betonbalken mit zwei unterschiedlichen Betonfestigkeiten durchgeführt. In diesem Bericht steht die darauf basierende Entwicklung eines numerischen Materialmodells im Fokus, das in der Lage ist, die auftretenden Effekte zu simulieren und somit die Möglichkeit schafft, in Zukunft weitere Untersuchungen ohne aufwendige und kostenintensive experimentelle Versuche durchzuführen.

Das numerische Materialmodell wurde aufbauend auf dem additiven Dehnungsmodell nach /102/ entwickelt. Die Betondehnungen setzen sich hierbei aus vier Anteilen zusammen, einem elastischen, einem plastischen, einem viskosen und einem Temperaturdehnungsanteil. Die im Modell zugrundeliegenden Funktionen zur Berechnung der Materialparameter und Dehnungsgrößen wurden anhand von Ergebnissen von Versuchen an Betonzylindern aus WinConFat und vorherigen Vorhaben ermittelt. Das Materialmodell wurde im Finite-Elemente-Programm ANSYS Mechanical implementiert und funktioniert als iterativer Berechnungsablauf.

Die experimentellen Untersuchungen wurden im Resonanzprüfstand des Instituts für Massivbau der Leibniz Universität Hannover durchgeführt. Alle Balkenprobekörper konnten wesentlich mehr Lastwechsel ertragen, als es die Bruchlastwechselzahlen nach Model Code 1990 /57/ oder *fib* Model Code 2010 /60/ für das jeweilige Beanspruchungsniveau vorgaben. Dies lag vor allem daran, dass sich bereits sehr früh während der Versuche eine Schädigung des am stärksten beanspruchten Bereichs ergab, die zu einer nachfolgenden Verringerung der Spannungen dort führte. Der somit teilweise entlastete Bereich konnte anschließend noch viele weitere Lastwechsel ertragen und verlängerte die Lebensdauer des Probekörpers. Die ausführliche Auswertung der experimentellen Untersuchungen ist in /109/ dargestellt.

Im numerischen Modell konnte dieser Effekt bestätigt werden. Vor allem die Ermittlung der am stärksten geschädigten Bereiche konnte mit dem Modell sehr gut abgebildet werden. Es wurde zudem gezeigt, dass sich infolge der Entlastung der geschädigten Bereiche Spannungen in weniger stark beanspruchte Bereiche umlagerten. Die Abschätzung der Dehnungsentwicklung gelang mit dem numerischen Modell weitestgehend gut, es gab jedoch teilweise noch Abweichungen zu den in den Versuchen gemessenen Dehnungswerten und Reststeifigkeiten. Diese sind darauf zurückzuführen, dass die Evolutionsfunktionen der Materialparameter aus Versuchen an zylindrischen Betonprobekörpern abgeleitet wurden, die nur bedingt übertragbar auf die Balkenversuche sind. Dies wurde auch bei der Lebensdauerbewertung offensichtlich. Hier lagen noch größere Abweichungen zwischen experimentellen und numerischen Untersuchungen vor. Es wird jedoch vermutet, dass diese überwiegend aus der starken Streuung der Materialeigenschaften der Balkenprobekörper stammt. In kommenden Forschungsvorhaben sind weitere ähnliche Untersuchungen geplant, die sich auch dieser Frage widmen.

Optimierungspotential im numerischen Modell besteht vor allem bei der Berechnung der Temperaturen, die nicht so simuliert werden konnten, wie sie im Versuch aufgetreten sind. Daher wurde der Effekt der Betonerwärmung auf die Dehnungen im Rahmen der Auswertung vernachlässigt. Ferner zeigte sich, dass die Anzahl der Lastwechsel in einem Lastkollektiv gerade zu Beginn der Simulation einen Einfluss auf die Schädigungsentwicklung haben kann. Hier sind noch weitergehende Untersuchungen geplant. Ein weiterer Punkt, der bisher in allen Auswertungen nicht berücksichtigt wurde, ist die Wirkung der Rückstellkräfte der Federabspannung. Bisher wurde die wirkende Kraft als konstant angenommen. Tatsächlich änderte diese sich jedoch mit unterschiedlicher Auslenkung der Federn, die durch die Verformung des Systems zwangläufig auftrat.

Zusammenfassend kann gesagt werden, dass in diesem Arbeitspaket mit Hilfe von experimentellen und numerischen Untersuchungen das Auftreten von Spannungsumlagerungen in ermüdungsbeanspruchten Betonbauteilen bewiesen und die positive Wirkung auf die Lebensdauer der Bauteile bestätigt wurde. Für weiterführende Aussagen sind zusätzliche Versuche notwendig, um zum einen eine größere Datenbasis für zuverlässige Prognosen zur Bewertung der Lebensdauer zu schaffen und gleichzeitig mit diesen das numerische Modell weiter zu kalibrieren. Zur Übertragbarkeit der Ergebnisse auf reale Strukturen sind zudem die Untersuchungen an Stahlbetonkonstruktionen notwendig, da eine Bewehrung ebenfalls einen Effekt auf das Ermüdungsverhalten der Bauteile hat.

4 Literatur

/1/ Liu F, Zhou J. Fatigue Strain and Damage Analysis of Concrete in Reinforced Concrete Beams under Constant Amplitude Fatigue Loading. Shock and Vibration 2016: 1–7, 2016.

/2/ Le Huang, Ye H, Chu S, Xu L, Chi Y. Stochastic damage model for bond stress-slip relationship of reinforcing bar embedded in concrete. Engineering Structures 194: 11–25, 2019.

/3/ Pfanner D. Zur Degradation von Stahlbetonbauteilen unter Ermüdungsbeanspruchung (Dissertation): VDI Verlag GmbH, 2003.

/4/ Pfister T, Petryna Y, Stangenberg F. Damage modelling of reinforced concrete under multi-axial fatigue loading. In: Computational Modelling of Concrete Structures. Proceedings of the EURO-C 2006 Conference, edited by Meschke G, René de Borst, Herbert Mang, Nenad Bicanic: Balkema, 2006, p. 421–429.

/5/ Alliche A. Damage model for fatigue loading of concrete. International Journal of Fatigue 26: 915–921, 2004.

/6/ Desmorat R, Ragueneau F, Pham H. Continuum damage mechanics for hysteresis and fatigue of quasi-brittle materials and structures. Int. J. Numer. Anal. Meth. Geomech. 31: 307–329, 2007.

/7/ Kirane K, Bažant ZP. Microplane damage model for fatigue of quasibrittle materials: Sub-critical crack growth, lifetime and residual strength. International Journal of Fatigue 70: 93–105, 2015.

/8/ Ueda N. Quasi-Visco-Elasto-Plastic Constitutive Model of Concrete for Fatigue Simulation. In: Proceedings of the 10th International Conference on Fracture Mechanics of Concrete and Concrete Structures: IA-FraMCoS, 2019.

/9/ Isojeh B, El-Zeghayar M, Vecchio FJ. Simplified Constitutive Model for Fatigue Behavior of Concrete in Compression. J. Mater. Civ. Eng. 29, 2017; doi:10.1061/(ASCE)MT.1943-5533.0001863.

/10/ Grünberg J, Göhlmann J. Schädigungsberechnung an einem Spannbetonschaft für eine Windenergieanlage unter mehrstufiger Ermüdung. BUST 101: 557–570, 2006; doi:10.1002/best.200600492.

/11/ Oneschkow N. Fatigue behaviour of high-strength concrete with respect to strain and stiffness. International Journal of Fatigue 87: 38–49, 2016; doi:10.1016/j.ijfatigue.2016.01.008.

/12/ Marigo JJ. Modelling of brittle and fatigue damage for elastic material by growth of microvoids. Engineering Fracture Mechanics 21: 861–874, 1985.

/13/ Titscher T, Unger JF. Efficient higher-order cycle jump integration of a continuum fatigue damage model. International Journal of Fatigue 141, 2020; doi:10.1016/j.ijfatigue.2020.105863.

/14/ Kindrachuk VM, Thiele M, Unger JF. Constitutive modeling of creep-fatigue interaction for normal strength concrete under compression. International Journal of Fatigue 78: 81–94, 2015; doi:10.1016/j.ijfatigue.2015.03.026.

/15/ Wu JY, Li J, Faria R. An energy release rate-based plastic-damage model for concrete. International Journal of Solids and Structures 43: 583–612, 2006; doi:10.1016/j.ijsolstr.2005.05.038.

/16/ Xue X, Yang X. A damage model for concrete under cyclic actions. International Journal of Damage Mechanics 23: 155–177, 2014; doi:10.1177/1056789513487084.

/17/ Ragueneau F, Dominguez N, Ibrahimbegovic A. Thermodynamic-based interface model for cohesive brittle materials: Application to bond slip in RC structures. Computer Methods in Applied Mechanics and Engineering 195: 7249–7263, 2006; doi:10.1016/j.cma.2005.04.022.

/18/ Mazars, J. and Pijaudier-Cabot, G. Continuum Damage Theory—Application to Concrete. J. Eng. Mech. 115: 345–365, 1989.

/19/ Mai SH, Le-Corre F, Foret G, Nedjar B. A continuum damage modeling of quasi-static fatigue strength of plain concrete. International Journal of Fatigue 37: 79–85, 2012; doi:10.1016/j.ijfatigue.2011.10.006.

/20/ Grünberg J, Göhlmann J, Marx S. Mechanische Modelle für mehraxiales Festigkeits- und Ermüdungsversagen von Stahlbeton. Beton- und Stahlbetonbau 109: 403–416, 2014; doi:10.1002/best.201400022.

/21/ Liang J, Ren X, Li J. A competitive mechanism driven damage-plasticity model for fatigue behavior of concrete. International Journal of Damage Mechanics 25: 377–399, 2016; doi:10.1177/1056789515586839.

/22/ Grassl P, Jirásek M. Damage-plastic model for concrete failure. International Journal of Solids and Structures 43: 7166–7196, 2006; doi:10.1016/j.ijsolstr.2006.06.032.

/23/ Dominguez N, Brancherie D, Davenne L, Ibrahimbegović A. Prediction of crack pattern distribution in reinforced concrete by coupling a strong discontinuity model of concrete cracking and a bond-slip of reinforcement model. Engineering Computations 22: 558–582, 2005; doi:10.1108/02644400510603014.

/24/ Kawai T. New discrete models and their application to seismic response analysis of structures. Nuclear Engineering and Design 48: 207–229, 1978.

/25/ Cusatis G, Mencarelli A, Pelessone D, Baylot J. Lattice Discrete Particle Model (LDPM) for failure behavior of concrete. II: Calibration and validation. Cement and Concrete Composites 33: 891–905, 2011; doi:10.1016/j.cemconcomp.2011.02.010.

/26/ Bolander Jr. JE, Saito S. Fracture analyses using spring networks with random geometry. Engineering Fracture Mechanics: 569–591, 1998; doi:10.1016/S0013-7944(98)00069-1.

/27/ Yamamoto Y, Nakamura H, Kuroda I, Furuya N. Crack propagation analysis of reinforced concrete wall under cyclic loading using RBSM. European Journal of Environmental and Civil Engineering 18: 780–792, 2014; doi:10.1080/19648189.2014.881755.

/28/ Song Z, Frühwirt T, Konietzky H. Characteristics of dissipated energy of concrete subjected to cyclic loading. Construction and Building Materials 168: 47–60, 2018; doi:10.1016/j.conbuildmat.2018.02.076.

/29/ Do, M, Chaallal, O, Aïtcin a, P. Fatigue Behavior of High-Performance Concrete. J. Mater. Civ. Eng. 5: 96–111, 1993.

/30/ Breitenbücher R, Ibuk H. Experimentally Based Investigations on the Degradation-Process of Concrete Under Cyclic Load. Mater Struct 39: 717–724, 2007; doi:10.1617/s11527-006-9097-9.

/31/ Lemaitre J, Desmorat R. Engineering damage mechanics. Ductile, creep, fatigue and brittle failures. Berlin, New York: Springer, 2005.

/32/ Myrtja E, Soudier J, Prat E, Chaouche M. Fatigue deterioration mechanisms of high-strength grout in compression. Construction and Building Materials 270, 2020; doi:10.1016/j.conbuildmat.2020.121387.

/33/ Morris KA. What is Hysteresis? Applied Mechanics Reviews 64, 2011; doi:10.1115/1.4007112.

/34/ Mayergoyz ID. Mathematical models of hysteresis. IEEE Transactions on Magnetics 22: 603–608, 1986.

/35/ Thiele M, Petryna Y, Rogge A. Experimental investigation of damage evolution in concrete under high-cycle fatigue. In: Proceedings of the 9th International Conference on Fracture Mechanics of Concrete and Concrete Structures: IA-FraMCoS, 2016.

/36/ Seweryn A, Buczynski A, Szusta J. Damage accumulation model for low cycle fatigue. International Journal of Fatigue 30: 756–765, 2008.

/37/ Bode M, Marx S. Energetic damage analysis regarding the fatigue of concrete. Structural Concrete 22: E851– E859, 2021; doi:10.1002/suco.202000416.

/38/ Kim J-K, Kim Y-Y. Experimental study of the fatigue behavior of high strength concrete. Cement and Concrete Research 26: 1513–1523, 1996.

/39/ Rossi P, Parant E. Damage mechanisms analysis of a multi-scale fibre reinforced cement-based composite subjected to impact and fatigue loading conditions. Cement and Concrete Research 38: 413–421, 2008; doi:10.1016/j.cemconres.2007.09.002.

/40/ Christou G, Hegger J, Classen M. Fatigue of clothoid shaped rib shear connectors. Journal of Constructional Steel Research 171, 2020; doi:10.1016/j.jcsr.2020.106133.

/41/ Wang HL, Song YP. Fatigue capacity of plain concrete under fatigue loading with constant confined stress. Mater Struct 44: 253–262, 2011; doi:10.1617/s11527-010-9624-6.

/42/ Hsu TTC. Fatigue of Plain Concrete. ACI Journal Proceedings 78: 292–305, 1981; doi:10.14359/6927.

/43/ Lohaus L, Oneschkow N, Wefer M. Design model for the fatigue behaviour of normal-strength, high-strength and ultra-high-strength concrete. Structural Concrete 13: 182–192, 2012; doi:10.1002/suco.201100054.

/44/ Holmen JO. Fatigue of concrete by constant and variable amplitude loading. ACI Symposium Publication 75: 71–110, 1982.

/45/ Petkovic G. , Lenschow R. , Stemland H. , and Rosseland S. Fatigue of High-Strength Concrete. ACI Symposium Publication 121: 505–526, 1990; doi:10.14359/3740.

/46/ Hilsdorf HK, Kesler CE. Fatigue Strength of Concrete Under Varying Flexural Stresses. ACI Journal Proceedings 63: 1059–1076, 1966; doi:10.14359/7662.

/47/ Ralejs Tepfers, Claes Fridén, and Leif Georgsson. A study of the applicability to the fatigue of concrete of the Palmgren-Miner partial damage hypothesis. Magazine of Concrete Research 29: 123–130, 1977.

/48/ Bennett EW. Fatigue of plain concrete in compression under varying sequences of two-level programme loading. International Journal of Fatigue: 171–175, 1980; doi:10.1016/0142-1123(80)90045-6.

/49/ Oh BH. Cumulative damage theory of concrete under variable-amplitude fatigue loadings. Materials Journal 88: 41–48, 1991.

/50/ Dragon A, Halm D, Desoyer T. Anisotropic damage in quasi-brittle solids: modelling, computational issues and applications. Computer Methods in Applied Mechanics and Engineering 183: 331–352, 2000.

/51/ Halm D, Dragon A. An anisotropic model of damage and frictional sliding for brittle materials. European Journal of Mechanics - A/Solids 17: 439–460, 1998.

/52/ Mazars J, Berthaud Y, Ramtani S. The unilateral behaviour of damaged concrete. Engineering Fracture Mechanics 35: 607, 1990; doi:10.1016/0013-7944(90)90236-A.

/53/ Schneider S, Hümme J, Marx S, Lohaus L. Untersuchungen zum Einfluss der Probekörpergröße auf den Ermüdungswiderstand von hochfestem Beton. Beton- und Stahlbetonbau 113: 58–67, 2018; doi:10.1002/best.201700051.

/54/ Baktheer A, Chudoba R. Classification and evaluation of phenomenological numerical models for concrete fatigue behavior under compression. Construction and Building Materials 221: 661–677, 2019; doi:10.1016/j.conbuildmat.2019.06.022.

/55/ Paskova, T. , Meyer, C. Low-Cycle Fatigue of Plain and Fiber-Reinforced Concrete. ACI Materials Journal 94: 273–286, 1997; doi:10.14359/309.

/56/ Miroslaw Grzybowski and Christian Meyer. Damage accumulation in concrete with and without fiber reinforcement. ACI Materials Journal 90: 594–604, 1993; doi:10.14359/4438.

/57/ CEB-FIP Model Code 1990: Thomas Telford Publishing, 1990.

/58/ Bazant ZP, Oh BH, eds. Microplane model for fracture analysis of concrete structures, in: Proceedings of the Symposium on the Interaction of Non-Nuclear Munitions with Structures: Northwestern Univ Evanston Il Technological Inst, 1983.

/59/ Baktheer A, Chudoba R. Experimental and theoretical evidence for the load sequence effect in the compressive fatigue behavior of concrete. Mater Struct 54, 2021; doi:10.1617/s11527-021-01667-0.

/60/ fib Model Code 2010, International Federation for Structural Concrete. fib Model Code for Concrete Structures. Berlin: Ernst & Sohn, 2010.

/61/ Spartali H, Chudoba R. high-cycle-fatigue-tool: Zenodo, 2020.

/62/ Raue E, Tartsch E. Experimental results of fatigue and sustained load tests on autoclaved aerated concrete. Journal of Civil Engineering and Management 11: 121–127, 2005.

/63/ Fan Z, Sun Y. A Study on Fatigue Behaviors of Concrete under Uniaxial Compression: Testing, Analysis, and Simulation. J. Test. Eval. 49: 160–175, 2021; doi:10.1520/JTE20190900.

/64/ Zanuy C, Albajar L, La Fuente P de. El proceso de fatiga del hormigón y su influencia estructural. Mater. construcc. 61: 385–399, 2011; doi:10.3989/mc.2010.54609.

/65/ Mu B, Shah SP. Fatigue behavior of concrete subjected to biaxial loading in the compression region. Mater Struct 38: 289–298, 2005; doi:10.1007/BF02479293.

/66/ Lemaitre J. A Course on Damage Mechanics. Berlin, Heidelberg: Springer Berlin Heidelberg, 1996.

/67/ Osorio E, Bairán JM, Marí AR. Lateral behavior of concrete under uniaxial compressive cyclic loading. Mater Struct 46: 709–724, 2013; doi:10.1617/s11527-012-9928-9.

/68/ David Z. Yankelevsky1 and Hans W. Reinhardt2 1Sr. Lect., Faculty of Civ. Engrg., Technion-Israel Inst. of Tech., Haifa, Israel 320002Prof. of Structural Engrg., Dept. of Civ. Engrg., Delft Univ. of Tech., Delft, The Netherlands. Model for Cyclic Compressive Behavior of Concrete, 1987.

/69/ Bode M, Marx S, Vogel A, Völker C. Dissipationsenergie bei Ermüdungsversuchen an Betonprobekörpern. Beton- und Stahlbetonbau 114: 548–556, 2019; doi:10.1002/best.201900004.

/70/ Li J, Gao X, Zhang P. Experimental investigation on the bond of reinforcing bars in high performance concrete under cyclic loading. Mater Struct 40: 1027–1044, 2007; doi:10.1617/s11527-006-9201-1.

/71/ Baktheer A, Camps B, Hegger J, Chudoba R. Numerical and experimental investigations of concrete fatigue behaviour exposed to varying loading ranges. In: fib congress 2018, p. 1110–1123.

/72/ Shah SP. Predictions of comulative damage for concrete and reinforced concrete. Mater. Struct. 17: 65–68, 1984.

/73/ Grzybowski M, Meyer C. Damage accumulation in concrete with and without fiber reinforcement. ACI Materials Journal 90: 594–604, 1993.

/74/ Skarżyński Ł, Marzec I, Tejchman J. Fracture evolution in concrete compressive fatigue experiments based on X-ray micro-CT images. International Journal of Fatigue 122: 256–272, 2019; doi:10.1016/j.ijfatigue.2019.02.002.

/75/ Vicente MA, Ruiz G, González DC, Mínguez J, Tarifa M, Zhang X. CT-Scan study of crack patterns of fiber-reinforced concrete loaded monotonically and under low-cycle fatigue. International Journal of Fatigue 114: 138–147, 2018; doi:10.1016/j.ijfatigue.2018.05.011.

/76/ Ghosh S, Anahid M. Homogenized constitutive and fatigue nucleation models from crystal plasticity FE simulations of Ti alloys, Part 1: Macroscopic anisotropic yield function. International Journal of Plasticity 47: 182–201, 2013; doi:10.1016/j.ijplas.2012.12.008.

/77/ Naderi M, Khonsari MM. On the role of damage energy in the fatigue degradation characterization of a composite laminate. Composites Part B: Engineering 45: 528–537, 2013; doi:10.1016/j.compositesb.2012.07.028.

/78/ Holopainen S, Barriere T, Cheng G, Kouhia R. Continuum approach for modeling fatigue in amorphous glassy polymers. Applications to the investigation of damage-ratcheting interaction in polycarbonate. International Journal of Plasticity 91: 109–133, 2017; doi:10.1016/j.ijplas.2016.12.001.

/79/ Baktheer A, Chudoba R. Pressure-sensitive bond fatigue model with damage evolution driven by cumulative slip: Thermodynamic formulation and applications to steel- and FRP-concrete bond. International Journal of Fatigue 113: 277–289, 2018; doi:10.1016/j.ijfatigue.2018.04.020.

/80/ Baktheer A, Chudoba R. Modeling of bond fatigue in reinforced concrete based on cumulative measure of slip. In: Computational Modelling of Concrete Structures, edited by Meschke G, Pichler B, Rots JG: CRC Press, 2018, p. 767–776.

/81/ Baktheer A, Aguilar M, Chudoba R. Microplane fatigue model MS1 for plain concrete under compression with damage evolution driven by cumulative inelastic shear strain. International Journal of Plasticity 143: 102950, 2021; doi:10.1016/j.ijplas.2021.102950.

/82/ Jirasek M. Comments on microplane theory. Mechanics of quasi-brittle materials and structures: 55–77, 1999.

/83/ Carol I, Bazant ZP. Damage and plasticity in microplane theory. International Journal of Solids and Structures 34: 3807–3835, 1997; doi:10.1016/S0020-7683(96)00238-7.

/84/ Chudoba R, Sharei E, Scholzen A. A strain-hardening microplane damage model for thin-walled textile-reinforced concrete shells, calibration procedure, and experimental validation. Composite Structures 152: 913–928, 2016; doi:10.1016/j.compstruct.2016.06.030.

/85/ Sharei E, Scholzen A, Hegger J, Chudoba R. Structural behavior of a lightweight, textile-reinforced concrete barrel vault shell. Composite Structures 171: 505–514, 2017; doi:10.1016/j.compstruct.2017.03.069.

/86/ Chudoba R, Scholzen A, Rypl R, Hegger J. Modeling of reinforced cementitious composites using the microplane damage model in combination with the stochastic cracking theory. Computational Modelling of Concrete Structures: 101, 2010.

/87/ Caner FC, Bažant ZP. Microplane Model M7 for Plain Concrete. I: Formulation. J. Eng. Mech. 139: 1714–1723, 2013; doi:10.1061/(ASCE)EM.1943-7889.0000570.

/88/ van Mier JGM. Multiaxial strain-softening of concrete. Mater. Struct. 19: 190–200, 1986.

/89/ Petersson P-E. Crack growth and development of fracture zones in plain concrete and similar materials (PhD-Thesis). Lund University, 1981.

/90/ van Mier JJ. Strain-softening of concrete under multiaxial loading conditions (Dissertation). Eindhoven, Netherlands, 1984.

/91/ Kupfer, H., Hilsdorf, H.K., Rusch, H. Behavior of Concrete Under Biaxial Stresses. ACI Journal Proceedings 66: 656–666, 1969; doi:10.14359/7388.

/92/ Bažant ZP, Xiang Y, Prat PC. Microplane Model for Concrete. I: Stress-Strain Boundaries and Finite Strain. J. Eng. Mech. 122: 245–254, 1996; doi:10.1061/(ASCE)0733-9399(1996)122:3(245).

/93/ Bažant ZP, Xiang Y, Adley MD, Prat PC, Akers SA. Microplane Model for Concrete: II: Data Delocalization and Verification. J. Eng. Mech. 122: 255–262, 1996; doi:10.1061/(ASCE)0733-9399(1996)122:3(255).

/94/ Cicekli U, Voyiadjis GZ, Abu Al-Rub RK. A plasticity and anisotropic damage model for plain concrete. International Journal of Plasticity 23: 1874–1900, 2007; doi:10.1016/j.ijplas.2007.03.006.

/95/ Voyiadjis GZ, Taqieddin ZN, Kattan PI. Anisotropic damage–plasticity model for concrete. International Journal of Plasticity 24: 1946–1965, 2008; doi:10.1016/j.ijplas.2008.04.002.

/96/ Caner FC, Bažant ZP. Microplane Model M7 for Plain Concrete. II: Calibration and Verification. J. Eng. Mech. 139: 1724–1735, 2013; doi:10.1061/(ASCE)EM.1943-7889.0000571.

/97/ Lee J, Fenves GL. Plastic-Damage Model for Cyclic Loading of Concrete Structures. J. Eng. Mech. 124: 892–900, 1998; doi:10.1061/(ASCE)0733-9399(1998)124:8(892).

/98/ Baktheer A, Aguilar M, Hegger J, Chudoba R. Microplane damage plastic model for plain concrete subjected to compressive fatigue loading, 2019.

/99/ Chudoba R, Sadílek V, Rypl R, Vořechovský M. Using Python for scientific computing: Efficient and flexible evaluation of the statistical characteristics of functions with multivariate random inputs. Computer Physics Communications 184: 414–427, 2013; doi:10.1016/j.cpc.2012.08.021.

/100/ Chudoba R, Li Y, Rypl R, Spartali H, Vořechovský M. Probabilistic multiple cracking model of brittle-matrix composite based on a one-by-one crack tracing algorithm. Applied Mathematical Modelling 92: 315–332, 2021; doi:10.1016/j.apm.2020.10.041.

/101/ Li Y, Bielak J, Hegger J, Chudoba R. An incremental inverse analysis procedure for identification of bond-slip laws in composites applied to textile reinforced concrete. Composites Part B: Engineering 137: 111–122, 2018; doi:10.1016/j.compositesb.2017.11.014

/102/ von der Haar C, Marx S. Ein additives Dehnungsmodell für ermüdungsbeanspruchten Beton. Beton- und Stahlbetonbau 112, Heft 1, S. 31–40, 2017.

/103/ von der Haar C. Ein mechanisch basiertes Dehnungsmodell für ermüdungsbeanspruchten Beton. Dissertation, Leibniz Universität Hannover, 2016.

/104/ Deutscher M, Tran N L, Scheerer S. Experimental investigations on temperature generation and release of ultra-high performance concrete during fatigue tests. Applied Sciences 10(17): 5845, 2020.

/105/ Deutscher M. Consideration of the Heating of High-Performance Concretes during Cyclic Tests in the Evaluation of Results. Applied Mechanics 2(4), S. 766–780, 2021.https://doi.org/10.3390/applmech2040044

/106/ Bode M, Marx S. Heat Generation during Fatigue Tests on Concrete Specimens. fib Symposium 2019, Kraków, Poland. 2019

/107/ Schneider S, Marx, S. Investigation of the influence of loading frequency on the fatigue resistance of high strength concrete, Paper 76, Proceedings of the 5th International fib Congress, 07.-11.10.2018, Melbourne, Australia, 2018.

/108/ Schneider S, Schmidt B, Marx S, Basaldella M, Kern B., Oneschkow N., Lohaus L. Zum festigkeitsabhängigen Ermüdungswiderstand von Beton. Deutscher Ausschuss für Stahlbeton; Heft Nr. 648. Berlin: Beuth, 2023.

/109/ Birkner D, Marx S, Ov D, Breitenbücher R. Ermüdung von biegebeanspruchten Betonbauteilen aus normal- und hochfesten Betonen. Deutscher Ausschuss für Stahlbeton; Heft Nr. 650. Berlin: Beuth, 2023.

/110/ Oneschkow N. Analyse des Ermüdungsverhaltens von Beton anhand der Dehnungsentwicklung. Dissertation, Berichte aus dem Institut für Baustoffe, Heft 13, Hannover 2014.

/111/ von der Haar C, Marx S. Untersuchungen zur Steifigkeit und Ultraschallgeschwindigkeit dynamisch beanspruchter Betonproben. Beton- und Stahlbetonbau 111, Heft 3, S. 141–148, 2016.

/112/ Otto C, Elsmeier K, Lohaus L. Temperature Effect on the Fatigue Resistance of High-Strength-Concrete and High-Strength-Grout. In: Hordijk D, Luković M (Hrsg.) High Tech Concrete: Where Technology and Engineering Meet. Springer, Cham, S. 1401-1409, 2017.

/113/ Elsmeier K, Lohaus L. Temperature development of concrete due to fatigue loading. In: Proc. of the 10th fib International PhD Symposium in Civil Engineering. Québec, Canada: July 21 to 23, 2014, Université Laval, pp. 137-142, 2014.

/114/ Elsmeier K. Influence of Temperature on the Fatigue Behaviour of Concrete. Copenhagen, Concrete - Innovation and Design, fib Symposium, May 18-20, 2015.

/115/ Elsmeier K, Hümme J, Oneschkow N, Lohaus L. Prüftechnische Einflüsse auf das Ermüdungsverhalten hochfester feinkörniger Vergussbetone. Beton- und Stahlbetonbau 111, Heft 4, S. 233-240, 2016.

/116/ Birkner D, Marx S. Spannungsumlagerungen bei ermüdungsbeanspruchten Spannbetonbalken im numerischen Modell und Versuch. Beton- und Stahlbetonbau 114, Heft 8, S. 575-583, 2019.

/117/ DIN EN 12390-13:2021-09: Prüfung von Festbeton - Teil 13: Bestimmung des Elastizitätsmoduls unter Druckbelastung (Sekantenmodul); Deutsche Fassung EN 12390-13:2021.

/118/ Birkner D, Marx S. Ermüdungsversuche an großformatigen vorgespannten Betonbalken. In: Lohaus L, Haist M, Marx S (Hrsg.): Beiträge zur 7. DAfStb-Jahrestagung mit 60. Forschungskolloquium. Hannover: Institutionelles Repositorium der Leibniz Universität Hannover, S. 146-158, 2019.

/119/ Schneider S. Frequenzabhängigkeit des Ermüdungswiderstandes von hochfestem Beton. Dissertation, Leibniz Universität Hannover, 2021.

/120/ Beltrán R, Marx S., Frei V. Ultraschallprüfungen zur Erfassung der Schädigungsentwicklung unter verschiedenen Umweltbedingungen und unter zyklischer Druckschwellbelastung. Deutscher Ausschuss für Stahlbeton; Heft Nr. 651. Berlin: Beuth, 2023.

/121/ Palmgren A. Die Lebensdauer von Kugellagern. Zeitschrift des Vereins Deutscher Ingenieure 68, S. 339–341, 1924.

/122/ Miner M A. Cumulative Damage in Fatigue. Journal of Applied Mechanics, S. A159–A164, 1945.

Anhang

Steifigkeitsverläufe der einzelnen Probekörper für die Auswertung in Kapitel 3.1.2.

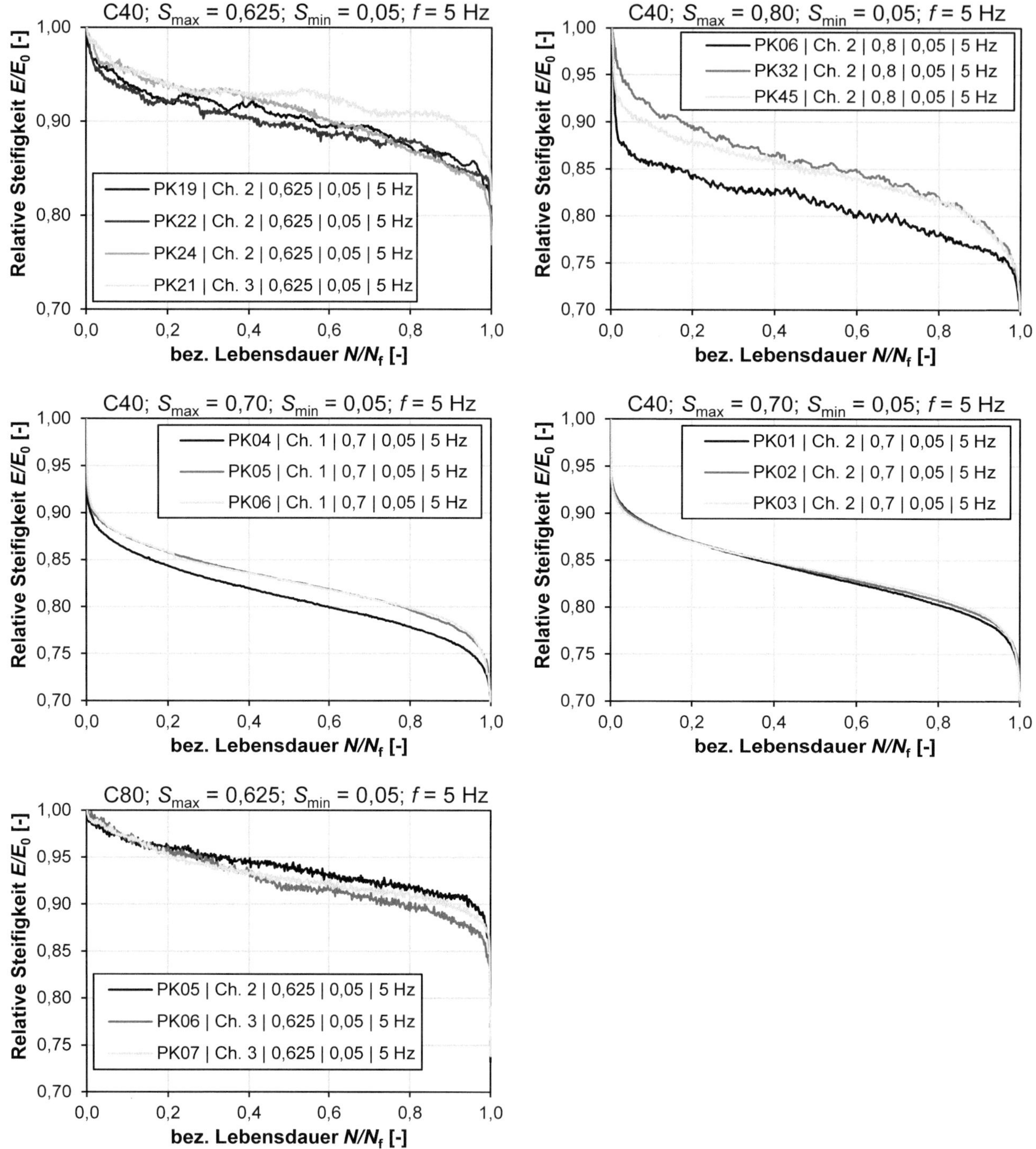

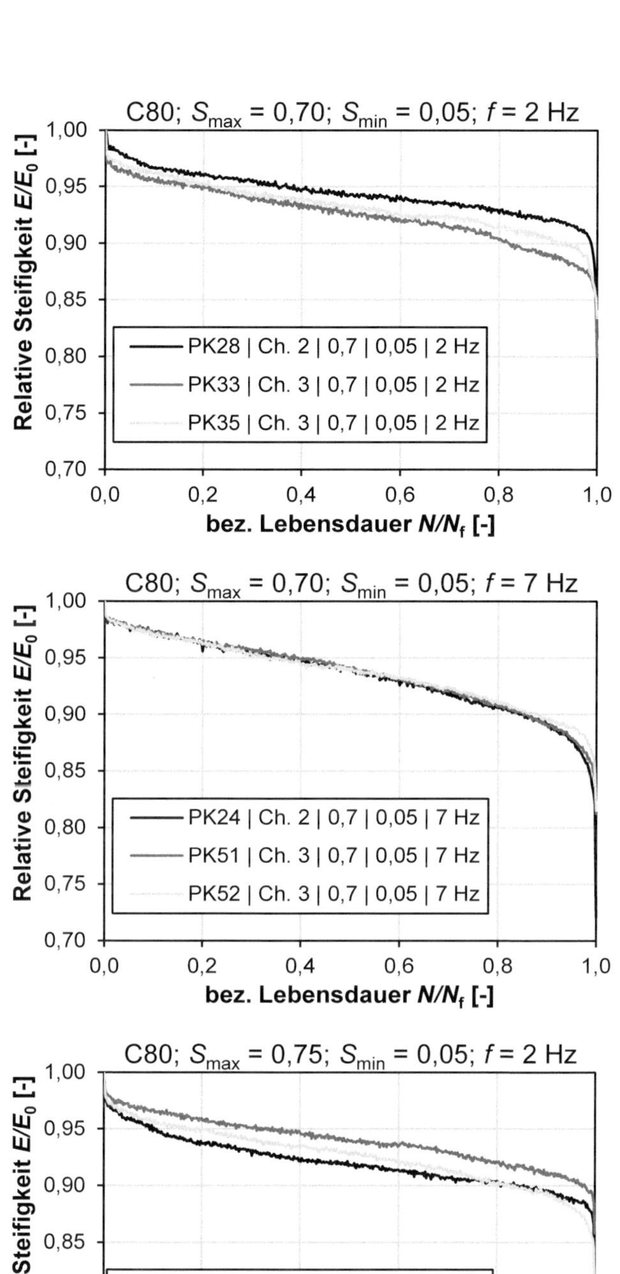
C80; S_{max} = 0,70; S_{min} = 0,05; f = 2 Hz
Relative Steifigkeit E/E_0 [-]
1,00
0,95
0,90
0,85
0,80
0,75
0,70
0,0
0,2
0,4
0,6
0,8
1,0
bez. Lebensdauer N/N_f [-]
PK28 | Ch. 2 | 0,7 | 0,05 | 2 Hz
PK33 | Ch. 3 | 0,7 | 0,05 | 2 Hz
PK35 | Ch. 3 | 0,7 | 0,05 | 2 Hz
C80; S_{max} = 0,70; S_{min} = 0,05; f = 7 Hz
Relative Steifigkeit E/E_0 [-]
bez. Lebensdauer N/N_f [-]
PK24 | Ch. 2 | 0,7 | 0,05 | 7 Hz
PK51 | Ch. 3 | 0,7 | 0,05 | 7 Hz
PK52 | Ch. 3 | 0,7 | 0,05 | 7 Hz

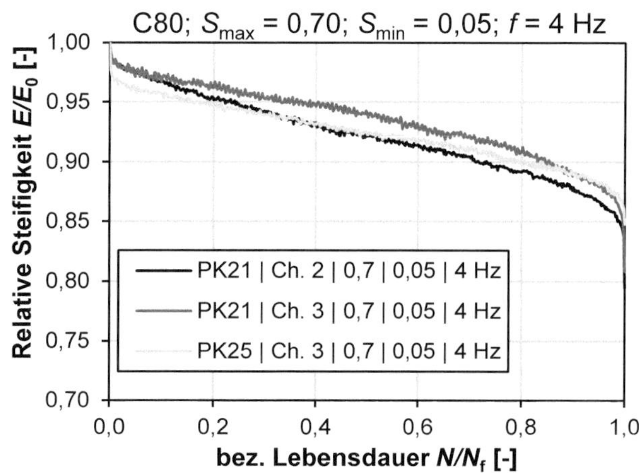
C80; S_{max} = 0,70; S_{min} = 0,05; f = 4 Hz
Relative Steifigkeit E/E_0 [-]
1,00
0,95
0,90
0,85
0,80
0,75
0,70
0,0
0,2
0,4
0,6
0,8
1,0
bez. Lebensdauer N/N_f [-]
PK21 | Ch. 2 | 0,7 | 0,05 | 4 Hz
PK21 | Ch. 3 | 0,7 | 0,05 | 4 Hz
PK25 | Ch. 3 | 0,7 | 0,05 | 4 Hz

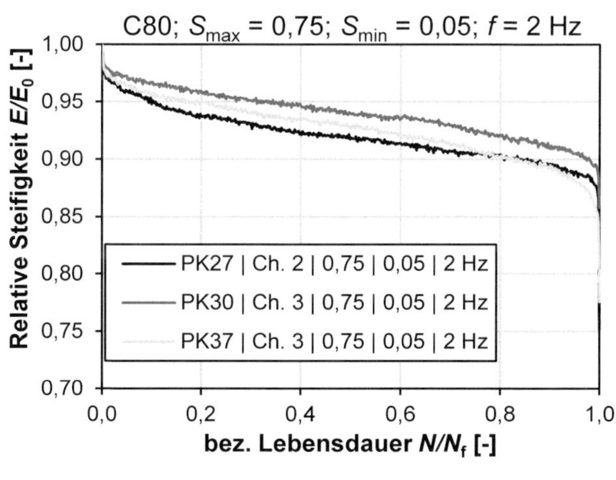
C80; S_{max} = 0,75; S_{min} = 0,05; f = 2 Hz
Relative Steifigkeit E/E_0 [-]
1,00
0,95
0,90
0,85
0,80
0,75
0,70
0,0
0,2
0,4
0,6
0,8
1,0
bez. Lebensdauer N/N_f [-]
PK27 | Ch. 2 | 0,75 | 0,05 | 2 Hz
PK30 | Ch. 3 | 0,75 | 0,05 | 2 Hz
PK37 | Ch. 3 | 0,75 | 0,05 | 2 Hz

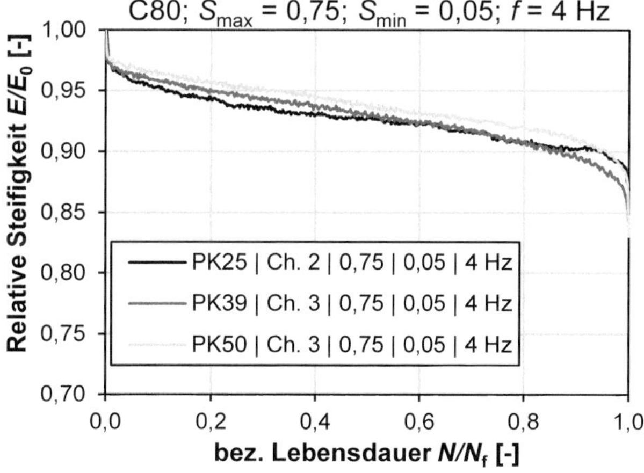
C80; S_{max} = 0,75; S_{min} = 0,05; f = 4 Hz
Relative Steifigkeit E/E_0 [-]
1,00
0,95
0,90
0,85
0,80
0,75
0,70
0,0
0,2
0,4
0,6
0,8
1,0
bez. Lebensdauer N/N_f [-]
PK25 | Ch. 2 | 0,75 | 0,05 | 4 Hz
PK39 | Ch. 3 | 0,75 | 0,05 | 4 Hz
PK50 | Ch. 3 | 0,75 | 0,05 | 4 Hz

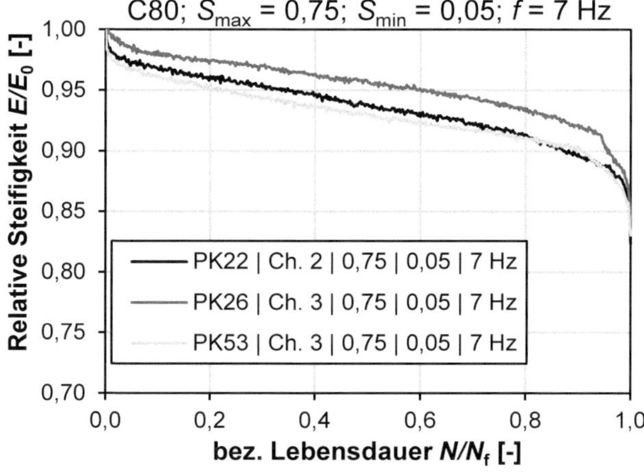
C80; S_{max} = 0,75; S_{min} = 0,05; f = 7 Hz
Relative Steifigkeit E/E_0 [-]
1,00
0,95
0,90
0,85
0,80
0,75
0,70
0,0
0,2
0,4
0,6
0,8
1,0
bez. Lebensdauer N/N_f [-]
PK22 | Ch. 2 | 0,75 | 0,05 | 7 Hz
PK26 | Ch. 3 | 0,75 | 0,05 | 7 Hz
PK53 | Ch. 3 | 0,75 | 0,05 | 7 Hz

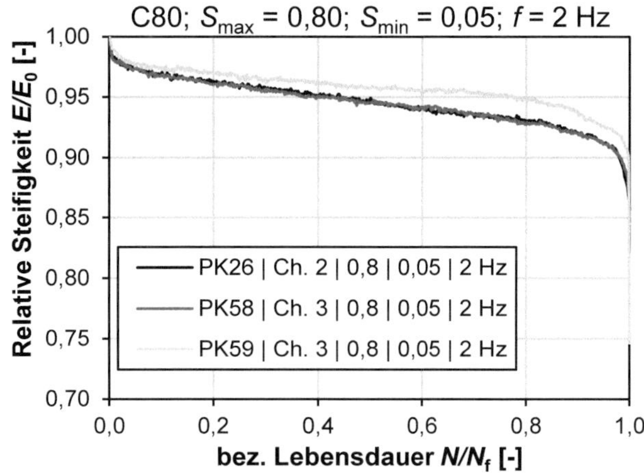

C80; S_{max} = 0,80; S_{min} = 0,05; f = 2 Hz
Relative Steifigkeit E/E_0 [-]
1,00
0,95
0,90
0,85
0,80
0,75
0,70
PK26 | Ch. 2 | 0,8 | 0,05 | 2 Hz
PK58 | Ch. 3 | 0,8 | 0,05 | 2 Hz
PK59 | Ch. 3 | 0,8 | 0,05 | 2 Hz
0,0
0,2
0,4
0,6
0,8
1,0
bez. Lebensdauer N/N_f [-]

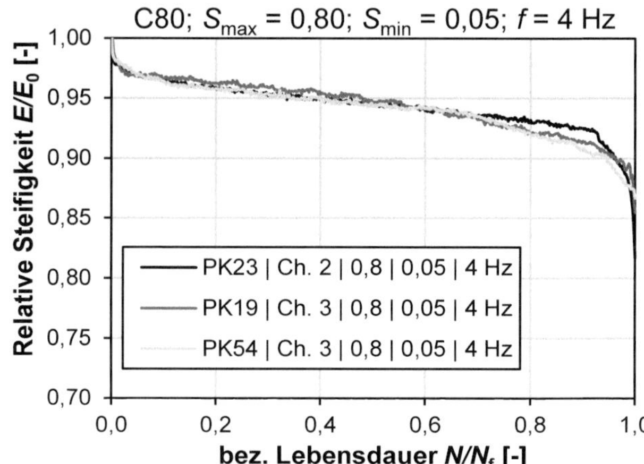

C80; S_{max} = 0,80; S_{min} = 0,05; f = 4 Hz
Relative Steifigkeit E/E_0 [-]
1,00
0,95
0,90
0,85
0,80
0,75
0,70
PK23 | Ch. 2 | 0,8 | 0,05 | 4 Hz
PK19 | Ch. 3 | 0,8 | 0,05 | 4 Hz
PK54 | Ch. 3 | 0,8 | 0,05 | 4 Hz
0,0
0,2
0,4
0,6
0,8
1,0
bez. Lebensdauer N/N_f [-]

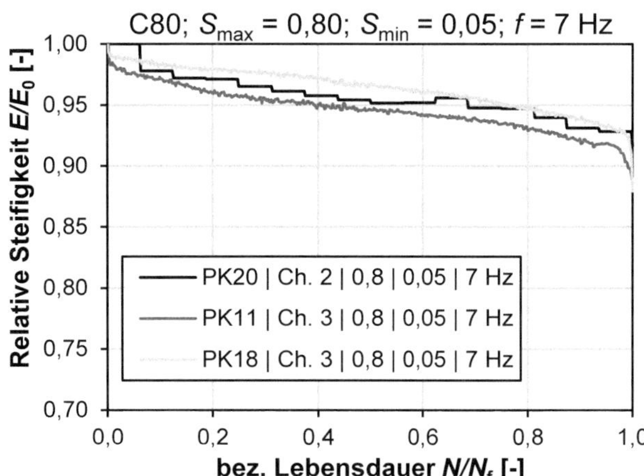

C80; S_{max} = 0,80; S_{min} = 0,05; f = 7 Hz
Relative Steifigkeit E/E_0 [-]
1,00
0,95
0,90
0,85
0,80
0,75
0,70
PK20 | Ch. 2 | 0,8 | 0,05 | 7 Hz
PK11 | Ch. 3 | 0,8 | 0,05 | 7 Hz
PK18 | Ch. 3 | 0,8 | 0,05 | 7 Hz
0,0
0,2
0,4
0,6
0,8
1,0
bez. Lebensdauer N/N_f [-]

Verzeichnis der in der Schriftenreihe des Deutschen Ausschusses für Stahlbeton – DAfStb – seit 1945 erschienenen Hefte

Heft

100: Versuche an Stahlbetonbalken zur Bestimmung der Bewehrungsgrenze.
Von *W. Gehler, H. Amos* und *E. Friedrich.*
Die Ergebnisse der Versuche und das Dresdener Rechenverfahren für den plastischen Betonbereich (1949).
Von *W. Gehler.* 9,70 EUR

101: Versuche zur Ermittlung der Rissbildung und der Widerstandsfähigkeit von Stahlbetonplatten mit verschiedenen Bewehrungsstählen bei stufenweise gesteigerter Last.
Von *O. Graf* und *K. Walz.*
Versuche über die Schwellzugfestigkeit von verdrillten Bewehrungsstählen.
Von *O. Graf* und *G. Weil.*
Versuche über das Verhalten von kalt verformten Baustählen beim Zurückbiegen nach verschiedener Behandlung der Proben.
Von *O. Graf* und *G. Weil.*
Versuche zur Ermittlung des Zusammenwirkens von Fertigbauteilen aus Stahlbeton für Decken (1948).
Von *H. Amos* und *W. Bochmann.* vergriffen

102: Beton und Zement im Seewasser (1950).
Von *A. Eckhardt* und *W. Kronsbein.* vergriffen

103: Die *n*-freien Berechnungsweisen des einfach bewehrten, rechteckigen Stahlbetonbalkens (1951).
Von *K. B. Haberstock.* vergriffen

104: Bindemittel für Massenbeton, Untersuchungen über hydraulische Bindemittel aus Zement, Kalk und Trass (1951).
Von *K. Walz.* vergriffen

105: Die Versuchsberichte des Deutschen Ausschusses für Stahlbeton (1951).
Von *O. Graf.* vergriffen

106: Berechnungstafeln für rechtwinklige Fahrbahnplatten von Straßenbrücken (1952). 7. neubearbeitete Auflage (1981).
Von *H. Rüsch.* vergriffen

107: Die Kugelschlagprüfung von Beton.
Von *K. Gaede.* vergriffen

108: Verdichten von Leichtbeton durch Rütteln (1952).
Von *K. Walz.* vergriffen

109: SO_3-Gehalt der Zuschlagstoffe (1952).
Von *K. Gaede.* 3,30 EUR

110: Ziegelsplittbeton (1952).
Von *K. Charisius, W. Drechsel* und *A. Hummel.* vergriffen

111: Modellversuche über den Einfluss der Torsionssteifigkeit bei einer Plattenbalkenbrücke (1952).
Von *G. Marten.* vergriffen

112: Eisenbahnbrücken aus Spannbeton (1953). 2. erweiterte Auflage (1961).
Von *R. Bührer.* 7,80 EUR

113: Knickversuche mit Stahlbetonsäulen.
Von *W. Gehler* und *A. Hütter.*
Festigkeit und Elastizität von Beton mit hoher Festigkeit (1954).
Von *O. Graf.* 9,10 EUR

114: Schüttbeton aus verschiedenen Zuschlagstoffen.
Von *A. Hummel* und *K. Wesche.*
Die Ermittlung der Kornfestigkeit von Ziegelsplitt und anderen Leichtbeton-Zuschlagstoffen (1954).
Von *A. Hummel.* vergriffen

115: Die Versuche der Bundesbahn an Spannbetonträgern in Kornwestheim (1954).
Von *U. Giehrach* und *C. Sättele.* 5,40 EUR

116: Verdichten von Beton mit Innenrüttlern und Rütteltischen, Güteprüfung von Deckensteinen (1954).
Von *K. Walz.* vergriffen

117: Gas- und Schaumbeton: Tragfähigkeit von Wänden und Schwinden.
Von *O. Graf* und *H. Schäffler.*
Kugelschlagprüfung von Porenbeton (1954).
Von *K. Gaede.* vergriffen

118: Schwefelverbindung in Schlackenbeton (1954).
Von *A. Stois, F. Rost, H. Zinnert* und *F. Henkel.* 6,90 EUR

119: Versuche über den Verbund zwischen Stahlbeton-Fertigbalken und Ortbeton.
Von *O. Graf* und *G. Weil.*
Versuche mit Stahlleichtträgern für Massivdecken (1955).
Von *G. Weil.* vergriffen

120: Versuche zur Festigkeit der Biegedruckzone (1955).
Von *H. Rüsch.* vergriffen

121: Gas- und Schaumbeton:
Versuche zur Schubsicherung bei Balken aus bewehrtem Gas- und Schaumbeton.
Von *H. Rüsch.*
Ausgleichsfeuchtigkeit von dampfgehärtetem Gas- und Schaumbeton.
Von *H. Schäffler.*
Versuche zur Prüfung der Größe des Schwindens und Quellens von Gas und Schaumbeton (1956).
Von *O. Graf* und *H. Schäffle.* vergriffen

122: Gestaltfestigkeit von Betonkörpern.
Von *K. Walz.*
Warmzerreißversuche mit Spannstählen.
Von *J. Dannenberg, H. Deutschmann* und *Melchior.*
Konzentrierte Lasteintragung in Beton (1957).
Von *W. Pohle.* 7,60 EUR

123: Luftporenbildende Betonzusatzmittel (1956).
Von *K. Walz.* vergriffen

124: Beton im Seewasser (Ergänzung zu Heft 102) (1956).
Von *A. Hummel* und *K. Wesche.* 2,70 EUR

125: Untersuchungen über Federgelenke (1957).
Von *K. Kammüller* und *O. Jeske.* vergriffen

126: SO_3-Gehalt der Zuschlagstoffe – Langzeitversuche (Ergänzung zu Heft 109). Eindringtiefe von Beton in Holzwolle-Leichtbauplatten (1957).
Von *K. Gaede.* 5,40 EUR

127: Witterungsbeständigkeit von Beton (1957)
Von *K. Walz.* 4,80 EUR

128: Kugelschlagprüfung von Beton (Einfluss des Betonalters) (1957).
Von *K. Gaede.* vergriffen

129: Stahlbetonsäulen unter Kurz- und Langzeitbelastung (1958).
Von *K. Gaede.* 12,90 EUR

130: Bruchsicherheit bei Vorspannung ohne Verbund (1959).
Von *H. Rüsch, K. Kordina* und *C. Zelger.* 5,40 EUR

131: Das Kriechen unbewehrten Betons (1958).
Von *O. Wagner.* vergriffen

132: Brandversuche mit starkbewehrten Stahlbetonsäulen.
Von *H. Seekamp.*
Widerstandsfähigkeit von Stahlbetonbauteilen und Stahlsteindecken bei Bränden (1959).
Von *M. Hannemann* und *H. Thoms.* vergriffen

133: Gas- und Schaumbeton:
Druckfestigkeit von dampfgehärtetem Gasbeton nach verschiedener Lagerung.
Von *H. Schäffler.*
Über die Tragfähigkeit von bewehrten Platten aus dampfgehärtetem Gas- und Schaumbeton.
Von *H. Schäffler.*
Untersuchung des Zusammenwirkens von Porenbeton mit Schwerbeton bei bewehrten Schwerbetonbalken mit seitlich angeordneten Porenbetonschalen (1959).
Von *H. Rüsch* und *E. Lassas.* 4,80 EUR

134: Über das Verhalten von Beton in chemisch angreifenden Wässern (1959).
Von *K. Seidel.* vergriffen

135: Versuche über die beim Betonieren an den Schalungen entstehenden Belastungen.
Von *O. Graf* und *K. Kaufmann.*
Druckfestigkeit von Beton in der oberen Zone nach dem Verdichten durch Innenrüttler.
Von *K. Walz* und *H. Schäffler.*
Versuche über die Verdichtung von Beton auf einem Rütteltisch in lose aufgesetzter und in aufgespannter Form (1960).
Von *J. Strey.* vergriffen

136: Gas- und Schaumbeton:
Versuche über die Verankerung der Bewehrung in Gasbeton.
Über das Kriechen von bewehrten Platten aus dampfgehärtetem Gas- und Schaumbeton (1960).
Von *H. Schäffler.* 11,20 EUR

137: Schubversuche an Spannbetonbalken ohne Schubbewehrung.
Von *H. Rüsch* und *G. Vigerust.*
Die Schubfestigkeit von Spannbetonbalken ohne Schubbewehrung (1960).
Von *G. Vigerust.* vergriffen

138: Über die Grundlagen des Verbundes zwischen Stahl und Beton (1961).
Von *G. Rehm.* vergriffen

139: Theoretische Auswertung von Heft 120 – Festigkeit der Biegedruckzone (1961).
Von *G. Scholz.* 5,80 EUR

Heft

140: Versuche mit Betonformstählen (1963). Von *H. Rüsch* und *G. Rehm.* 16,00 EUR

141: Das spiegeloptische Verfahren (1962). Von *H. Weidemann* und *W. Koepcke.* 9,90 EUR

142: Einpressmörtel für Spannbeton (1960). Von *W. Albrecht* und *H. Schmidt.* 7,30 EUR

143: Gas- und Schaumbeton: Rostschutz der Bewehrung. Von *W. Albrecht* und *H. Schäffler.* Festigkeit der Biegedruckzone (1961). Von *H. Rüsch* und *R. Sell.* 15,00 EUR

144: Versuche über die Festigkeit und die Verformung von Beton bei Druck-Schwellbeanspruchung. Über den Einfluss der Größe der Proben auf die Würfeldruckfestigkeit von Beton (1962). Von *K. Gaede.* 14,50 EUR

145: Schubversuche an Stahlbeton-Rechteckbalken mit gleichmäßig verteilter Belastung. Von *H. Rüsch, F. R. Haugli* und *H. Mayer.* Stahlbetonbalken bei gleichzeitiger Einwirkung von Querkraft und Moment (1962). Von *F. R. Haugli.* 15,50 EUR

146: Der Einfluss der Zementart, des Wasser-Zement-Verhältnisses und des Belastungsalters auf das Kriechen von Beton. Von *A. Hummel, K. Wesche* und *W. Brand.* Der Einfluss des mineralogischen Charakters der Zuschläge auf das Kriechen von Beton (1962). Von *H. Rüsch, K. Kordina* und *H. Hilsdorf.* 31,20 EUR

147: Versuche zur Bestimmung der Übertragungslänge von Spannstählen. Von *H. Rüsch* und *G. Rehm.* Ermittlung der Eigenspannungen und der Eintragungslänge bei Spannbetonfertigteilen (1963). Von *K. Gaede.* 12,20 EUR

148: Der Einfluss von Bügeln und Druckstäben auf das Verhalten der Biegedruckzone von Stahlbetonbalken (1963). Von *H. Rüsch* und *S. Stöckl.* 14,80 EUR

149: Über den Zusammenhang zwischen Qualität und Sicherheit im Betonbau (1962). Von *H. Blaut.* 10,00 EUR

150: Das Verhalten von Betongelenken bei oftmals wiederholter Druck- und Biegebeanspruchung (1962). Von *J. Dix.* 8,40 EUR

151: Versuche an einfeldrigen Stahlbetonbalken mit und ohne Schubbewehrung (1962). Von *F. Leonhardt* und *R. Walther.* 10,70 EUR

152: Versuche an Plattenbalken mit hoher Schubbeanspruchung (1962). Von *F. Leonhardt* und *R. Walther.* 14,80 EUR

153: Elastische und plastische Stauchungen von Beton infolge Druckschwell- und Standbelastung (1962). Von *A. Mehmel* und *E. Kern.* 13,40 EUR

Heft

154: Spannungs-Dehnungs-Linien des Betons und Spannungsverteilung in der Biegedruckzone bei konstanter Dehngeschwindigkeit (1962). Von *C. Rasch.* 14,10 EUR

155: Einfluss des Zementleimgehaltes und der Versuchsmethode auf die Kenngrößen der Biegedruckzone von Stahlbetonbalken. Von *H. Rüsch* und *S. Stöckl.* Einfluss der Zwischenlagen auf Streuung und Größe der Spaltzugfestigkeit von Beton (1963). Von *R. Sell.* 10,60 EUR

156: Schubversuche an Plattenbalken mit unterschiedlicher Schubbewehrung (1963). Von *F. Leonhardt* und *R. Walther.* 15,90 EUR

157: Verformungsverhalten von Beton bei zweiachsiger Beanspruchung (1963). Von *H. Weigler* und *G. Becker.* 11,10 EUR

158: Rückprallprüfung von Beton mit dichtem Gefüge. Von *K. Gaede* und *E. Schmidt.* Konsistenzmessung von Beton (1964). Von *W. Albrecht* und *H. Schäffler.* 11,00 EUR

159: Die Beanspruchung des Verbundes zwischen Spannglied und Beton (1964). Von *H. Kupfer.* 6,60 EUR

160: Versuche mit Betonformstählen; Teil II. (1963). Von *H. Rüsch* und *G. Rehm.* 11,70 EUR

161: Modellstatische Untersuchung punktförmig gestützter schiefwinkliger Platten unter besonderer Berücksichtigung der elastischen Auflagernachgiebigkeit (1964). Von *A. Mehmel* und *H. Weise.* vergriffen

162: Verhalten von Stahlbeton und Spannbeton beim Brand (1964). Von *H. Seekamp, W. Becker, W. Struck, K. Kordina* und *H.-J. Wierig.* vergriffen

163: Schubversuche an Durchlaufträgern (1964). Von *F. Leonhardt* und *R. Walther.* 20,70 EUR

164: Verhalten von Beton bei hohen Temperaturen (1964). Von *H. Weigler, R. Fischer* und *H. Dettling.* 13,20 EUR

165: Versuche mit Betonformstählen Teil III. (1964). Von *H. Rüsch* und *G. Rehm.* 12,20 EUR

166: Berechnungstafeln für schiefwinklige Fahrbahnplatten von Straßenbrücken (1967). Von *H. Rüsch, A. Hergenröder* und *I. Mungan.* vergriffen

167: Frostwiderstand und Porengefüge des Betons, Beziehungen und Prüfverfahren. Von *A. Schäfer.* Der Einfluss von mehlfeinen Zuschlagstoffen auf die Eigenschaften von Einpressmörteln für Spannkanäle, Einpressversuche an langen Spannkanälen (1965). Von *W. Albrecht.* 14,80 EUR

Heft

168: Versuche mit Ausfallkörnungen. Von *W. Albrecht* und *H. Schäffler.* Der Einfluss der Zementsteinporen auf die Widerstandsfähigkeit von Beton im Seewasser. Von *K. Wesche.* Das Verhalten von jungem Beton gegen Frost. Von *F. Henkel.* Zur Frage der Verwendung von Bolzensetzgeräten zur Ermittlung der Druckfestigkeit von Beton (1965). Von *K. Gaede.* 13,10 EUR

169: Versuche zum Studium des Einflusses der Rissbreite auf die Rostbildung an der Bewehrung von Stahlbetonbauteilen. Von *G. Rehm* und *H. Moll.* Über die Korrosion von Stahl im Beton (1965). Von *H. L. Moll.* vergriffen

170: Beobachtungen an alten Stahlbetonbauteilen hinsichtlich Carbonatisierung des Betons und Rostbildung an der Bewehrung. Von *G. Rehm* und *H. L. Moll.* Untersuchung über das Fortschreiten der Carbonatisierung an Betonbauwerken, durchgeführt im Auftrage der Abteilung Wasserstraßen des Bundesverkehrsministeriums, zusammengestellt von *H.-J. Kleinschmidt.* Tiefe der carbonatisierten Schicht alter Betonbauten, Untersuchungen an Betonproben, durchgeführt vom Forschungsinstitut für Hochofenschlacke, Rheinhausen, und vom Laboratorium der westfälischen Zementindustrie, Beckum, zusammengestellt im Forschungsinstitut der Zementindustrie des Vereins Deutscher Zementwerke e.V. Düsseldorf (1965). 15,70 EUR

171: Knickversuche mit Zweigelenkrahmen aus Stahlbeton (1965). Von *W. Hochmann* und *S. Röbert.* 10,30 EUR

172: Untersuchungen über den Stoßverlauf beim Aufprall von Kraftfahrzeugen auf Stützen und Rahmenstiele aus Stahlbeton (1965). Von *C. Popp.* 10,70 EUR

173: Die Bestimmung der zweiachsigen Festigkeit des Betons (1965). Zusammenfassung und Kritik früherer Versuche und Vorschlag für eine neue Prüfmethode. Von *H. Hilsdorf.* 8,40 EUR

174: Untersuchungen über die Tragfähigkeit netzbewehrter Betonsäulen (1965). Von *H. Weigler* und *J. Henzel.* 8,40 EUR

175: Betongelenke. Versuchsbericht, Vorschläge zur Bemessung und konstruktiven Ausbildung. Von *F. Leonhardt* und *H. Reimann.* Kritische Spannungszustände des Betons bei mehrachsiger ruhender Kurzzeitbelastung (1965). Von *H. Reimann.* vergriffen

176: Zur Frage der Dauerfestigkeit von Spannbetonbauteilen (1966). Von *M. Mayer.* 9,60 EUR

177: Umlagerung der Schnittkräfte in Stahlbetonkonstruktionen. Grundlagen der Berechnung bei statisch unbestimmten Tragwerken unter Berücksichtigung der plastischen Verformungen (1966). Von *P. S. Rao.* 12,00 EUR

Heft

178: Wandartige Träger (1966).
Von *F. Leonhardt und R. Walther.* vergriffen

179: Veränderlichkeit der Biege- und Schubsteifigkeit bei Stahlbetontragwerken und ihr Einfluss auf Schnittkraftverteilung und Traglast bei statisch unbestimmter Lagerung (1966).
Von *W. Dilger.* 13,10 EUR

180: Knicken von Stahlbetonstäben mit Rechteckquerschnitt unter Kurzzeitbelastung – Berechnung mit Hilfe von automatischen Digitalrechenanlagen (1966).
Von *A. Blaser.* 8,40 EUR

181: Brandverhalten von Stahlbetonplatten – Einflüsse von Schutzschichten.
Von *K. Kordina* und *P. Bornemann.*
Grundlagen für die Bemessung der Feuerwiderstandsdauer von Stahlbetonplatten (1966).
Von *P. Bornemann.* 10,70 EUR

182: Karbonatisierung von Schwerbeton.
Von *A. Meyer, H.-J. Wierig* und *K. Husmann.*
Einfluss von Luftkohlensäure und Feuchtigkeit auf die Beschaffenheit des Betons als Korrosionsschutz für Stahleinlagen (1967).
Von *F. Schröder, H.-G. Smolczyk, K. Grade, R. Vinkeloe* und *R. Roth.* 12,90 EUR

183: Das Kriechen des Zementsteins im Beton und seine Beeinflussung durch gleichzeitiges Schwinden (1966).
Von *W. Ruetz.* 8,40 EUR

184: Untersuchungen über den Einfluss einer Nachverdichtung und eines Anstriches auf Festigkeit, Kriechen und Schwinden von Beton (1966).
Von *H. Hilsdorf* und *K. Finsterwalder* 8,40 EUR

185: Das unterschiedliche Verformungsverhalten der Rand- und Kernzonen von Beton (1966).
Von *S. Stöckl.* 9,60 EUR

186: Betone aus Sulfathüttenzement in höherem Alter (1966).
Von *K. Wesche* und *W. Manns.* 8,40 EUR

187: Zur Frage des Einflusses der Ausbildung der Auflager auf die Querkrafttragfähigkeit von Stahlbetonbalken.
Von *K. Gaede.*
Schwingungsmessungen an Massivbrücken (1966).
Von *B. Brückmann.* 9,60 EUR

188: Verformungsversuche an Stahlbetonbalken mit hochfestem Bewehrungsstahl (1967).
Von *G. Franz* und *H. Brenker.* 12,00 EUR

189: Die Tragfähigkeit von Decken aus Glasstahlbeton (1967).
Von *C. Zelger.* 10,70 EUR

190: Festigkeit der Biegedruckzone – Vergleich von Prismen- und Balkenversuchen (1967).
Von *H. Rüsch, K. Kordina* und *S. Stöckl.* 8,40 EUR

191: Experimentelle Bestimmung der Spannungsverteilung in der Biegedruckzone.
Von *C. Rasch.*
Stützmomente kreuzweise bewehrter durchlaufender Rechteckbetonplatten (1967).
Von *H. Schwarz.* 9,60 EUR

192: Die mitwirkende Breite der Gurte von Plattenbalken (1967).
Von *W. Koepcke* und *G. Denecke.* vergriffen

193: Bauschäden als Folge der Durchbiegung von Stahlbeton-Bauteilen (1967).
Von *H. Mayer* und *H. Rüsch.* 13,10 EUR

194: Die Berechnung der Durchbiegung von Stahlbeton-Bauteilen (1967).
Von *H. Mayer.* vergriffen

195: 5 Versuche zum Studium der Verformungen im Querkraftbereich eines Stahlbetonbalkens (1967).
Von *H. Rüsch* und *H. Mayer.* 12,00 EUR

196: Tastversuche über den Einfluss von vorangegangenen Dauerlasten auf die Kurzzeitfestigkeit des Betons.
Von *S. Stöckl.*
Kennzahlen für das Verhalten einer rechteckigen Biegedruckzone von Stahlbetonbalken unter kurzzeitiger Belastung (1967).
Von *H. Rüsch* und *S. Stöckl.* 13,60 EUR

197: Brandverhalten durchlaufender Stahlbetonrippendecken.
Von *H. Seekamp* und *W. Becker.*
Brandverhalten kreuzweise bewehrter Stahlbetonrippendecken.
Von *J. Stanke.*
Vergrößerung der Betondeckung als Feuerschutz von Stahlbetonplatten, 1. und 2. Teil (1967).
Von *H. Seekamp* und *W. Becker.* 14,10 EUR

198: Festigkeit und Verformung von unbewehrtem Beton unter konstanter Dauerlast (1968).
Von *H. Rüsch, R. Sell, C. Rasch, E. Grasser, A. Hummel, K. Wesche* und *H. Flatten.* 13,30 EUR

199: Die Berechnung ebener Kontinua mittels der Stabwerkmethode – Anwendung auf Balken mit einer rechteckigen Öffnung (1968).
Von *A. Krebs* und *F. Haas.* 10,70 EUR

200: Dauerschwingfestigkeit von Betonstählen im einbetonierten Zustand.
Von *H. Wascheidt.*
Betongelenke unter wiederholten Gelenkverdrehungen (1968).
Von *G. Franz* und *H.-D. Fein.* 11,70 EUR

201: Schubversuche an indirekt gelagerten, einfeldrigen und durchlaufenden Stahlbetonbalken (1968).
Von *F. Leonhardt, R. Walther* und *W. Dilger.* 9,60 EUR

202: Torsions- und Schubversuche an vorgespannten Hohlkastenträgern.
Von *F. Leonhardt, R. Walther* und *O. Vogler.*
Torsionsversuche an einem Kunstharzmodell eines Hohlkastenträgers (1968).
Von *D. Feder.* 12,00 EUR

203: Festigkeit und Verformung von Beton unter Zugspannungen (1969).
Von *H. G. Heilmann, H. Hilsdorf* und *K. Finsterwalder.* 14,40 EUR

204: Tragverhalten ausmittig beanspruchter Stahlbetondruckglieder (1969).
Von *A. Mehmel, H. Schwarz, K. H. Kasparek* und *J. Makovi.* 12,00 EUR

205: Versuche an wendelbewehrten Stahlbetonsäulen unter kurz- und langzeitig wirkenden zentrischen Lasten (1969).
Von *H. Rüsch* und *S. Stöckl.* 12,00 EUR

206: Statistische Analyse der Betonfestigkeit (1969).
Von *H. Rüsch, R. Sell* und *R. Rackwitz.* 8,40 EUR

207: Versuche zur Dauerfestigkeit von Leichtbeton.
Von *R. Sell* und *C. Zelger.*
Versuche zur Festigkeit der Biegedruckzone. Einflüsse der Querschnittsform (1969).
Von *S. Stöckl* und *H. Rüsch.* 13,10 EUR

208: Zur Frage der Rissbildung durch Eigen- und Zwängspannungen infolge Temperatur in Stahlbetonbauteilen (1969).
Von *H. Falkner.* vergriffen

209: Festigkeit und Verformung von Gasbeton unter zweiaxialer Druck-Zug-Beanspruchung.
Von *R. Sell.*
Versuche über den Verbund bei bewehrtem Gasbeton (1970).
Von *R. Sell* und *C. Zelger.* 12,00 EUR

210: Schubversuche mit indirekter Krafteinleitung. Versuche zum Studium der Verdübelungswirkung der Biegezugbewehrung eines Stahlbetonbalkens (1970).
Von *T. Baumann* und *H. Rüsch.* 14,40 EUR

211: Elektronische Berechnung des in einem Stahlbetonbalken im gerissenen Zustand auftretenden Kräftezustandes unter besonderer Berücksichtigung des Querkraftbereiches (1970).
Von *D. Jungwirth.* 15,80 EUR

212: Einfluss der Krümmung von Spanngliedern auf den Spannweg.
Von *C. Zelger* und *H. Rüsch.*
Über den Erhaltungszustand 20 Jahre alter Spannbetonträger (1970).
Von *K. Kordina* und *N. V. Waubke.* 9,60 EUR

213: Vierseitig gelagerte Stahlbetonhohlplatten. Versuche, Berechnung und Bemessung (1970).
Von *H. Aster.* vergriffen

214: Verlängerung der Feuerwiderstandsdauer von Stahlbetonstützen durch Anwendung von Bekleidungen oder Ummantelungen.
Von *W. Becker* und *J. Stanke.*
Über das Verhalten von Zementmörtel und Beton bei höheren Temperaturen (1970).
Von *R. Fischer.* 15,30 EUR

215: Brandversuche an Stahlbetonfertigstützen, 2. und 3. Teil (1970).
Von *W. Becker* und *J. Stanke.* 15,30 EUR

216: Schnittkrafttafeln für den Entwurf kreiszylindrischer Tonnenkettendächer (1971).
Von *A. Mehmel, W. Kruse, S. Samaan* und *H. Schwarz.* 20,90 EUR

217: Tragwirkung orthogonaler Bewehrungsnetze beliebiger Richtung in Flächentragwerken aus Stahlbeton (1972).
Von *T. Baumann.* vergriffen

Heft

218: Versuche zur Schubsicherung und Momentendeckung von profilierten Stahlbetonbalken (1972).
Von *H. Kupfer* und *T. Baumann.*
11,00 EUR

219: Die Tragfähigkeit von Stahlsteindecken.
Von *C. Zelger* und *F. Daschner.*
Bewehrte Ziegelstürze (1972).
Von *C. Zelger.* 10,20 EUR

220: Bemessung von Beton- und Stahlbetonbauteilen nach DIN 1045, Ausgabe Januar 1972. [2. überarbeitete Auflage (1979)] – Biegung mit Längskraft, Schub, Torsion.
Von *E. Grasser.*
Nachweis der Knicksicherheit.
Von *K. Kordina* und *U. Quast.*
26,90 EUR

220 (En): Design of Concrete and Reinforced Concrete Members in Accordance with DIN 1045 December 1978 Edition – Bending with Axial Force, Shear, Torsion.
By *E. Grasser.*
Analysis of Safety against Buckling.
By *K. Kordina* and *U. Quast*
2nd revised edition. 26,90 EUR

221: Festigkeit und Verformung von Innenwandknoten in der Tafelbauweise.
Von *H. Kupfer.*
Die Druckfestigkeit von Mörtelfugen zwischen Betonfertigteilen.
Von *E. Grasser* und *F. Daschner.*
Tragfähigkeit (Schubfestigkeit) von Deckenauflagen im Fertigteilbau (1972).
Von *R. v. Halász* und *G. Tantow.*
14,30 EUR

222: Druck-Stöße von Bewehrungsstäben – Stahlbetonstützen mit hochfestem Stahl St 90 (1972).
Von *F. Leonhardt* und *K.-T. Teichen.*
9,70 EUR

223: Spanngliedverankerungen im Inneren von Bauteilen.
Von *J. Eibl* und *G. Iványi.*
Teilweise Vorspannung (1973).
Von *R. Walther* und *N. S. Bhal.*
12,30 EUR

224: Zusammenwirken von einzelnen Fertigteilen als großflächige Scheibe (1973).
Von *G. Mehlhorn.* vergriffen

225: Mikrobeton für modellstatische Untersuchungen (1972).
Von *A.-H. Burggrabe.* 13,20 EUR

226: Tragfähigkeit von Zugschlaufenstößen.
Von *F. Leonhardt, R. Walther* und *H. Dieterle.*
Haken- und Schlaufenverbindungen in biegebeanspruchten Platten.
Von *G. Franz* und *G. Timm.*
Übergreifungsvollstöße mit hakenformig gebogenen Rippenstählen (1973).
Von *K. Kordina* und *G. Fuchs.*
14,10 EUR

227: Schubversuche an Spannbetonträgern (1973).
Von *F. Leonhardt, R. Koch* und *F.-S. Rostásy.* 26,80 EUR

Heft

228: Zusammenhang zwischen Oberflächenbeschaffenheit, Verbund und Sprengwirkung von Bewehrungsstählen unter Kurzzeitbelastung (1973).
Von *H. Martin.* 12,60 EUR

229: Das Verhalten des Betons unter mehrachsiger Kurzzeitbelastung unter besonderer Berücksichtigung der zweiachsigen Beanspruchung.
Von *H. Kupfer.*
Bau und Erprobung einer Versuchseinrichtung für zweiachsige Belastung (1973).
Von *H. Kupfer* und *C. Zelger.*
19,30 EUR

230: Erwärmungsvorgänge in balkenartigen Stahlbetonteilen unter Brandbeanspruchung (1975).
Von *H. Ehm, K. Kordina* und *R. v. Postel.* 20,30 EUR

231: Die Versuchsberichte des Deutschen Ausschusses für Stahlbeton. Inhaltsübersicht der Hefte 1 bis 230 (1973).
Von *O. Graf* und *H. Deutschmann.*
10,10 EUR

232: Bestimmung physikalischer Eigenschaften des Zementsteins.
Von *F. Wittmann.*
Verformung und Bruchvorgang poröser Baustoffe bei kurzzeitiger Belastung und unter Dauerlast (1974).
Von *F. Wittmann* und *J. Zaitsev.*
14,30 EUR

233: Stichprobenprüfpläne und Annahmekennlinien für Beton (1973).
Von *H. Blaut.* 7,90 EUR

234: Finite Elemente zur Berechnung von Spannbeton-Reaktordruckbehältern (1973).
Von *J. H. Argyris, G. Faust, J. R. Roy, J. Szimmat, E. P. Warnke* und *K. J. Willam.* 13,10 EUR

235: Untersuchungen zum heißen Liner als Innenwand für Spannbetondruckbehälter für Leichtwasserreaktoren (1973).
Von *J. Meyer* und *W. Spandick.*
vergriffen

236: Tragfähigkeit und Sicherheit von Stahlbetonstützen unter ein- und zweiachsig exzentrischer Kurzzeit- und Dauerbelastung (1974).
Von *R. F. Warner.* 8,30 EUR

237: Spannbeton-Reaktordruckbehälter: Studie zur Erfassung spezieller Betoneigenschaften im Reaktordruckbehälterbau.
Von *J. Eibl, N. V. Waubke, W. Klingsch, U. Schneider* und *G. Rieche.*
Parameterberechnungen an einem Referenzbehälter.
Von *J. Szimmat* und *K. Willam.*
Einfluss von Werkstoffeigenschaften auf Spannungs- und Verformungszustände eines Spannbetonbehälters (1974).
Von *V. Hansson* und *F. Stangenberg.*
13,10 EUR

238: Einfluss wirklichkeitsnahen Werkstoffverhaltens auf die kritischen Kipplasten schlanker Stahlbeton- und Spannbetonträger.
Von *G. Mehlhorn.*
Berechnung von Stahlbetonscheiben im Zustand II bei Annahme eines wirklichkeitsnahen Werkstoffverhaltens (1974).
Von *K. Dörr, G. Mehlhorn, W. Stauder* und *D. Uhlisch.* 16,70 EUR

Heft

239: Torsionsversuche an Stahlbetonbalken (1974).
Von *F. Leonhardt* und *G. Schelling.*
20,30 EUR

240: Hilfsmittel zur Berechnung der Schnittgrößen und Formänderungen von Stahlbetontragwerken nach DIN 1045 Ausgabe Juli 1988 [3. überarbeitete Auflage (1991)].
Von *E. Grasser* und *G. Thielen.*
19,30 EUR

241: Abplatzversuche an Prüfkörpern aus Beton, Stahlbeton und Spannbeton bei verschiedenen Temperaturbeanspruchungen (1974).
Von *C. Meyer-Ottens.* 9,70 EUR

242: Verhalten von verzinkten Spannstählen und Bewehrungsstählen.
Von *G. Rehm, A. Lämmke, U. Nürnberger, G. Rieche* sowie *H. Martin* und *A. Rauen.*
Löten von Betonstahl (1974).
Von *D. Russwurm.* 20,30 EUR

243: Ultraschall-Impulstechnik bei Fertigteilen.
Von *G. Rehm, N. V. Waubke* und *J. Neisecke.*
Untersuchungen an ausgebauten Spanngliedern (1975).
Von *A. Röhnisch.* 15,50 EUR

244: Elektronische Berechnung der Auswirkungen von Kriechen und Schwinden bei abschnittsweise hergestellten Verbundstabwerken (1975).
Von *D. Schade* und *W. Haas.*
7,10 EUR

245: Die Kornfestigkeit künstlicher Zuschlagstoffe und ihr Einfluss auf die Betonfestigkeit.
Von *R. Sell.*
Druckfestigkeit von Leichtbeton (1974).
Von *K. D. Schmidt-Hurtienne.*
17,40 EUR

246: Untersuchungen über den Querstoß beim Aufprall von Kraftfahrzeugen auf Gründungspfähle aus Stahlbeton und Stahl (1974).
Von *C. Popp.* 17,20 EUR

247: Temperatur und Zwangsspannung im Konstruktions-Leichtbeton infolge Hydratation.
Von *H. Weigler* und *J. Nicolay.*
Dauerschwell- und Betriebsfestigkeit von Konstruktions-Leichtbeton (1975).
Von *H. Weigler* und *W. Freitag.*
13,70 EUR

248: Zur Frage der Abplatzungen an Bauteilen aus Beton bei Brandbeanspruchungen (1975).
Von *C. Meyer-Ottens.* 8,40 EUR

249: Schlag-Biegeversuch mit unterschiedlich bewehrten Stahlbetonbalken (1975).
Von *C. Popp.* 10,00 EUR

250: Langzeitversuche an Stahlbetonstützen.
Von *K. Kordina.*
Einfluss des Kriechens auf die Ausbiegung schlanker Stahlbetonstützen (1975).
Von *K. Kordina* und *R. F. Warner.*
11,10 EUR

251: Versuche an wendelbewehrten Stahlbetonsäulen unter exzentrischer Belastung (1975).
Von *S. Stöckl* und *B. Menne.*
10,70 EUR

Heft

252: Beständigkeit verschiedener Betonarten in Meerwasser und in sulfathaltigem Wasser (1975).
Von *H. T Schröder, O. Hallauer* und *W. Scholz.* 15,50 EUR

253: Spannbeton-Reaktordruckbehälter-Instrumentierung.
Von *J. Német* und *R. Angeli.*
Versuch zur Weiterentwicklung eines Setzdehnungsmessers (1975).
Von *C. Zelger.* 10,20 EUR

254: Festigkeit und Verformungsverhalten von Beton unter hohen zweiachsigen Dauerbelastungen und Dauerschwellbelastungen. Festigkeit und Verformungsverhalten von Leichtbeton, Gasbeton, Zementstein und Gips unter zweiachsiger Kurzzeitbeanspruchung (1976).
Von *D. Linse* und *A. Stegbauer.* 13,10 EUR

255: Zur Frage der zulässigen Rissbreite und der erforderlichen Betondeckung im Stahlbetonbau unter besonderer Berücksichtigung der Karbonatisierungstiefe des Betons (1976).
Von *P. Schiessl.* vergriffen

256: Wärme- und Feuchtigkeitsleitung in Beton unter Einwirkung eines Temperaturgefälles (1975).
Von *J. Hundt.* 15,80 EUR

257: Bruchsicherheitsberechnung von Spannbeton-Druckbehältern (1976).
Von *K. Schimmelpfennig.* 13,30 EUR

258: Hygrische Transportphänomene in Baustoffen (1976).
Von *K. Gertis, K. Kiesl, H. Werner* und *V. Wolfseher.* 13,10 EUR

259: Entwicklung eines integrierten Spannbetondruckbehälters für wassergekühlte Reaktoren (SBB Typ „Stern" mit Stützkessel) (1976).
Von *G. Jüptner, H. Kumpf, G. Molz, B. Neunert* und *O. Seidl.* 11,50 EUR

260: Studie zum Trag- und Verformungsverhalten von Stahlbeton (1976).
Von *J. Eibl* und *G. Ivànyi.* 26,80 EUR

261: Der Einfluss radioaktiver Strahlung auf die mechanischen Eigenschaften von Beton (1976).
Von *H. Hilsdorf, J. Kropp* und *H.-J. Koch.* 8,40 EUR

262: Experimentelle Bestimmung des räumlichen Spannungszustandes eines Reaktordruckbehältermodells (1976).
Von *R. Stöver.* 13,10 EUR

263: Bruchfestigkeit und Bruchverformung von Beton unter mehraxialer Belastung bei Raumtemperatur (1976).
Von *F. Bremer* und *F. Steinsdörfer.* 7,60 EUR

264 Spannbeton-Reaktordruckbehälter mit heißer Dichthaut für Druckwasserreaktoren (1976).
Von *A. Jungmann, H. Kopp, M. Gangl, J. Német, A. Nesitka, W. Walluschek-Wallfeld* und *J. Mutzl.* 10,70 EUR

265: Traglast von Stahlbetondruckgliedern unter schiefer Biegung (1976).
Von *K. Kordina, K. Rafla* und *O. Hjorth†.* 11,80 EUR

266: Das Trag- und Verformungsverhalten von Stahlbetonbrückenpfeilern mit Rollenlagern (1976).
Von *K. Liermann.* 12,90 EUR

267: Zur Mindestbewehrung für Zwang von Außenwänden aus Stahlleichtbeton.
Von *F. S. Rostásy, R. Koch* und *F. Leonhardt.*
Versuche zum Tragverhalten von Druckübergreifungsstößen in Stahlbetonwänden (1976).
Von *F. Leonhardt, F. S. Rostásy* und *M. Patzak.* 15,00 EUR

268: Einfluss der Belastungsdauer auf das Verbundverhalten von Stahl in Beton (Verbundkriechen) (1976).
Von *L. Franke.* 8,60 EUR

269: Zugspannung und Dehnung in unbewehrten Betonquerschnitten bei exzentrischer Belastung (1976).
Von *H. G. Heilmann.* 15,50 EUR

270: Eine Formulierung des zweiaxialen Verformungs- und Bruchverhaltens von Beton und deren Anwendung auf die wirklichkeitsnahe Berechnung von Stahlbetonplatten (1976).
Von *J. Link.* 14,40 EUR

271: Untersuchungen an 20 Jahre alten Spannbetonträgern (1976).
Von *R. Bührer, K.-F. Müller, H. Martin* und *J. Ruhnau.* 13,10 EUR

272: Die Dynamische Relaxation und ihre Anwendung auf Spannbeton-Reaktordruckbehälter (1976).
Von *W. Zerna.* 13,70 EUR

273: Schubversuche an Balken mit veränderlicher Trägerhöhe (1977).
Von *F. S. Rostásy, K. Roeder* und *F. Leonhardt.* 9,70 EUR

274: Witterungsbeständigkeit von Beton, 2. Bericht (1977).
Von *K. Walz* und *E. Hartmann.* 8,40 EUR

275: Schubversuche an Balken und Platten bei gleichzeitigem Längszug (1977).
Von *F. Leonhardt, F. S. Rostásy, J. MacGregor* und *M. Patzak.* 11,00 EUR

276: Versuche an zugbeanspruchten Übergreifungsstößen von Rippenstählen (1977).
Von *S. Stöckl, B. Menne* und *H. Kupfer.* 15,50 EUR

277: Versuchsergebnisse zur Festigkeit und Verformung von Beton bei mehraxialer Druckbeanspruchung – Results of Test Concerning Strength and Strain of Concrete Subjected to Multiaxial Compressive Stresses (1977).
Von *G. Schickert* und *H. Winkler.* 17,20 EUR

278: Berechnungen von Temperatur- und Feuchtefeldern in Massivbauten nach der Methode der Finiten Elemente (1977).
Von *J. H. Argyris, E. P. Warnke* und *K. J. Willam.* 10,10 EUR

279: Finite Elementberechnung von Spannbeton-Reaktordruckbehältern.
Von *J. H. Argyris, G. Faust, J. Szimmat, E. P. Warnke* und *K. J. Willam.*
Zur Konvertierung von SMART I (1977).
Von *J. H. Argyris, J. Szimmat* und *K. J. Willam.* 11,50 EUR

280: Nichtisothermer Feuchtetransport in dickwandigen Betonteilen von Reaktordruckbehältern.
Von *K. Kiessl* und *K. Gertis.*
Zur Wärme- und Feuchtigkeitsleitung in Beton.
Von *J. Hundt.*
Einfluss des Wassergehalts auf die Eigenschaften des erhärteten Betons (1977).
Von *M. J. Setzer.* 14,40 EUR

281: Untersuchungen über das Verhalten von Beton bei schlagartiger Beanspruchung (1977).
Von *C. Popp.* 7,90 EUR

282: Vorausbestimmung der Spannkraftverluste infolge Dehnungsbehinderung (1977).
Von *R. Walther, U. Utescher* und *D. Schreck.* 8,90 EUR

283: Technische Möglichkeiten zur Erhöhung der Zugfestigkeit von Beton (1977).
Von *G. Rehm, P. Diem* und *R. Zimbelmann.* 13,10 EUR

284: Experimentelle und theoretische Untersuchungen zur Lasteintragung in die Bewehrung von Stahlbetondruckgliedern (1977).
Von *F. P. Müller* und *W. Eisenbiegler.* 8,20 EUR

285: Zur Traglast der ausmittig gedrückten Stahlbetonstütze mit Umschnürungsbewehrung (1977).
Von *B. Menne.* 8,60 EUR

286: Versuche über Teilflächenbelastung von Normalbeton (1977).
Von *P. Wurm* und *F. Daschner.* 10,70 EUR

287: Spannbetonbehälter für Siedewasserreaktoren mit einer Leistung von 1600 MWe (1977).
Von *F. Bremer* und *W. Spandick.* 6,80 EUR

288: Tragverhalten von aus Fertigteilen zusammengesetzten Scheiben.
Von *G. Mehlhorn* und *H. Schwing.*
Versuche zur Schubtragfähigkeit verzahnter Fugen (1977).
Von *G. Mehlhorn, H. Schwing* und *K.-R. Berg.* vergriffen

289: Prüfverfahren zur Beurteilung von Rostschutzmitteln für die Bewehrung von Gasbeton.
Von *W. Manns, H. Schneider, R. Schönfelder.*
Frostwiderstand von Beton.
Von *W. Manns* und *E. Hartmann.*
Zum Einfluss von Mineralölen auf die Festigkeit von Beton (1977).
Von *W. Manns* und *E. Hartmann.* 8,60 EUR

290: Studie über den Abbruch von Spannbeton-Reaktordruckbehältern.
Von *K. Kleiser, K. Essig, K. Cerff* und *H. K. Hilsdorf.*
Grundlagen eines Modells zur Beschreibung charakteristischer Eigenschaften des Betons (1977).
Von *F. H. Wittmann.* 14,40 EUR

291: Übergreifungsstöße von Rippenstäben unter schwellender Belastung.
Von *G. Rehm* und *R. Eligehausen.*
Übergreifungsstöße geschweißter Betonstahlmatten (1977).
Von *G. Rehm, R. Tewes* und *R. Eligehausen.* 10,70 EUR

Heft

292: Lösung versuchstechnischer Fragen bei der Ermittlung des Festigkeits- und Verformungsverhaltens von Beton unter dreiachsiger Belastung (1978).
Von *D. Linse.* 8,40 EUR

293: Zur Messtechnik für die Sicherheitsbeurteilung und -überwachung von Spannbeton-Reaktordruckbehältern (1978).
Von *N. Czaika, N. Mayer, C. Amberg, G. Magiera, G. Andreae* und *W. Markowski.* 11,50 EUR

294: Studien zur Auslegung von Spannbetondruckbehältern für wassergekühlte Reaktoren (1978).
Von *K. Schimmelpfennig, G. Bäätjer, U. Eckstein, U. Ick* und *S. Wrage.* 10,70 EUR

295: Kriech- und Relaxationsversuche an sehr altem Beton.
Von *H. Trost, H. Cordes* und *G. Abele.*
Kriechen und Rückkriechen von Beton nach langer Lasteinwirkung.
Von *P. Probst und S. Stöckl.*
Versuche zum Einfluss des Belastungsalters auf das Kriechen von Beton (1978).
Von *K. Wesche, I. Schrage* und *W. vom Berg.* 14,40 EUR

296: Die Bewehrung von Stahlbetonbauteilen bei Zwangsbeanspruchung infolge Temperatur (1978).
Von *P. Noakowski.* vergriffen

297: Einfluss des Feuchtigkeitsgehaltes und des Reifegrades auf die Wärmeleitfähigkeit von Beton.
Von *J. Hundt* und *A. Wagner.*
Sorptionsuntersuchungen am Zementstein, Zementmörtel und Beton (1978).
Von *J. Hundt* und *H. Kantelberg.* 8,60 EUR

298: Erfahrungen bei der Prüfung von temporären Korrosionsschutzmitteln für Spannstähle.
Von *G. Rieche* und *J. Delille.*
Untersuchungen über den Korrosionsschutz von Spannstählen unter Spritzbeton (1978).
Von *G. Rehm, U. Nürnberger* und *R. Zimbelmann.* 8,10 EUR

299: Versuche an dickwandigen, unbewehrten Betonringen mit Innendruckbeanspruchung (1978).
Von *J. Neuner, S. Stöckl* und *E. Grasser.* 8,60 EUR

300: Hinweise zu DIN 1045, Ausgabe Dezember 1978. Bearbeitet von *D. Bertram* und *H. Deutschmann.*
Erläuterung der Bewehrungsrichtlinien (1979).
Von *G. Rehm, R. Eligehausen* und *B. Neubert.* vergriffen

301: Übergreifungsstöße zugbeanspruchter Rippenstäbe mit geraden Stabenden (1979).
Von *R. Eligehausen.* 12,90 EUR

302: Einfluss von Zusatzmitteln auf den Widerstand von jungem Beton gegen Rissbildung bei scharfem Austrocknen.
Von *W. Manns* und *K. Zeus.*
Spannungsoptische Untersuchungen zum Tragverhalten von zugbeanspruchten Übergreifungsstößen (1979).
Von *M. Betzle.* 8,60 EUR

303: Querkraftschlüssige Verbindung von Stahlbetondeckenplatten (1979).
Von *H. Paschen* und *V. C. Zillich.* 10,70 EUR

304: Kunstharzgebundene Glasfaserstäbe als Bewehrung im Betonbau.
Von *G. Rehm* und *L. Franke.*
Zur Frage der Krafteinleitung in kunstharzgebundene Glasfaserstäbe (1979).
Von *G. Rehm, L. Franke* und *M. Patzak.* 9,40 EUR

305: Vorherbestimmung und Kontrolle des thermischen Ausdehnungskoeffizienten von Beton (1979).
Von *S. Ziegeldorf K. Kleiser* und *H. K. Hilsdorf.* 7,30 EUR

306: Dreidimensionale Berechnung eines Spannbetonbehälters mit heißer Dichthaut für einen 1500 MWe Druckwasserreaktor (1979).
Von *E. Ettel, H. Hinterleitner, J. Német, A. Jungmann* und *H. Kopp.* 8,10 EUR

307: Zur Bemessung der Schubbewehrung von Stahlbetonbalken mit möglichst gleichmäßiger Zuverlässigkeit (1979).
Von *W. Moosecker.* 8,10 EUR

308: Tragfähigkeit auf schrägen Druck von Brückenstegen, die durch Hüllrohre geschwächt sind.
Von *R. Koch* und *F. S. Rostásy.*
Spannungszustand aus Vorspannung im Bereich gekrümmter Spannglieder (1979).
Von *V. Cornelius* und *G. Mehlhorn.* 10,10 EUR

309: Kunstharzmörtel und Kunstharzbetone unter Kurzzeit- und Dauerstandbelastung.
Von *G. Rehm, L. Franke* und *K. Zeus.*
Langzeituntersuchungen an epoxidharzverklebten Zementmörtelprismen (1980).
Von *P. Jagfeld.* 10,00 EUR

310: Teilweise Vorspannung – Verbundfestigkeit von Spanngliedern und ihre Bedeutung für Rissbildung und Rissbreitenbeschränkung (1980).
Von *H. Trost, H. Cordes, U. Thormaehlen* und *H. Hagen.* 19,90 EUR

311: Segmentäre Spannbetonträger im Brückenbau (1980).
Von *K. Guckenberger, F. Daschner* und *H. Kupfer.* 18,00 EUR

312: Schwellenwerte beim Betondruckversuch (1980).
Von *G. Schickert.* 18,00 EUR

313: Spannungs-Dehnungs-Linien von Leichtbeton.
Von *H. Herrmann.*
Versuche zum Kriechen und Schwinden von hochfestem Leichtbeton (1980).
Von *P. Probst* und *S. Stöckl.* 14,50 EUR

314: Kurzzeitverhalten von extrem leichten Betonen, Druckfestigkeit und Formänderungen.
Von *K. Bastgen* und *K. Wesche.*
Die Schubtragfähigkeit bewehrter Platten und Balken aus dampfgehärtetem Gasbeton nach Versuchen (1980).
Von *D. Briesemann.* 22,30 EUR

315: Bestimmung der Beulsicherheit von Schalen aus Stahlbeton unter Berücksichtigung der physikalisch-nicht-linearen Materialeigenschaften (1980).
Von *W. Zerna, I. Mungan* und *W. Steffen.* 7,60 EUR

316: Versuche zur Bestimmung der Tragfähigkeit stumpf gestoßener Stahlbetonfertigteilstützen (1980).
Von *H. Paschen* und *V. C. Zillich.* vergriffen

317: Untersuchungen über die Schwingfestigkeit geschweißter Betonstahlverbindungen (1981).
Teil 1: Schwingfestigkeitsversuche.
Von *G. Rehm, W. Harre* und *D. Russwurm.*
Teil 2: Werkstoffkundliche Untersuchungen.
Von *G. Rehm* und *U. Nürnberger.* 17,20 EUR

318: Eigenschaften von feuerverzinkten Überzügen auf kaltumgeformten Betonrippenstählen und Betonstahlmatten aus kaltgewälztem Betonrippenstahl.
Technologische Eigenschaften von kaltgeformten Betonrippenstählen und Betonstahlmatten aus kaltgewalztem Betonrippenstahl nach einer Feuerverzinkung (1981).
Von *U. Nürnberger.* 9,40 EUR

319: Vollstöße durch Übergreifung von zugbeanspruchten Rippenstählen in Normalbeton.
Von *M. Betzle, S. Stöckl* und *H. Kupfer.*
Vollstöße durch Übergreifung von zugbeanspruchten Rippenstählen in Leichtbeton.
Von *S. Stöckl, M. Betzle* und *G. Schmidt-Thrö.*
Verbundverhalten von Betonstählen, Untersuchung auf der Grundlage von Ausziehversuchen.
Von *H. Martin* und *P. Noakowski.*
Ermittlung der Verbundspannungen an gedrückten einbetonierten Betonstählen (1981).
Von *F. P. Müller* und *W. Eisenbiegler.* 25,20 EUR

320: Erläuterungen zu DIN 4227 Spannbeton.
Teil 1: Bauteile aus Normalbeton mit beschränkter oder voller Vorspannung, Ausgabe 07.88
Teil 2: Bauteile mit teilweiser Vorspannung, Ausgabe 05.84
Teil 3: Bauteile in Segmentbauart; Bemessung und Ausführung der Fugen, Ausgabe 12.83
Teil 4: Bauteile aus Spannleichtbeton, Ausgabe 02.86
Teil 5: Einpressen von Zementmörtel in Spannkanäle, Ausgabe 12.79
Teil 6: Bauteile mit Vorspannung ohne Verbund, Ausgabe 05.82 (1989).
Zusammengestellt von *D. Bertram.* 34,30 EUR

321: Leichtzuschlag-Beton mit hohem Gehalt an Mörtelporen (1981).
Von *H. Weigler, S. Karl* und *C. Jaegermann.* 6,20 EUR

322: Biegebemessung von Stahlleichtbeton, Ableitung der Spannungsverteilung in der Biegedruckzone aus Prismenversuchen als Grundlage für DIN 4219.
Von *E. Grasser* und *P. Probst.*
Versuche zur Aufnahme der Umlenkkräfte von gekrümmten Bewehrungsstäben durch Betondeckung und Bügel (1981).
Von *J. Neuner* und *S. Stöckl.* 14,50 EUR

323: Zum Schubtragverhalten stabförmiger Stahlbetonelemente (1981).
Von *R. Mallée.* 10,70 EUR

Heft

324: Wärmeausdehnung, Elastizitätsmodul, Schwinden, Kriechen und Restfestigkeit von Reaktorbeton unter einachsiger Belastung und erhöhten Temperaturen.
Von *H. Aschl* und *S. Stöckl.*
Versuche zum Einfluss der Belastungshöhe auf das Kriechen des Betons (1981).
Von *S. Stöckl.* 15,90 EUR

325: Großmodellversuche zur Spanngliedreibung (1981).
Von *H. Cordes, K. Schütt* und *H. Trost.* 10,70 EUR

326: Blockfundamente für Stahlbetonfertigstützen (1981).
Von *H. Dieterle* und *A. Steinle.* vergriffen

327: Versuche zur Knicksicherung von druckbeanspruchten Bewehrungsstäben (1981).
Von *J. Neuner* und *S. Stöckl.* 8,60 EUR

328: Zum Tragfähigkeitsnachweis für Wand-Decken-Knoten im Großtafelbau (1982).
Von *E. Hasse.* 14,50 EUR

329: Sachstandbericht Massenbeton.
Von *Deutscher Beton-Verein e.V.*
Untersuchungen an einem über 20 Jahre alten Spannbetonträger der Pliensaubrücke Esslingen am Neckar (1982).
Von *K. Schäfer* und *H. Scheef.* 8,60 EUR

330: Zusammenstellung und Beurteilung von Messverfahren zur Ermittlung der Beanspruchungen in Stahlbetonbauteilen (1982).
Von *H. Twelmeier* und *J. Schneefuß.* 12,10 EUR

331: Kleben im konstruktiven Betonbau (1982).
Von *G. Rehm* und *L. Franke.* 12,40 EUR

332: Anwendungsgrenzen von vereinfachten Bemessungsverfahren für schlanke, zweiachsig ausmittig beanspruchte Stahlbetondruckglieder.
Von *P. C. Olsen* und *U. Quast.*
Traglast von Druckgliedern mit vereinfachter Bügelbewehrung unter Feuerangriff.
Von *A. Haksever* und *R. Hass.*
Traglast von Druckgliedern mit vereinfachter Bügelbewehrung unter Normaltemperatur und Kurzzeitbeanspruchung (1982).
Von *K. Kordina* und *R. Mester.* 15,00 EUR

333. Festschrift „75 Jahre Deutscher Ausschuß für Stahlbeton" (1982).
Von *D. Bertram, E. Bornemann, N. Bunke, H. Goffin, D. Jungwirth, K. Kordina, H. Kupfer, J. Schlaich, B. Wedler†* und *W. Zerna.* 22,60 EUR

334: Versuche an Spannbetonbalken unter kombinierter Beanspruchung aus Biegung, Querkraft und Torsion (1982).
Von *M. Teutsch* und *K. Kordina.* 10,20 EUR

335: Versuche zum Tragverhalten von segmentären Spannbetonträgern – Vergleichende Auswertung für Epoxidharz- und Zementmörtelfugen (1982).
Von *H. Kupfer, K. Guckenberger* und *F. Daschner.* 10,70 EUR

336: Tragfähigkeit und Verformung von Stahlbetonbalken unter Biegung und gleichzeitigem Zwang infolge Auflagerverschiebung (1982).
Von *K. Kordina, F. S. Rostásy* und *B. Svensvik.* 10,70 EUR

337: Verhalten von Beton bei hohen Temperaturen – Behaviour of Concrete at High Temperatures (1982).
Von *U. Schneider.* 15,50 EUR

338: Berechnung des zeitabhängigen Verhaltens von Stahlbetonplatten unter Last- und Zwangsbeanspruchung im ungerissenen und gerissenen Zustand (1982).
Von *G. Schaper.* 13,40 EUR

339: Stützenstöße im Stahlbeton-Fertigteilbau mit unbewehrten Elastomerlagern (1982).
Von *F. Müller, H. R. Sasse* und *U. Thormählen.* vergriffen

340: Durchlaufende Deckenkonstruktionen aus Spannbetonfertigteilplatten mit ergänzender Ortbetonschicht – Continuous Skin Stressed Slabs (1982) Behaviour in Bending (Biegetrageverhalten).
Von *J. Rosenthal* und *E. Bljuger.*
Schubtragverhalten (Behaviour in Shear).
Von *F. Daschner* und *H. Kupfer.* 11,60 EUR

341: Zum Ansatz der Betonzugfestigkeit bei den Nachweisen zur Trag- und Gebrauchsfähigkeit von unbewehrten und bewehrten Betonbauteilen (1983).
Von *M. Jahn.* 8,60 EUR

342: Dynamische Probleme im Stahlbetonbau –
Teil I: Der Baustoff Stahlbeton unter dynamischer Beanspruchung (1983).
Von *F. P. Müller†, E. Keintzel* und *H. Charlier.* 18,80 EUR

343: Versuche zum Kriechen und Schwinden von hochfestem Leichtbeton. Versuche zum Rückkriechen von hochfestem Leichtbeton (1983).
Von *P. Hofmann* und *S. Stöckl.* 8,10 EUR

344: Versuche zur Teilflächenbelastung von Leichtbeton für tragende Konstruktionen.
Von *H. G. Heilmann.*
Teilflächenbelastung von Normalbeton – Versuche an bewehrten Scheiben (1983).
Von *P. Wurm* und *F. Daschner.* 12,60 EUR

345: Experimentelle Ermittlung der Steifigkeiten von Stahlbetonplatten (1983).
Von *H. Schäfer, K. Schneider* und *H. G. Schäfer.* 11,60 EUR

346: Tragfähigkeit geschweißter Verbindungen im Betonfertigteilbau.
Von *E. Cziesielski* und *M. Friedmann.*
Versuche zur Ermittlung der Tragfähigkeit in Beton eingespannter Rundstahldollen aus nichtrostendem austenitischem Stahl.
Von *G. Utescher* und *H. Herrmann.*
Untersuchungen über in Beton eingelassene Scherbolzen aus Betonstahl (1983).
Von *H. Paschen* und *T. Schönhoff.* vergriffen

347: Wirkung der Endhaken bei Vollstößen durch Übergreifung von zugbeanspruchten Rippenstählen.
Von *G. Schmidt-Thrö, S. Stöckl* und *M. Betzle*
Übergreifungs-Halbstoß mit kurzem Längsversatz ($l_v = 0{,}5\ l_{ü}$) bei zugbeanspruchten Rippenstählen in Leichtbeton.
Von *M. Betzle, S. Stöckl* und *H. Kupfer.*
Rissflächen im Beton im Bereich von Übergreifungsstößen zugbeanspruchter Rippenstähle (1983).
Von *M. Betzle, S. Stöckl* und *H. Kupfer.* 17,40 EUR

348: Tragfähigkeit querkraftschlüssiger Fugen zwischen Stahlbeton-Fertigteildeckenelementen (1983).
Von *H. Paschen* und *V. C. Zillich.* vergriffen

349: Bestimmung des Wasserzementwertes von Frischbeton (1984).
Von *H. K. Hilsdorf.* 10,70 EUR

350: Spannbetonbauteile in Segmentbauart unter kombinierter Beanspruchung aus Torsion, Biegung und Querkraft.
Von *K. Kordina, M. Teutsch* und *V. Weber.*
Rissbildung von Segmentbauteilen in Abhängigkeit von Querschnittsausbildung und Spannstahlverbundeigenschaften.
Von *K. Kordina* und *V. Weber.*
Einfluss der Ausbildung unbewehrter Pressfugen auf die Tragfähigkeit von schrägen Druckstreben in den Stegen von Segmentbauteilen (1984).
Von *K. Kordina* und *V. Weber.* 16,70 EUR

351: Belastungs- und Korrosionsversuche an teilweise vorgespannten Balken.
Von *Günter Schelling* und *Ferdinand S. Rostásy.*
Teilweise Vorspannung – Plattenversuche (1984).
Von *Kassian Janovic* und *Herbert Kupfer.* 23,90 EUR

352: Empfehlungen für brandschutztechnisch richtiges Konstruieren von Betonbauwerken.
Von *K. Kordina* und *L. Krampf.*
Möglichkeiten, nachträglich die in einem Betonbauteil während eines Schadenfeuers aufgetretenen Temperaturen abzuschätzen.
Von *A. Haksever* und *L. Krampf.*
Brandverhalten von Decken aus Glasstahlbeton nach DIN 1045 (Ausg. 12.78), Abschn. 20.3.
Von *C. Meyer-Ottens.*
Eindringen von Chlorid-Ionen aus PVC-Abbrand in Stahlbetonbauteile – Literaturauswertung (1984).
Von *K. Wesche, G. Neroth* und *J. W. Weber.* vergriffen

353: Einpressmörtel mit langer Verarbeitungszeit.
Von *W. Manns* und *R. Zimbelmann.*
Auswirkung von Fehlstellen im Einpressmörtel auf die Korrosion des Spannstahls.
Von *G. Rehm, R. Frey* und *D. Funk.*
Korrosionsverhalten verzinkter Spannstähle in gerissenem Beton (1984).
Von *U. Nürnberger.* 30,60 EUR

354: Bewehrungsführung in Ecken und Rahmenendknoten.
Von *Karl Kordina.*
Vorschläge zur Bemessung rechteckiger und kranzförmiger Konsolen insbesondere unter exzentrischer Belastung aufgrund neuer Versuche (1984).
Von *Heinrich Paschen* und *Hermann Malonn.* vergriffen

Heft

355: Untersuchungen zur Vorspannung ohne Verbund.
Von *Heinrich Trost, Heiner Cordes* und *Bernhard Weller.*
Anwendung der Vorspannung ohne Verbund.
Von *Karl Kordina, Josef Hegger* und *Manfred Teutsch.*
Ermittlung der wirtschaftlichen Bewehrung von Flachdecken mit Vorspannung ohne Verbund (1984).
Von *Karl Kordina, Manfred Teutsch* und *Josef Hegger.* 20,90 EUR

356: Korrosionsschutz von Bauwerken, die im Gleitschalungsbau errichtet wurden (1984).
Von *Karl Kordina* und *Siegfried Droese.* 16,70 EUR

357: Konstruktion, Bemessung und Sicherheit gegen Durchstanzen von balkenlosen Stahlbetondecken im Bereich der Innenstützen (1984).
Von *Udo Schaefers.* vergriffen

358: Kriechen von Beton unter hoher zentrischer und exzentrischer Druckbeanspruchung (1985).
Von *Emil Grasser* und *Udo Kraemer.* 15,30 EUR

359: Versuche zur Ermüdungsbeanspruchung der Schubbewehrung von Stahlbetonträgern.
Von *Klaus Guckenberger, Herbert Kupfer* und *Ferdinand Daschner.*
Vorgespannte Schubbewehrung (1985).
Von *Jürgen Ruhnau* und *Herbert Kupfer.* 25,20 EUR

360: Festigkeitsverhalten und Strukturveränderungen von Beton bei Temperaturbeanspruchung bis 250 °C (1985).
Von *Jürgen Seeberger, Jörg Kropp* und *Hubert K. Hilsdorf.* 18,80 EUR

361: Beitrag zur Bemessung von schlanken Stahlbetonstützen für schiefe Biegung mit Achsdruck unter Kurzzeit- und Dauerbelastung – Contribution to the Design of Slender Reinforced Concrete Columns Subjected to Biaxial Bending and Axial Compression Considering Short and Long Term Loadings (1985).
Von *Nelson Szilard Galgoul.* 21,50 EUR

362: Versuche an Konstruktionsleichtbetonbauteilen unter kombinierter Beanspruchung aus Torsion, Biegung und Querkraft (1985).
Von *Karl Kordina* und *Manfred Teutsch.* 13,40 EUR

363: Versuche zur Mitwirkung des Betons in der Zugzone von Stahlbetonröhren (1985).
Von *Jörg Schlaich* und *Hans Schober.* 14,50 EUR

364: Empirische Zusammenhänge zur Ermittlung der Schubtragfähigkeit stabförmiger Stahlbetonelemente (1985).
Von *Karl Kordina* und *Franz Blume.* 11,80 EUR

365: Experimentelle Untersuchungen bewehrter und hohler Prüfkörper aus Normalbeton mittels eines zwängungsarmen Krafteinleitungssystems (1985).
Von *Manfred Specht, Rita Schmidt* und *Hartmut Kappes.* 16,10 EUR

366: Grundsätzliche Untersuchungen zum Geräteeinfluss bei der mehraxialen Druckprüfung von Beton (1985).
Von *Helmut Winkler.* 29,00 EUR

Heft

367: Verbundverhalten von Bewehrungsstählen unter Dauerbelastung in Normal- und Leichtbeton.
Von *Kassian Janovic.*
Übergreifungsstöße geschweißter Betonstahlmatten.
Von *Gallus Rehm* und *Rüdiger Tewes.*
Übergreifungsstöße geschweißter Betonstahlmatten in Stahlleichtbeton (1986).
Von *Gallus Rehm* und *Rüdiger Tewes.* 14,50 EUR

368: Fugen und Aussteifungen in Stahlbetonskelettbauten (1986).
Von *Bernd Hock, Kurt Schäfer* und *Jörg Schlaich.* vergriffen

369: Versuche zum Verhalten unterschiedlicher Stahlsorten in stoßbeanspruchten Platten (1986).
Von *Josef Eibl* und *Klaus Kreuser.* 13,40 EUR

370: Einfluss von Rissen auf die Dauerhaftigkeit von Stahlbeton- und Spannbetonbauteilen.
Von *Peter Schießl.*
Dauerhaftigkeit von Spanngliedern unter zyklischen Beanspruchungen.
Von *Heiner Cordes.*
Beurteilung der Betriebsfestigkeit von Spannbetonbrücken im Koppelfugenbereich unter besonderer Berücksichtigung einer möglichen Rissbildung.
Von *Gert König* und *Hans-Christian Gerhardt.*
Nachweis zur Beschränkung der Rissbreite in den Normen des Deutschen Ausschusses für Stahlbeton (1986).
Von *Eilhard Wölfel.* vergriffen

371: Tragfähigkeit durchstanzgefährdeter Stahlbetonplatten-Entwicklung von Bemessungsvorschlägen (1986).
Von *Karl Kordina* und *Diedrich Nölting.* vergriffen

372: Literaturstudie zur Schubsicherung bei nachträglich ergänzten Querschnitten.
Von *Ferdinand Daschner* und *Herbert Kupfer.*
Versuche zur notwendigen Schubbewehrung zwischen Betonfertigteilen und Ortbeton.
Von *Ferdinand Daschner.*
Verminderte Schubdeckung in Stahlbeton- und Spannbetonträgern mit Fugen parallel zur Tragrichtung unter Berücksichtigung nicht vorwiegend ruhender Lasten.
Von *Ingo Nissen, Ferdinand Daschner* und *Herbert Kupfer.*
Literaturstudie über Versuche mit sehr hohen Schubspannungen (1986).
Von *Herbert Kupfer* und *Ferdinand Daschner.* vergriffen

373: Empfehlungen für die Bewehrungsführung in Rahmenecken und -knoten.
Von *Karl Kordina, Ehrenfried Schaaff* und *Thomas Westphal.*
Das Übertragungs- und Weggrößenverfahren für ebene Stahlbetonstabtragwerke unter Verwendung von Tangentensteifigkeiten (1986).
Von *Poul Colberg Olsen.* vergriffen

374: Schwingfestigkeitsverhalten von Betonstählen unter wirklichkeitsnahen Beanspruchungs- und Umgebungsbedingungen (1986).
Von *Gallus Rehm, Wolfgang Harre* und *Willibald Beul.* 14,50 EUR

Heft

375: Grundlagen und Verfahren für den Knicksicherheitsnachweis von Druckgliedern aus Konstruktionsleichtbeton.
Von *Roland Molzahn.*
Einfluss des Kriechens auf Ausbiegung und Tragfähigkeit schlanker Stützen aus Konstruktionsleichtbeton (1986).
Von *Roland Molzahn.* 13,40 EUR

376: Trag- und Verformungsfähigkeit von Stützen bei großen Zwangsverschiebungen der Decken.
Von *Peter Steidle* und *Kurt Schäfer.*
Versuche an Stützen mit Normalkraft und Zwangsverschiebungen (1986).
Von *Rolf Wohlfahrt* und *Rainer Koch.* 22,60 EUR

377: Versuche zur Schubtragwirkung von profilierten Stahlbeton- und Spannbetonträgern mit überdrückten Gurtplatten (1986).
Von *Herbert Kupfer* und *Klaus Guckenberger.* 14,00 EUR

378: Versuche über das Verbundverhalten von Rippenstählen bei Anwendung des Gleitbauverfahrens.
Teilbericht I:
Ausziehversuche, Proben in Utting hergestellt.
Von *Gerfried Schmidt-Thrö* und *Siegfried Stöckl.*
Teilbericht II:
Versuche zur Bestimmung charakteristischer Betoneigenschaften bei Anwendung des Gleitbauverfahrens.
Von *Gerfried Schmidt-Thrö, Siegfried Stöckl* und *Herbert Kupfer.*
Teilbericht III:
Ausziehversuche und Versuche an Übergreifungsstößen, Proben in Berlin bzw. Köln hergestellt.
Von *Klaus Kluge, Gerfried Schmidt-Thrö, Siegfried Stöckl* und *Herbert Kupfer.*
Einfluss der Probekörperform und der Messpunktanordnung auf die Ergebnisse von Ausziehversuchen (1986).
Von *Gerfried Schmidt-Thrö, Siegfried Stöckl* und *Herbert Kupfer.* 27,40 EUR

379: Experimentelle und analytische Untersuchungen zur wirklichkeitsnahen Bestimmung der Bruchschnittgrößen unbewehrter Betonbauteile unter Zugbeanspruchung, (1987).
Von *Dietmar Scheidler.* 16,70 EUR

380: Eigenspannungszustand in Stahl- und Spannbetonkörpern infolge unterschiedlichen thermischen Dehnverhaltens von Beton und Stahl bei tiefen Temperaturen.
Von *Ferdinand S. Rostásy* und *Jochen Scheuermann.*
Verbundverhalten einbetonierten Betonrippenstahls bei extrem tiefer Temperatur.
Von *Ferdinand S. Rostásy* und *Jochen Scheuermann.*
Versuche zur Biegetragfähigkeit von Stahlbetonplattenstreifen bei extrem tiefer Temperatur (1987).
Von *Günter Wiedemann, Jochen Scheuermann, Karl Kordina* und *Ferdinand S. Rostásy.* 19,90 EUR

381: Schubtragverhalten von Spannbetonbauteilen mit Vorspannung ohne Verbund.
Von *Karl Kordina* und *Josef Hegger.*
Systematische Auswertung von Schubversuchen an Spannbetonbalken (1987).
Von *Karl Kordina* und *Josef Hegger.* 21,50 EUR

Heft

382: Berechnen und Bemessen von Verbundprofilstäben bei Raumtemperatur und unter Brandeinwirkung (1987). Von *Otto Jungbluth* und *Werner Gradwohl.* 16,70 EUR

383: Unbewehrter und bewehrter Beton unter Wechselbeanspruchung (1987). Von *Helmut Weigler* und *Karl-Heinz Rings.* 12,10 EUR

384: Einwirkung von Streusalzen auf Betone unter gezielt praxisnahen Bedingungen (1987). Von *Reinhard Frey.* 7,80 EUR

385: Das Schubtragverhalten schlanker Stahlbetonbalken – Theoretische und experimentelle Untersuchungen für Leicht- und Normalbeton. Von *Helmut Kirmair.* Rissverhalten im Schubbereich von Stahlleichtbetonträgern (1987). Von *Kassian Janovic.* 18,80 EUR

386: Das Tragverhalten von Beton – Einfluss der Festigkeit und der Erhärtungsbedingungen (1987). Von *Helmut Weigler* und *Eike Bielak.* 13,40 EUR

387: Tragverhalten quadratischer Einzelfundamente aus Stahlbeton. Von *Hannes Dieterle* und *Ferdinand S. Rostásy.* Zur Bemessung quadratischer Stützenfundamente aus Stahlbeton unter zentrischer Belastung mit Hilfe von Bemessungsdiagrammen (1987). Von *Hannes Dieterle.* 23,10 EUR

388: Wandartige Träger mit Auflagerverstärkungen und vertikalen Arbeitsfugen (1987). Von *Jens Götsche* und *Heinrich Twelmeier†.* 17,80 EUR

389: Verankerung der Bewehrung am Endauflager bei einachsiger Querpressung. Von *Gerfried Schmidt-Thrö, Siegfried Stöckl* und *Herbert Kupfer.* Einfluss einer einachsigen Querpressung und der Verankerungslänge auf das Verbundverhalten von Rippenstählen im Beton. Von *Gerfried Schmidt-Thrö, Siegfried Stöckl* und *Herbert Kupfer.* Rissflächen im Beton im Bereich einer auf Zug beanspruchten Stabverankerung (1988). Von *Gerfried Schmidt-Thrö.* 27,90 EUR

390: Einfluss von Betongüte, Wasserhaushalt und Zeit auf das Eindringen von Chloriden in Beton. Von *Gallus Rehm, Ulf Nürnberger; Bernd Neubert* und *Frank Nenninger.* Chloridkorrosion von Stahl in gerissenem Beton.
A – Bisheriger Kenntnisstand.
B – Untersuchungen an der 30 Jahre alten Westmole in Helgoland.
C – Auslagerung gerissener, mit unverzinkten und feuerverzinkten Stählen bewehrten Stahlbetonbalken auf Helgoland (1988).
Von *Gallus Rehm, Ulf Nürnberger* und *Bernd Neubert.* vergriffen

391: Biegetragverhalten und Bemessung von Trägern mit Vorspannung ohne Verbund. Von *Josef Zimmermann.* Experimentelle Untersuchung zum Biegetragverhalten von Durchlaufträgern mit Vorspannung ohne Verbund (1988). Von *Bernhard Weller.* 25,70 EUR

Heft

392: Dynamische Probleme im Stahlbetonbau – Teil II: Stahlbetonbauteile und -bauwerke unter dynamischer Beanspruchung (1988). Von *Josef Eibl, Einar Keintzel* und *Hermann Charlier.* vergriffen

393: Querschnittsbericht zur Rissbildung in Stahl- und Spannbetonkonstruktionen. Von *Rolf Eligehausen* und *Helmut Kreller.* Korrosion von Stahl in Beton – einschließlich Spannbeton (1988). Von *Ulf Nürnberger, Klaus Menzel Armin Löhr* und *Reinhard Frey.* vergriffen

394: Nachweisverfahren für Verankerung, Verformung, Zwangbeanspruchung und Rissbreite. Kontinuierliche Theorie der Mitwirkung des Betons auf Zug. Rechenhilfen für die Praxis (1988). Von *Piotr Noakowski.* vergriffen

395: Berechnung von Temperatur-, Feuchte- und Verschiebungsfeldern in erhärtenden Betonbauteilen nach der Methode der finiten Elemente (1988). Von *Holger Hamfler.* 30,00 EUR

396: Rissbreitenbeschränkung und Mindestbewehrung bei Eigenspannungen und Zwang (1988). Von *Manfred Puche.* 31,20 EUR

397: Spezielle Fragen beim Schweißen von Betonstählen. Gleichmaßdehnung von Betonstählen (1989). Von *Dieter Rußwurm.* 16,10 EUR

398: Zur Faltwerkwirkung der Stahlbetontreppen (1989). Von *Hans-Heinrich Osteroth.* vergriffen

399: Das Bewehren von Stahlbetonbauteilen – Erläuterungen zu verschiedenen gebräuchlichen Bauteilen (1993). Von *Rolf Eligehausen* und *Roland Gerster.* 25,70 EUR

400: Erläuterungen zu DIN 1045, Beton und Stahlbeton, Ausgabe 07.88. Zusammengestellt von *Dieter Bertram* und *Norbert Bunke.* Hinweise für die Verwendung von Zement zu Beton. Von *Justus Bonzel* und *Karsten Rendchen.* Grundlagen der Neuregelung zur Beschränkung der Rissbreite. Von *Peter Schießl.* Erläuterungen zur Richtlinie für Beton mit Fließmitteln und für Fließbeton. Von *Justus Bonzel* und *Eberhard Siebel.* Erläuterungen zur Richtlinie Alkali-Reaktion im Beton (1989). 4. Auflage 1994 (3. berichtigter Nachdruck). Von *Justus Bonzel, Jürgen Dahms* und *Jürgen Krell.* 38,60 EUR

401: Anleitung zur Bestimmung des Chloridgehaltes von Beton. Arbeitskreis: Prüfverfahren – Chlorideindringtiefe. Leitung: *Rupert Springenschmid.* Schnellbestimmung des Chloridgehaltes von Beton. Von *Horst Dorner, Günter Kleiner.* Bestimmung des Chloridgehaltes von Beton durch Direktpotentiometrie. (1989). Von *Horst Dorner.* vergriffen

Heft

402: Kunststoffbeschichtete Betonstähle (1989). Von *Gallus Rehm, Rainer Blum, Elke Fielker, Reinhard Frey, Dieter Junginger, Bernhard Kipp, Peter Langer Klaus Menzel* und *Ferdinand Nagel.* 29,00 EUR

403: Wassergehalt von Beton bei Temperaturen von 100 °C bis 500 °C im Bereich des Wasserdampfpartialdruckes von 0 bis 5,0 MPa. Von *Wilhelm Manns* und *Bernd Neubert.* Permeabilität und Porosität von Beton bei hohen Temperaturen (1989). Von *Ulrich Schneider* und *Hans Joachim Herbst.* 14,00 EUR

404: Verhalten von Beton bei mäßig erhöhten Betriebstemperaturen (1989). Von *Harald Budelmann.* 24,70 EUR

405: Korrosion und Korrosionsschutz der Bewehrung im Massivbau
– neuere Forschungsergebnisse
– Folgerungen für die Praxis
– Hinweise für das Regelwerk (1990).
Von *Ulf Nürnberger.* vergriffen

406: Die Berechnung von ebenen, in ihrer Ebene belasteten Stahlbetonbauteilen mit der Methode der Finiten Elemente (1990). Von *Günter Borg.* vergriffen

407: Zwang und Rissbildung in Wänden auf Fundamenten (1990). Von *Ferdinand S. Rostásy* und *Wolfgang Henning.* 25,70 EUR

408: Druck und Querzug in bewehrten Betonelementen. Von *Kurt Schäfer, Günther Schelling* und *Thomas Kuchler.* Altersabhängige Beziehung zwischen der Druck- und Zugfestigkeit von Beton im Bauwerk – Bauwerkszugfestigkeit – (1990). Von *Ferdinand S. Rostásy* und *Ernst-Holger Ranisch.* 25,70 EUR

409: Zum nichtlinearen Trag- und Verformungsverhalten von Stahlbetonstabtragwerken unter Last- und Zwangeinwirkung (1990). Von *Helmut Kreller.* 21,50 EUR

410: Kunststoffbeschichtungen auf ständig durchfeuchtetem Beton – Adhäsionseigenschaften, Eignungsprüfkriterien, Beschichtungsgrundsätze (1990). Von *Michael Fiebrich.* 20,40 EUR

411: Untersuchungen über das Tragverhalten von Köcherfundamenten (1990). Von *Georg-Wilhelm Mainka* und *Heinrich Paschen.* 22,60 EUR

412: Mindestbewehrung zwangbeanspruchter dicker Stahlbetonbauteile (1990). Von *Manfred Helmus.* 24,70 EUR

413: Experimentelle Untersuchungen zur Bestimmung der Druckfestigkeit des gerissenen Stahlbetons bei einer Querzugbeanspruchung (1990). Von *Johann Kollegger* und *Gerhard Mehlhorn.* 27,90 EUR

414: Versuche zur Ermittlung von Schalungsdruck und Schalungsreibung im Gleitbau (1990). Von *Karl Kordina* und *Siegfried Droese.* 19,30 EUR

Heft

415: Programmgesteuerte Berechnung beliebiger Massivbauquerschnitte unter zweiachsiger Biegung mit Längskraft (Programm MASQUE) (1990).
Von *Dirk Busjaeger* und *Ulrich Quast*. 31,20 EUR

416: Betonbau beim Umgang mit wassergefährdenden Stoffen – Sachstandsbericht (1991).
Von *Thomas Fehlhaber, Gert König, Siegfried Mängel, Hermann Poll, Hans-Wolf Reinhardt, Carola Reuter, Peter Schießl, Bernd Schnütgen, Gerhard Spanka Friedhelm Stangenberg, Gerd Thielen* und *Johann-Dietrich Wörner.* 37,60 EUR

417: Stahlbeton- und Spannbetonbauteile bei extrem tiefer Temperatur– Versuche und Berechnungsansätze für Lasten und Zwang (1991).
Von *Uwe Pusch* und *Ferdinand S. Rostásy.* 22,60 EUR

418: Warmbehandlung von Beton durch Mikrowellen (1991).
Von *Ulrich Schneider* und *Frank Dumat.* 30,00 EUR

419: Bruchmechanisches Verhalten von Beton unter monotoner und zyklischer Zugbeanspruchung (1991).
Von *Herbert Duda.* 17,20 EUR

420: Versuche zum Kriechen und zur Restfestigkeit von Beton bei mehrachsiger Beanspruchung.
Von *Norbert Lanig, Siegfried Stöckl* und *Herbert Kupfer.*
Kriechen von Beton nach langer Lasteinwirkung.
Von *Norbert Lanig* und *Siegfried Stöckl.*
Frühe Kriechverformungen des Betons (1991).
Von *Heinrich Trost* und *Hans Paschmann.* 24,70 EUR

421: Entwicklung radiographischer Untersuchungsmethoden des Verbundverhaltens von Stahl und Beton (1991).
Von *Andrea Steinwedel.* 22,60 EUR

422: Prüfung von Beton-Empfehlungen und Hinweise als Ergänzung zu DIN 1048 (1991).
Zusammengestellt von *Norbert Bunke.* 33,30 EUR

423: Experimentelle Untersuchungen des Trag- und Verformungsverhaltens schlanker Stahlbetondruckglieder mit zweiachsiger Ausmitte.
Von *Rainer Grzeschkowitz, Karl Kordina* und *Manfred Teutsch.*
Erweiterung von Traglastprogrammen für schlanke Stahlbetondruckglieder (1992).
Von *Rainer Grzeschkowitz* und *Ulrich Quast.* 23,60 EUR

424: Tragverhalten von Befestigungen unter Querlasten in ungerissenem Beton (1992).
Von *Werner Fuchs.* 29,00 EUR

425: Bemessungshilfsmittel zu Eurocode 2 Teil 1 (DIN V ENV 1992 Teil 1-1, Ausgabe 06.92).
Planung von Stahlbeton- und Spannbetontragwerken (1992).
3. ergänzte Auflage 1997.
Von *Karl Kordina* u. a. 40,90 EUR

426: Einfluss der Probekörperform auf die Ergebnisse von Ausziehversuchen – Finite-Element-Berechnung – (1992).
Von *Jürgen Mainz* und *Siegfried Stöckl.* 19,30 EUR

427: Verminderte Schubdeckung in Betonträgern mit Fugen parallel zur Tragrichtung bei sehr hohen Schubspannungen und nicht vorwiegend ruhenden Lasten (1992).
Von *Ferdinand Daschner* und *Herbert Kupfer.* 14,00 EUR

428: Entwicklung eines Expertensystems zur Beurteilung, Beseitigung und Vorbeugung von Oberflächenschäden an Betonbauteilen (1992).
Von *Michael Sohni.* 20,40 EUR

429: Der Einfluss mechanischer Spannungen auf den Korrosionswiderstand zementgebundener Baustoffe (1992).
Von *Ulrich Schneider, Erich Nägele Frank Dumat* und *Steffen Holst.* 20,40 EUR

430: Standardisierte Nachweise von häufigen D-Bereichen (1992).
Von *Mattias Jennewein* und *Kurt Schäfer.* 20,40 EUR

431: Spannungsumlagerungen in Verbundquerschnitten aus Fertigteilen und Ortbeton statisch bestimmter Träger infolge Kriechen und Schwinden unter Berücksichtigung der Rissbildung (1992).
Von *Günther Ackermann, Erich Raue, Lutz Ebel* und *Gerhard Setzpfandt.* vergriffen

432: Lineare und nichtlineare Theorie des Kriechens und der Relaxation von Beton unter Druckbeanspruchung (1992).
Von *Jing-Hua Shen.* 12,90 EUR

433: Zur chloridinduzierten Makroelementkorrosion von Stahl in Beton (1992).
Von *Michael Raupach.* 23,60 EUR

434: Beurteilung der Wirksamkeit von Steinkohlenflugaschen als Betonzusatzstoff (1993).
Von *Franz Sybertz.* 23,60 EUR

435: Zur Spannungsumlagerung im Spannbeton bei der Rissbildung unter statischer und wiederholter Belastung (1993).
Von *Nguyen Viet Tue.* 18,30 EUR

436: Zum karbonatisierungsbedingten Verlust der Dauerhaftigkeit von Außenbauteilen aus Stahlbeton (1993).
Von *Dieter Bunte.* 27,90 EUR

437: Festigkeit und Verformung von Beton bei hoher Temperatur und biaxialer Beanspruchung – Versuche und Modellbildung – (1994).
Von *Karl-Christian Thienel.* 22,60 EUR

438: Hochfester Beton, Sachstandsbericht, Teil 1: Betontechnologie und Betoneigenschaften.
Von *Ingo Schrage.*
Teil 2: Bemessung und Konstruktion (1994).
Von *Gert König, Harald Bergner, Rainer Grimm, Markus Held, Gerd Remmel* und *Gerd Simsch.* 19,30 EUR

439: Ermüdungsfestigkeit von Stahlbeton und Spannbetonbauteilen mit Erläuterungen zu den Nachweisen gemäß CEB-FIP. Model Code 1990 (1994).
Von *Gert König* und *Ireneusz Danielewicz.* 21,50 EUR

440: Untersuchung zur Durchlässigkeit von faserfreien und faserverstärkten Betonbauteilen mit Trennrissen.
Von *Masaaki Tsukamoto.*
Gitterschnittkennwert als Kriterium für die Adhäsionsgüte von Oberflächenschutzsystemen auf Beton (1994).
Von *Michael Fiebrich.* 18,30 EUR

441: Physikalisch nichtlineare Berechnung von Stahlbetonplatten im Vergleich zur Bruchlinientheorie (1994).
Von *Andreas Pardey.* 36,50 EUR

442: Versuche zum Kriechen von Beton bei mehrachsiger Beanspruchung – Auswertung auf der Basis von errechneten elastischen Anfangsverformungen.
Von *Henric Bierwirth, Siegfried Stöckl* und *Herbert Kupfer.*
Kriechen, Rückkriechen und Dauerstandfestigkeit von Beton bei unterschiedlichem Feuchtegehalt und Verwendung von Portlandzement bzw. Portlandkalksteinzement (1994).
Von *Dirk Nechvatal, Siegfried Stöckl* und *Herbert Kupfer.* 20,40 EUR

443: Schutz und Instandsetzung von Betonbauteilen unter Verwendung von Kunststoffen – Sachstandsbericht – (1994).
Von *H. Rainer Sasse* u. a. 51,60 EUR

444: Zum Zug- und Schubtragverhalten von Bauteilen aus hochfestem Beton (1994).
Von *Gerd Remmel.* 23,60 EUR

445: Zum Eindringverhalten von Flüssigkeiten und Gasen in ungerissenen Beton.
Von *Thomas Fehlhaber.*
Eindringverhalten von Flüssigkeiten in Beton in Abhängigkeit von der Feuchte der Probekörper und der Temperatur.
Von *Massimo Sosoro* und *Hans-Wolf Reinhardt.*
Untersuchung der Dichtheit von Vakumbeton gegenüber wassergefährdenden Flüssigkeiten (1994).
Von *Reinhard Frey* und *Hans-Wolf Reinhardt.* 27,90 EUR

446: Modell zur Vorhersage des Eindringverhaltens von organischen Flüssigkeiten in Beton (1995).
Von *Massimo Sosoro.* 17,20 EUR

447: Versuche zum Verhalten von Beton unter dreiachsiger Kurzzeitbeanspruchung.
Tests on the Behaviour of Concrete under Triaxial Shorttime Loading.
Von *Ulrich Scholz, Dirk Nechvatal, Helmut Aschl, Diethelm Linse, Emil Grasser* und *Herbert Kupfer.*
Auswertung von Versuchen zur mehrachsigen Betonfestigkeit, die an der Technischen Universität München durchgeführt wurden.
Evaluation of the Multiaxial Strength of Concrete Tested at Technische Universität München.
Von *Zhenhai Guo, Yunlong Zhou* und *Dirk Nechvatal.*
Versuche zur Methode der Verformungsmessung an dreiachsig beanspruchten Betonwürfeln.
Tests on Methods for Strain Measurements on Cubic Specimen of Concrete under Triaxial Loading (1995).
Von *Christian Dialer, Norbert Lanig, Siegfried Stöckl* und *Cölestin Zelger.* 25,70 EUR

Heft

448: Veränderung des Betongefüges durch die Wirkung von Steinkohlenflugasche und ihr Einfluss auf die Betoneigenschaften (1995).
Von *Reiner Härdtl.* 18,30 EUR

449: Wirksame Betonzugfestigkeit im Bauwerk bei früh einsetzendem Temperaturzwang (1995).
Von *Peter Onken* und *Ferdinand S. Rostásy.* 20,40 EUR

450: Prüfverfahren und Untersuchungen zum Eindringen von Flüssigkeiten und Gasen in Beton sowie zum chemischen Widerstand von Beton.
Von *Hans Paschmann, Horst Grube* und *Gerd Thielen.*
Untersuchungen zum Eindringen von Flüssigkeiten in Beton sowie zur Verbesserung der Dichtheit des Betons (1995).
Von *Hans Paschmann, Horst Grube* und *Gerd Thielen.* 23,60 EUR

451: Beton als sekundäre Dichtbarriere gegenüber umweltgefährdenden Flüssigkeiten (1995).
Von *Michael Aufrecht.* vergriffen

452: Wöhlerlinien für einbetonierte Spanngliedkopplungen.
- Dauerschwingversuche an Spanngliedkopplungen des Litzenspannverfahrens D & W.

Von *Gert König* und *Roland Sturm.*
- Dauerschwingversuche an Spanngliedkopplungen des Bündelspanngliedes BBRV-SUSPA II (1995).

Von *Gert König* und *Ireneusz Danielewicz.* 16,10 EUR

453: Ein durchgängiges Ingenieurmodell zur Bestimmung der Querkrafttragfähigkeit im Bruchzustand von Bauteilen aus Stahlbeton mit und ohne Vorspannung der Festigkeitsklassen C 12 bis C 115 (1995).
Von *Manfred Specht* und *Hans Scholz.* 23,60 EUR

454: Tragverhalten von randfernen Kopfbolzenverankerungen bei Betonbruch (1995).
Von *Guochen Zhao.* 20,40 EUR

455: Wasserdurchlässigkeit und Selbstheilung von Trennrissen in Beton (1996).
Von *Carola Katharina Edvardsen.* 23,60 EUR

456: Zum Schubtragverhalten von Fertigplatten mit Ortbetonergänzung.
Von *Horst Georg Schäfer* und *Wolfgang Schmidt-Kehle.*
Oberflächenrauheit und Haftverbund.
Von *Horst Georg Schäfer, Klaus Block* und *Rita Drell.*
Zur Oberflächenrauheit von Fertigplatten mit Ortbetonergänzung.
Von *Horst Georg Schäfer* und *Wolfgang Schmidt-Kehle.*
Ortbetonergänzte Fertigteilbalken mit profilierter Anschlussfuge unter hoher Querkraftbeanspruchung (1996).
Von *Horst Georg Schäfer* und *Wolfgang Schmidt-Kehle.* 30,00 EUR

457: Verbesserung der Undurchlässigkeit, Beständigkeit und Verformungsfähigkeit von Beton.
Von *Udo Wiens, Fritz Grahn* und *Peter Schießl.*
Durchlässigkeit von überdrückten Trennrissen im Beton bei Beaufschlagung mit wassergefährdenden Flüssigkeiten.
Von *Norbert Brauer* und *Peter Schießl.*
Untersuchungen zum Eindringen von Flüssigkeiten in Beton, zur Dekontamination von Beton sowie zur Dichtheit von Arbeitsfugen (1996).
Von *Hans Paschmann* und *Horst Grube.* vergriffen

458: Umweltverträglichkeit zementgebundener Baustoffe – Sachstandsbericht – (1996).
Von *Inga Hohberg, Christoph Müller, Peter Schießl* und *Gerhard Volland.* 20,40 EUR

459: Bemessen von Stahlbetonbalken und -wandscheiben mit Öffnungen (1996).
Von *Hermann Ulrich Hottmann* und *Kurt Schäfer.* 26,90 EUR

460: Fließverhalten von Flüssigkeiten in durchgehend gerissenen Betonkonstruktionen (1996).
Von *Christiane Imhof-Zeitler.* 32,20 EUR

461: Grundlagen für den Entwurf, die Berechnung und konstruktive Durchbildung lager- und fugenloser Brücken (1996).
Von *Michael Pötzl, Jörg Schlaich* und *Kurt Schäfer.* 21,50 EUR

462: Umweltgerechter Rückbau und Wiederverwertung mineralischer Baustoffe – Sachstandsbericht (1996).
Von *Peter Grübl* u. a. 32,20 EUR

463: Contec ES – Computer Aided Consulting für Betonoberflächenschäden (1996).
Von *Gabriele Funk.* vergriffen

464: Sicherheitserhöhung durch Fugenverminderung – Spannbeton im Umweltbereich.
Von *Jens Schütte, Manfred Teutsch* und *Horst Falkner.*
Fugen in chemisch belasteten Betonbauteilen.
Von *Hans-Werner Nordhues* und *Johann-Dietrich Wörner.*
Durchlässigkeit und konstruktive Konzeption von Fugen (Fertigteilverbindungen) (1996).
Von *Marko Bida* und *Klaus-Peter Grote.* 31,20 EUR

465: Dichtschichten aus hochfestem Faserbeton.
Von *Martina Lemberg.*
Dichtheit von Faserbetonbauteilen (synthetische Fasern) (1996).
Von *Johann-Dietrich Wörner, Christiane Imhof-Zeitler* und *Martina Lemberg.* 29,00 EUR

466: Grundlagen und Bemessungshilfen für die Rissbreitenbeschränkung im Stahlbeton und Spannbeton sowie Kom-mentare, Hintergrundinformationen und Anwendungsbeispiele zu den Regelungen nach DIN 1045. EC2 und Model Code 90 (1996).
Von *Gert König* und *Nguyen Viet Tue.* 21,50 EUR

467: Verstärken von Betonbauteilen – Sachstandsbericht – (1996).
Von *Horst Georg Schäfer* u. a. 18,30 EUR

468: Stahlfaserbeton für Dicht- und Verschleißschichten auf Betonkonstruktionen.
Von *Burkhard Wienke.*
Einfluss von Stahlfasern auf das Verschleißverhalten von Betonen unter extremen Betriebsbedingungen in Bunkern von Abfallbehandlungsanlagen (1996).
Von *Thomas Höcker.* 26,90 EUR

469: Schadensablauf bei Korrosion der Spannbewehrung (1996).
Von *Gert König, Nguyen Viet Tue, Thomas Bauer* und *Dieter Pommerening.* 16,10 EUR

470: Anforderungen an Stahlbetonlager thermischer Behandlungsanlagen für feste Siedlungsabfälle.
Von *Georg Zimmermann.*
Temperaturbeanspruchungen in Stahlbetonlagern für feste Siedlungsabfälle (1996).
Von *Ralf Brüning.* 36,50 EUR

471: Zum Bruchverhalten von hochfestem Beton bei einer Zugbeanspruchung durch formschlüssige Verankerungen (1997).
Von *Ralf Zeitler.* 17,20 EUR

472: Segmentbalken mit Vorspannung ohne Verbund unter kombinierter Beanspruchung aus Torsion, Biegung und Querkraft.
Von *Horst Falkner, Manfred Teutsch* und *Zhen Huang.*
Eurocode 8: Tragwerksplanung von Bauten in Erdbebengebieten Grundlagen, Anforderungen. Vergleich mit DIN 4149 (1997).
Von *Dan Constantinescu.* 16,10 EUR

473: Zum Verbundtragverhalten laschenverstärkter Betonbauteile unter nicht vorwiegend ruhender Beanspruchung.
Von *Christoph Hankers.*
Ingenieurmodelle des Verbunds geklebter Bewehrung für Betonbauteile (1997).
Von *Peter Holzenkämpfer.* 30,00 EUR

474: Injizierte Risse unter Medien- und Lasteinfluss.
Teil I: Grundlagenversuche.
Von *Horst Falkner, Manfred Teutsch, Thies Claußen, Jürgen Günther* und *Sabine Rohde.*
Teil 2: Bauteiluntersuchungen.
Von *Hans-Wolf Reinhardt, Massimo Sosoro, Friedrich Paul* und *Xiao-feng Zhu.*
Oberflächenschutzmaßnahmen zur Erhöhung der chemischen Dichtungswirkung.
Von *Klaus Littmann.*
Korrosionsschutz der Bewehrung bei Einwirkung umweltgefährdender Flüssigkeiten (1997).
Von *Romain Weydert* und *Peter Schießl.* 27,90 EUR

475: Transport organischer Flüssigkeiten in Betonbauteilen mit Mikro- und Biegerissen.
Von *Xiao-feng Zhu.*
Eindring- und Durchströmungsvorgänge umweltgefährdender Stoffe an feinen Trennrissen in Beton (1997).
Von *Detlef Bick, Heiner Cordes* und *Heinrich Trost.* vergriffen

Heft

476: Zuverlässigkeit des Verpressens von Spannkanälen unter Berücksichtigung der Unsicherheiten auf der Baustelle (1997).
Von *Ferdinand S. Rostásy* und *Alex-W. Gutsch.* 25,70 EUR

477: Einfluss bruchmechanischer Kenngrößen auf das Biege- und Schubtragverhalten hochfester Betone (1997).
Von *Rainer Grimm.* 27,90 EUR

478: Tragfähigkeit von Druckstreben und Knoten in D-Bereichen (1997).
Von *Wolfgang Sundermann* und *Kurt Schäfer.* 29,00 EUR

479: Über das Brandverhalten punktgestützter Stahlbetonplatten (1997).
Von *Karl Kordina.* 25,70 EUR

480: Versagensmodell für schubschlanke Balken (1997).
Von *Jürgen Fischer.* 19,30 EUR

481: Sicherheitskonzept für Bauten des Umweltschutzes.
Von *Daniela Kiefer.*
Erfahrungen mit Bauten des Umweltschutzes.
Von *Johann-Dietrich Wörner, Daniela Kiefer* und *Hans-Werner Nordhues.*
Qualitätskontrollmaßnahmen bei Betonkonstruktionen (1997).
Von *Otto Kroggel.* 21,50 EUR

482: Rissbreitenbeschränkung zwangbeanspruchter Bauteile aus hochfestem Normalbeton (1997).
Von *Harald Bergner.* 25,70 EUR

483: Durchlässigkeitsgesetze für Flüssigkeiten mit Feinstoffanteilen bei Betonbunkern von Abfallbehandlungsanlagen.
Von *Klaus-Peter Grote.*
Einfluss von Stahlfasern auf die Durchlässigkeit von Beton (1997).
Von *Ralf Winterberg.* 22,60 EUR

484: Grenzen der Anwendung nichtlinearer Rechenverfahren bei Stabtragwerken und einachsig gespannten Platten.
Von *Rolf Eligehausen* und *Eckhart Fabritius.*
Rotationsfähigkeit von plastischen Gelenken im Stahl- und Spannbetonbau.
Von *Longfei Li.*
Verdrehfähigkeit plastizierter Trag-werksbereiche im Stahlbetonbau (1998).
Von *Peter Langer.* 37,60 EUR

485: Verwendung von Bitumen als Gleitschicht im Massivbau.
Von *Manfred Curbach* und *Thomas Bösche.*
Versuche zur Eignung industriell gefertigter Bitumenbahnen als Bitumengleitschicht (1998).
Von *Manfred Curbach* und *Thomas Bösche.* 21,50 EUR

486: Trag- und Verformungsverhalten von Rahmenknoten (1998).
Von *Karl Kordina, Manfred Teutsch* und *Erhard Wegener.* 34,30 EUR

487: Dauerhaftigkeit hochfester Betone (1998).
Von *Ulf Guse* und *Hubert K. Hilsdorf.* 19,30 EUR

488: Sachstandsbericht zum Einsatz von Textilien im Massivbau (1998).
Von *Manfred Curbach* u. a. 22,60 EUR

Heft

489: Mindestbewehrung für verformungsbehinderte Betonbauteile im jungen Alter (1998).
Von *Udo Paas.* 23,60 EUR

490: Beschichtete Bewehrung. Ergebnisse sechsjähriger Auslagerungsversuche.
Von *Klaus Menzel, Frank Schulze* und *Hans-Wolf Reinhardt.*
Kontinuierliche Ultraschallmessung während des Erstarrens und Erhärtens von Beton als Werkzeug des Qualitätsmanagements (1998).
Von *Hans-Wolf Reinhardt, Christian U. Große* und *Alexander Herb.* 18,30 EUR

491: Der Einfluss der freien Schwingungen auf ausgewählte dynamische Parameter von Stahlbetonbiegeträgern (1999).
Von *Manfred Specht* und *Michael Kramp.* 31,20 EUR

492: Nichtlineares Last-Verformungs-Verhalten von Stahlbeton- und Spannbetonbauteilen, Verformungsvermögen und Schnittgrößenermittlung (1999).
Von *Gert König, Dieter Pommerening* und *Nguyen Viet Tue.* 26,90 EUR

493: Leitfaden für die Erfassung und Bewertung der Materialien eines Abbruchobjektes (1999).
Von *Theo Rommel, Wolfgang Katzer, Gerhard Tauchert* und *Jie Huang.* 18,80 EUR

494: Tragverhalten von Stahlfaserbeton (1999).
Von *Yong-zhi Lin.* 23,60 EUR

495: Stoffeigenschaften jungen Betons; Versuche und Modelle (1999).
Von *Alex-W. Gutsch.* 29,50 EUR

496: Entwerfen und Bemessen von Betonbrücken ohne Fugen und Lager (1999).
Von *Stephan Engelsmann, Jörg Schlaich* und *Kurt Schäfer.* 25,70 EUR

497: Entwicklung von Verfahren zur Beurteilung der Kontaminierung der Baustoffe vor dem Abbruch (Schnellprüfverfahren) (2000).
Von *Jochen Stark* und *Peter Nobst.* 20,90 EUR

498: Kriechen von Beton unter Zugbeanspruchung (2000).
Von *Karl Kordina, Lothar Schubert* und *Uwe Troitzsch.* 16,70 EUR

499: Tragverhalten von stumpf gestoßenen Fertigteilstützen aus hochfestem Beton (2000).
Von *Jens Minnert.* 29,00 EUR

500: BiM-Online – Das interaktive Informationssystem zu „Baustoffkreislauf im Massivbau" (2000).
Von *Hans-Wolf Reinhardt, Marcus Schreyer* und *Joachim Schwarte.* 21,50 EUR

501: Tragverhalten und Sicherheit betonstahlbewehrter Stahlfaserbetonbauteile (2000).
Von *Ulrich Gossla.* 20,40 EUR

502: Witterungsbeständigkeit von Beton. 3. Bericht (2000).
Von *Wilhelm Manns* und *Kurt Zeus.* 17,80 EUR

Heft

503: Untersuchungen zum Einfluss der bezogenen Rippenfläche von Bewehrungsstäben auf das Tragverhalten von Stahlbetonbauteilen im Gebrauchs- und Bruchzustand (2000).
Von *Rolf Eligehausen* und *Utz Mayer.* 20,90 EUR

504: Schubtragverhalten von Stahlbetonbauteilen mit rezyklierten Zuschlägen (2000).
Von *Sufang Lü.* 24,70 EUR

505: Biegetragverhalten von Stahlbetonbauteilen mit rezyklierten Zuschlägen (2000).
Von *Matthias Meißner.* 29,00 EUR

506: Verwertung von Brechsand aus Bauschutt (2000).
Von *Christoph Müller* und *Bernd Dora.* 24,70 EUR

507: Betonkennwerte für die Bemessung und Verbundverhalten von Beton mit rezykliertem Zuschlag (2000).
Von *Konrad Zilch* und *Frank Roos.* 19,30 EUR

508: Zulässige Toleranzen für die Abweichungen der mechanischen Kennwerte von Beton mit rezykliertem Zuschlag (2000).
Von *Johann-Dietrich Wörner, Pieter Moerland, Sabine Giebenhain, Harald Kloft* und *Klaus Leiblein.* 16,70 EUR

509: Bruchmechanisches Verhalten jungen Betons (2000).
Von *Karim Hariri.* 24,70 EUR

510: Probabilistische Lebensdauerbemessung von Stahlbetonbauwerken – Zuverlässigkeitsbetrachtungen zur wirksamen Vermeidung von Bewehrungskorrosion (2000).
Von *Christoph Gehlen.* 24,20 EUR

511: Hydroabrasionsverschleiß von Betonoberflächen.
Beton und Mörtel für die Instandsetzung verschleißgeschädigter Betonbauteile im Wasserbau (2000).
Von *Gesa Haroske, Jan Vala* und *Ulrich Diederichs.* 27,40 EUR

512: Zwang und Rissbildung infolge Hydratationswärme – Grundlagen Berechnungsmodelle und Tragverhalten (2000).
Von *Benno Eierle* und *Karl Schikora.* 27,40 EUR

513: Beton als kreislaufgerechter Baustoff (2001).
Von *Christoph Müller.* 65,50 EUR

514: Einfluss von rezykliertem Zuschlag aus Betonbruch auf die Dauerhaftigkeit von Beton.
Von *Beatrix Kerkhoff* und *Eberhard Siebel.*
Einfluss von Feinstoffen aus Betonbruch auf den Hydratationsfortschritt.
Von *Walter Wassing.*
Recycling von Beton, der durch eine Alkalireaktion gefährdet oder bereits geschädigt ist.
Von *Wolfgang Aue.*
Frostwiderstand von rezykliertem Zuschlag aus Altbeton und mineralischen Baustoffgemischen (Bauschutt) (2001).
Von *Stefan Wies* und *Wilhelm Manns.* 48,60 EUR

Heft

515: Analytische und numerische Untersuchungen des Durchstanzverhaltens punktgestützter Stahlbetonplatten (2001).
Von *Markus Anton Staller.* 43,50 EUR

516: Sachstandbericht Selbstverdichtender Beton (SVB) (2001).
Von *Hans-Wolf Reinhardt, Wolfgang Brameshuber, Geraldine Buchenau, Frank Dehn, Horst Grube, Peter Grübl, Bernd Hillemeier, Martin Jooß, Bert Kilanowski, Thomas Krüger, Christoph Lemmer, Viktor Mechterine, Harald Müller, Thomas Müller, Markus Plannerer, Andreas Rogge, Andreas Schaab, Angelika Schießl* und *Stephan Uebachs.* 33,80 EUR

517: Verformungsverhalten und Tragfähigkeit dünner Stege von Stahlbeton- und Spannbetonträgern mit hoher Betongüte (2001).
Von *Karl-Heinz Reineck, Rolf Wohlfahrt* und *Harianto Hardjasaputra.* 54,20 EUR

518. Schubtragfähigkeit längsbewehrter Porenbetonbauteile ohne Schubbewehrung.
Thermische Vorspannung bewehrter Porenbetonbauteile.
Kriechen von unbewehrtem Porenbeton.
Kriechen des Porenbetons im Bereich der zur Verankerung der Längsbewehrung dienenden Querstäbe und Tragfähigkeit der Verankerung (2001).
Von *Ferdinand Daschner* und *Konrad Zilch.* 55,90 EUR

519: Betonbau beim Umgang mit wassergefährdenden Stoffen. Zweiter Sachstandsbericht mit Beispielsammlung (2001).
Von *Rolf Breitenbücher, Franz-Josef Frey, Horst Grube, Wilhelm Kanning, Klaus Lehmann, Hans-Wolf Reinhardt, Bernd Schnütgen, Manfred Teutsch, Günter Timm* und *Johann-Dietrich Wörner.* 52,10 EUR

520: Frühe Risse in massigen Betonbauteilen – Ingenieurmodelle für die Planung von Gegenmaßnahmen (2001).
Von *Ferdinand S. Rostásy* und *Matias Krauß.* 39,20 EUR

521: Sachstandbericht Nachhaltig Bauen mit Beton (2001).
Von *Hans-Wolf Reinhardt, Wolfgang Brameshuber, Carl-Alexander Graubner, Peter Grübl, Bruno Hauer, Katja Hüske, Julian Kümmel, Hans-Ulrich Litzner, Heiko Lünser, Dieter Rußwurm.* 31,10 EUR

522: Anwendung von hochfestem Beton im Brückenbau.
Von *Konrad Zilch* und *Markus Hennecke.*
Erfahrungen mit Entwurf, Ausschreibung, Vergabe und Tragwerksplanung.
Von *André Müller, Hans Pfisterer, Jürgen Weber* und *Konrad Zilch.*
Erfahrungen mit der Bauausführung und Maßnahmen zur Gewährleistung der geforderten Qualität.
Von *Markus Hennecke, Gert Leonhardt* und *Rolf Stahl.*
Betontechnologie (2002).
Von *Volker Hartmann* und *Werner Schrub.* 37,60 EUR

Heft

523: Beständigkeit verschiedener Betonarten im Meerwasser und in sulfathaltigem Wasser (2003).
Von *Ottokar Hallauer.* 96,10 EUR

524: Mehraxiale Festigkeit von duktilem Hochleistungsbeton (2002).
Von *Manfred Curbach* und *Kerstin Speck.* 68,30 EUR

525: Erläuterungen zu DIN 1045-1; 2. überarbeitete Auflage (2010) 64,30 EUR

526: Erläuterungen zu den Normen DIN EN 206-1, DIN 1045-2, DIN 1045-3, DIN 1045-4 und DIN EN 12620; 2. überarbeitete Auflage (2011). 88,40 EUR

527: Füllen von Rissen und Hohlräumen in Betonbauteilen (2006).
Von *Angelika Eßer.* 58,40 EUR

528: Schubtragfähigkeit von Betonergänzungen an nachträglich aufgerauten Betonoberflächen bei Sanierungs- und Ertüchtigungsmaßnahmen (2002).
Von *Konrad Zilch* und *Jürgen Mainz.* 20,00 EUR

529: Betonwaren mit Recyclingzuschlägen.
Von *Christoph Müller* und *Peter Schießl.*
Rezyklieren von Leichtbeton (2002).
Von *Hans-Wolf Reinhardt* und *Julian Kümmel.* 32,20 EUR

530: Nachweise zur Sicherheit beim Abbruch von Stahlbetonbauwerken durch Sprengen.
Von *Josef Eibl, Andreas Plotzitza, Nico Herrmann.*
Sprengtechnischer Abbruch, Erprobung und Optimierung (2000).
Von *Hans-Ulrich Freund, Gerhard Duseberg, Steffen Schumann, Helmut Roller, Walter Werner.* 36,50 EUR

531: Großtechnische Versuche zur Nassaufbereitung von Recycling-Baustoffen mit der Setzmaschine.
Von *Harald Kurkowski* und *Klaus Mesters.*
Einflüsse der Aufbereitung von Bauschutt für eine Verwendung als Betonzuschlag (2003).
Von *Werner Reichel* und *Petra Heldt.* 42,80 EUR

532: Die Bemessung und Konstruktion von Rahmenknoten. Grundlagen und Beispiele gemäß DIN 1045-1(2002).
Von *Josef Hegger* und *Wolfgang Roeser.* 62,80 EUR

533: Rechnerische Untersuchung der Durchbiegung von Stahlbetonplatten unter Ansatz wirklichkeitsnaher Steifigkeiten und Lagerungsbedingungen und unter Berücksichtigung zeitabhängiger Verformungen (2006).
Von *Konrad Zilch* und *Uli Donaubauer.*
Zum Trag- und Verformungsverhalten bewehrter Betonquerschnitte im Grenzzustand der Gebrauchstauglichkeit.
Von *Wolfgang Krüger* und *Olaf Mertzsch.* 67,70 EUR

534: Sicherheitskonzept für nichtlineare Traglastverfahren im Betonbau (2003).
Von *Michael Six.* 51,90 EUR

535: Rotationsfähigkeit von Rahmenecken (2002).
Von *Jan Akkermann* und *Josef Eibl.* 43,70 EUR

Heft

537: Zum Einfluss der Oberflächengestalt von Rippenstählen auf das Trag- und Verformungsverhalten von Stahlbetonbauteilen (2003).
Von *Utz Mayer.* 44,20 EUR

538: Analyse der Transportmechanismen für wassergefährdende Flüssigkeiten in Beton zur Berechnung des Medientransportes in ungerissene und gerissene Betondruckzonen (2002).
Von *Norbert Brauer.* 45,40 EUR

539: Alkalireaktion im Bauwerksbeton. Ein Erfahrungsbericht (2003).
Von *Wilfried Bödeker.* 26,30 EUR

540: Trag- und Verformungsverhalten von Stahlbetontragwerken unter Betriebsbelastung (2003).
Von *Thomas M. Sippel.* 27,30 EUR

541: Das Ermüdungsverhalten von Dübelbefestigungen (2003).
Von *Klaus Block und Friedrich Dreier.* 38,80 EUR

542: Charakterisierung, Modellierung und Bewertung des Auslaugverhaltens umweltrelevanter, anorganischer Stoffe aus zementgebundenen Baustoffen (2003).
Von *Inga Hohberg.* 52,40 EUR

543: Mikrostrukturuntersuchungen zum Sulfatangriff bei Beton (2003).
Von *Winfried Malorny.* 19,60 EUR

544: Hochfester Beton unter Dauerzuglast (2003).
Von *Tassilo Rinder.* 37,70 EUR

545: Gebrauchsverhalten von Bodenplatten aus Beton unter Einwirkungen infolge Last und Zwang (2004).
Von *Peter Niemann.* 65,00 EUR

546: Zu Deckenscheiben zusammengespannte Stahlbetonfertigteile für demontable Gebäude (2003).
Von *Georg Christian Weiß.* 39,90 EUR

547: Durchstanzen von Bodenplatten unter rotationssymmetrischer Belastung (2004).
Von *Maike Timm.* 49,10 EUR

548: Die Druckfestigkeit von gerissenen Scheiben aus Hochleistungsbeton und selbstverdichtendem Beton unter Berücksichtigung des Einflusses der Rissneigung (2005).
Von *Angelika Schießl.* 56,30 EUR

549: Zum Gebrauchs- und Tragverhalten von Tunnelschalen aus Stahlfaserbeton und stahlfaserverstärktem Stahlbeton (2004).
Von *Olaf Hemmy.* 74,20 EUR

550: Zur Querkrafttragfähigkeit von Balken aus stahlfaserverstärktem Stahlbeton (2004).
Von *Joachim Rosenbusch.* 47,60 EUR

551: Zur Wirkung von Steinkohlenflugasche auf die chloridinduzierte Korrosion von Stahl in Beton (2005).
Von *Udo Wiens.* 63,30 EUR

552: Randbedingungen bei der Instandsetzung nach dem Schutzprinzip W bei Bewehrungskorrosion im karbonatisierten Beton (2005).
Von *Romain Weydert.* 38,50 EUR

Heft

553: Traglast unbewehrter Beton- und Mauerwerkswände – Nichtlineares Berechnungsmodell und konsistentes Bemessungskonzept für schlanke Wände unter Druckbeanspruchung (2005).
Von *Christian Glock.* 67,70 EUR

554: Sachstandbericht Sulfatangriff auf Beton (2006).
Von *R. Breitenbücher, D. Heinz, K. Lipus, J. Paschke, G. Thielen, L. Urbanos, F. Wisotzky.* 50,80 EUR

555: Erläuterungen zur DAfStb-Richtlinie „Wasserundurchlässige Bauwerke aus Beton" (2006). 18,10 EUR

556: Probabilistischer Nachweis der Wirksamkeit von Maßnahmen gegen frühe Trennrisse in massigen Betonbauteilen (2006).
Von *Matias Krauß.* 52,40 EUR

557: Querkrafttragfähigkeit von Stahlbeton- und Spannbetonbalken aus Normal- und Hochleistungsbeton (2007).
Von *Josef Hegger, Stephan Görtz.* 35,50 EUR

558: Zur Dauerhaftigkeit von AR-Glasbewehrung in Textilbeton (2005).
Von *Jeanette Orlowsky.* 35,50 EUR

559: Herstellungszustand verformungsbehinderter Bodenplatten aus Beton (2006).
Von *Silke Agatz.* 36,00 EUR

560: Sachstandbericht Übertragbarkeit von Frost-Laborprüfungen auf Praxisverhältnisse (2005).
Von *E. Siebel, W. Brameshuber, Ch. Brandes, U. Dahme, F. Dehn, K. Dombrowski, V. Feldrappe, U. Frohburg, U. Guse, A. Huß, E. Lang, L. Lohaus, Ch. Müller, H. S. Müller, S. Palecki, L. Petersen, P. Schröder, M. J. Setzer, F. Weise, A. Westendarp, U. Wiens.* 36,00 EUR

561: Sachstandbericht Ultrahochfester Beton (2008).
Von *M. Schmidt, R. Bornemann, K. Bunje, F. Dehn, K. Droll, E. Fehling, S. Greiner, J. Horvath, E. Kleen, Ch. Müller, K.-H. Reineck, I. Schachinger, T. Teichmann, M. Teutsch, R. Thiel, N. V. Tue.* 39,30 EUR

562: Eigenschaften von wärmebehandeltem Selbstverdichtendem Beton (2006).
Von *Michael Stegmaier.* 54,60 EUR

563: Zur wasserstoffinduzierten Spannungsrisskorrosion von hochfesten Spannstählen – Untersuchungen zur Dauerhaftigkeit von Spannbetonbauteilen (2005).
Von *Jörg Moersch.* 38,80 EUR

564: Experimentelle und theoretische Untersuchungen der Frischbetoneigenschaften von Selbstverdichtendem Beton (2006).
Von *Timo Wüstholz.* 45,40 EUR

565: Zerstörungsfreie Prüfverfahren und Bauwerksdiagnose im Betonbau – Beiträge zur Fachtagung des Deutschen Ausschusses für Stahlbeton in Zusammenarbeit mit der Bundesanstalt für Materialforschung und -prüfung, 11.03.2005 Berlin (2006). 27,80 EUR

Heft

566: Untersuchung des Trag- und Verformungsverhaltens von Stahlbetonbalken mit großen Öffnungen (2007).
Von *Martina Schnellenbach-Held, Stefan Ehmann, Carina Neff.* 36,20 EUR

567: Sachstandbericht Frischbetondruck fließfähiger Betone (2006).
Von *C.-A. Graubner, H. Beitzel, M. Beitzel, W. Brameshuber, M. Brunner, F. Dehn, S. Glowienka, R. Hertle, J. Huth, O. Leitzbach, L. Meyer, Ch. Motzko, H. S. Müller, H. Schuon, T. Proske, M. Rathfelder, S. Uebachs.* 24,60 EUR

568: Abschätzung der Wahrscheinlichkeit tausalzinduzierter Bewehrungskorrosion – Baustein eines Systems zum Lebenszyklusmanagement von Stahlbetonbauwerken (2007).
Von *Sascha Lay.* 47,30 EUR

569: Sachstandbericht Hüttensandmehl als Betonzusatzstoff – Sachstand und Szenarien für die Anwendung in Deutschland (2007).
Von *O. Aßbrock, W. Brameshuber, A. Ehrenberg, D. Heinz, E. Lang, Ch. Müller, R. Pierkes, E. Siebel.* 33,30 EUR

570: Einfluss der Mischungszusammensetzung auf die frühen autogenen Verformungen der Bindemittelmatrix von Hochleistungsbetonen (2007).
Von *Patrick Fontana.* 38,20 EUR

571: Konzentrierte Lasteinleitung in dünnwandige Bauteile aus textilbewehrtem Beton (2008).
Von *Manfred Curbach, Kerstin Speck.* 36,50 EUR

572: Schlussberichte zur ersten Phase des DAfStb/BMBF-Verbundforschungsvorhabens „Nachhaltig Bauen mit Beton" (2007). 97,80 EUR

573: Korrosionsmonitoring und Bruchortung vorgespannter Zugglieder in Bauwerken (2008).
Von *Alexander Holst.* 66,60 EUR

574: Zur Validierung quantitativer zerstörungsfreier Prüfverfahren im Stahlbetonbau am Beispiel der Laufzeitmessung (2008).
Von *Alexander Taffe.* 52,90 EUR

575: Verbundverhalten von Klebebewehrung unter Betriebsbedingungen (2009).
Von *Kurt Borchert.* 60,10 EUR

576: Mechanismen der Blasenbildung bei Reaktionsharzbeschichtungen auf Beton (2009).
Von *Lars Wolff.* 52,50 EUR

577: Zusammenfassender Bericht zum Verbundforschungsvorhaben „Übertragbarkeit von Frost-Laborprüfungen auf Praxisverhältnisse" (2010).
Von *Harald S. Müller, Ulf Guse.* 27,40 EUR

578: Experimentelle Analyse des Tragverhaltens von Hochleistungsbeton unter mehraxialer Beanspruchung (2011).
Von *Manfred Curbach, Silke Scheerer, Kerstin Speck, Torsten Hampel.* 126,00 EUR

579: Modellierung des Feuchte- und Salztransports unter Berücksichtigung der Selbstabdichtung in zementgebundenen Baustoffen (2010).
Von *Petra Rucker-Gramm.* 69,00 EUR

Heft

580: Zur Korrosion von Stahlschalungen in Fertigteilwerken (2011).
Von *Till F. Mayer.* 51,90 EUR

581: Verwendung von Steinkohlenflugasche zur Vermeidung einer schädigenden Alkali-Kieselsäure-Reaktion im Beton (2010).
Von Karl Schmidt. 65,00 EUR

582: Betonbauteile mit Bewehrung aus Faserverbundkunststoff (FVK) (2010).
Von *Jörg Niewels, Josef Hegger.* 64,30 EUR

583: Beitrag zu den Schädigungsmechanismen in Betonen mit langsam reagierender alkaliempfindlicher Gesteinskörnung (2010).
Von *Oliver Mielich.* 65,30 EUR

584: Verbundforschungsvorhaben „Nachhaltig Bauen mit Beton"
Potenziale des Sekundärstoffeinsatzes im Betonbau – Teilprojekt B.
Von *Bruno Hauer, Roland Pierkes, Stefan Schäfer, Maik Seidel, Tristan Herbst, Katrin Rübner, Birgit Meng.*
Effiziente Sicherstellung der Umweltverträglichkeit von Beton – Teilprojekt E (2011).
Von *Wolfgang Brameshuber, Anya Vollpracht, Joachim Hannawald, Holger Nebel.* 87,70 EUR

585: Verbundforschungsvorhaben „Nachhaltig Bauen mit Beton"
Ressourcen- und energieeffiziente, adaptive Gebäudekonzepte im Geschossbau – Teilprojekt C (2011).
Von *Josef Hegger, Tobias Dreßen, Norbert Will, Hartwig N. Schneider, Christian Fensterer, Norbert Hanenberg, Marten F. Brunk, Thorsten Bleyer, Konrad Zilch , Christian Mühlbauer, Roland Niedermeier, André Müller, Andreas Haas, Ingo Heusler, Herbert Sinnesbichler.* 69,40 EUR

586: Verbundforschungsvorhaben „Nachhaltig Bauen mit Beton"
Lebenszyklusmanagementsystem zur Nachhaltigkeitsbeurteilung – Teilprojekt D (2011).
Von *Peter Schießl, Christoph Gehlen, Marc Zintel, Ernst Rank, André Borrmann, Katharina Lukas, Harald Budelmann, Martin Empelmann, Gunnar Heumann, Tilman W. Starck, Sylvia Keßler.* 50,00 EUR

587: Verbundforschungsvorhaben „Nachhaltig Bauen mit Beton"
Informationssystem „NBB-Info" – Teilprojekt F (2011).
Von *Hans-Wolf Reinhardt, Joachim Schwarte, Christian Piehl.* 38,80 EUR

588: Der Stadtbaustein im DAfStb/BMBF-Verbundforschungsvorhaben „Nachhaltig Bauen mit Beton" – Dossier zu Nachhaltigkeitsuntersuchungen – Teilprojekt A.
Von *Carl-Alexander Graubner, Thorsten Bleyer, Marten F. Brunk, Tobias Dreßen, Christian Fensterer, Christoph Gehlen, Andreas Haas, Norbert Hanenberg, Bruno Hauer, Josef Hegger, Ingo Heusler, Sylvia Keßler, Torsten Mielecke, Christian Piehl, Hans-Wolf Reinhardt, Carolin Roth, Peter Schießl, Hartwig N. Schneider, Joachim Schwarte, Herbert Sinnesbichler, Udo Wiens, Konrad Zilch.* 56,20 EUR

Heft

589: Zerstörungsfreie Ortung von Gefügestörungen in Betonbodenplatten (2010).
Von *Harald S. Müller, Martin Fenchel, Herbert Wiggenhauser, Christiane Maierhofer, Martin Krause, Andre Gardei, Frank Mielentz, Boris Milman, Mathias Röllig, Jens Wöstmann.* 84,60 EUR

590: Materialverhalten von hochfestem Beton unter thermomechanischer Beanspruchung (2010).
Von *Sven Huismann.* 65,00 EUR

591: Sachstandbericht Verstärken von Betonbauteilen mit geklebter Bewehrung (2011).
Von *Konrad Zilch, Roland Niedermeier, Wolfgang Finckh.* 77,50 EUR

592: Praxisgerechte Bemessungsansätze für das wirtschaftliche Verstärken von Betonbauteilen mit geklebter Bewehrung – Verbundtragfähigkeit unter statischer Belastung
Von *Konrad Zilch, Roland Niedermeier, Wolfgang Finckh.* 71,20 EUR

593: Praxisgerechte Bemessungsansätze für das wirtschaftliche Verstärken von Betonbauteilen mit geklebter Bewehrung – Verbundtragfähigkeit unter nicht ruhender Belastung (2013)
Von *Harald Budelmann, Thorsten Leusmann.* 44,50 EUR

594: Praxisgerechte Bemessungsansätze für das wirtschaftliche Verstärken von Betonbauteilen mit geklebter Bewehrung – Querkrafttragfähigkeit
Von *Konrad Zilch, Roland Niedermeier, Wolfgang Finckh.* 50,40 EUR

595: Erläuterungen und Beispiele zur DAfStb-Richtlinie „Verstärken von Betonbauteilen mit geklebter Bewehrung" (2013)
Von *Konrad Zilch.* 50,80 EUR

595 (en): Commentary on the DAfStb Guideline "Strengthening of concrete members with adhesively bonded reinforcement" with Examples (2014) 63,50 EUR

596: Vereinfachtes Rechenverfahren zum Nachweis des konstruktiven Brandschutzes bei Stahlbeton-Kragstützen (2013).
Von *Dietmar Hosser, Ekkehard Richter.* 25,60 EUR

597: Erweiterte Datenbanken zur Überprüfung der Querkraftbemessung für Konstruktionsbetonbauteile mit und ohne Bügel (2012).
Von *Karl-Heinz Reineck, Daniel A. Kuchma, Birol Fitik.* 192,40 EUR

598: Mischungsentwurf und Fließeigenschaften von Selbstverdichtendem Beton (SVB) vom Mehlkorntyp unter Berücksichtigung der granulometrischen Eigenschaften der Gesteinskörnung (2012).
Von *Andreas Huß.* 57,30 EUR

599: Bewehren nach Eurocode 2 (2013).
Von *Josef Hegger, Martin Empelmann, Jürgen Schnell, Jörg Moersch, Christian Albrecht, Guido Bertram, Norbert Brauer, Thomas Sippel, Marco Wichers.* 98,80 EUR

600: Teil 1: Erläuterungen zu DIN EN 1992-1-1 und DIN EN 1992-1-1/NA 2. überarbeitete Auflage (2020). 98,80 EUR

Heft

601: Dauerhaftigkeitsbemessung von Stahlbetonbauteilen auf Bewehrungskorrosion – Teil 1: Systemparameter der Bewehrungskorrosion (2012).
Von *Peter Schießl, Kai Osterminski, Bernd Isecke, Matthias Beck, Andreas Burkert, Jens Lehmann, Armin Faulhaber, Michael Raupach, Jörg Harnisch, Jürgen Warkus, Wei Tian, Christoph Gehlen.* 50,80 EUR

602: Dauerhaftigkeitsbemessung von Stahlbetonbauteilen auf Bewehrungskorrosion – Teil 2: Dauerhaftigkeitsbemessung (2012).
Von *Harald S. Müller, Edgar Bohner, Christian Fischer, Joško Ožbolt, Christoph Gehlen, Kai Osterminski, Peter Schießl, Stefanie von Greve-Dierfeld.* 68,60 EUR

603: Gütebewertung qualitativer Prüfaufgaben in der zerstörungsfreien Prüfung im Bauwesen am Beispiel des Impulsradarverfahrens (2012).
Von *Sascha Feistkorn.* 70,80 EUR

604: Frostbeanspruchung und Feuchtehaushalt in Betonbauwerken (2013).
Von *Frank Spörel.* 158,40 EUR

605: Zur Rheologie und den physikalischen Wechselwirkungen bei Zementsuspensionen (2012).
Von *Michael Haist.* 78,50 EUR

606: Unbewehrte Betonfahrbahnplatten unter witterungsbedingten Beanspruchungen (2014).
Von *Sam Foos.* 111,40 EUR

607: Modell zur Beschreibung des Eindringens von Chlorid in Beton von Verkehrsbauten (2013).
Von *Gesa Kapteina.* 63,90 EUR

608: Auswirkungen der Bewehrungskorrosion auf den Verbund zwischen Stahl und Beton (2013).
Von *Christian Fischer.* 58,20 EUR

609: Untersuchungen zum Verbundverhalten von Bewehrungsstäben mittels vereinfachter Versuchskörper (2013).
Von *Anke Wildermuth.* 132,60 EUR

610: Einfluss der Bauteilgeometrie auf die Korrosionsgeschwindigkeit von Stahl in Beton bei Makroelementbildung (2014).
Von *Jürgen Warkus.* 113,60 EUR

611: Sedimentationsverhalten und Robustheit Selbstverdichtender Betone (2014).
Von *Dirk Lowke.* 93,60 EUR

612: Bestimmung und Bewertung des elektrischen Widerstands von Beton mit geophysikalischen Verfahren (2014).
Von *Kenji Reichling.* 94,00 EUR

613: Untersuchungen zur Leistungsfähigkeit von nationalen und europäischen Instandsetzungsmörteln (2015).
Von *Wolfgang Breit, Joachim Schulze* und *Delphine Schwab* 49,30 EUR

614: Erläuterungen zur DAfStb-Richtlinie Stahlfaserbeton (2015). 38,30 EUR

614: (en): Commentary on the DAfStb Guideline „Steel Fibre Reinforced Concrete"(2015) 47,90 EUR

615: Erläuterungen zu DIN EN 1992-4 – Bemessung der Verankerung von Befestigungen in Beton. 149,80 EUR

Heft

615 (en): Commentary to EN 1992-4 – Design of Fastenings for use in Concrete 149,80 EUR

616: Sachstandbericht Bauen im Bestand – Teil I: Mechanische Kennwerte historischer Betone, Betonstähle und Spannstähle für die Nachrechnung von bestehenden Bauwerken.
Von *Jürgen Schnell, Konrad Zilch, Daniel Dunkelberg und Michael Weber.* 98,80 EUR

617 (en): ACI-DAfStb databases 2015 with shear tests for evaluating relationships for the shear design of structural concrete members without and with stirrups.
Von *Karl-Heinz Reineck, Daniel Dunkelberg.* 292,90 EUR

618: Sachstandbericht - Grenzzustände der Ermüdung von dynamisch hoch beanspruchten Tragwerken aus Beton.
Von *Jürgen Grünberg, Michael Hansen, Steffen Marx, Sebastian Schneider.* 72,40 EUR

619: Sachstandsbericht Bauen im Bestand – Teil II: Bestimmung charakteristischer Betondruckfestigkeiten und abgeleiteter Kenngrößen im Bestand
Von *Jürgen Schnell, Konrad Zilch, Daniel Dunkelberg und Michael Weber.* 61,65 EUR

620: Sachstandbericht
Verfahren zur Prüfung des Säurewiderstands von Beton.
Von *Jesko Gerlach und Ludger Lohaus.* 51,60 EUR

621: Zur Verwertbarkeit von Potentialfeldmessungen für die Zustandserfassung und -prognose von Stahlbetonbauteilen – Validierung und Einsatz im Lebensdauermanagement.
Von *Sylvia Keßler.* 82,40 EUR

622: Bemessungsregeln zur Sicherstellung der Dauerhaftigkeit XC-exponierter Stahlbetonbauteile.
Von *Stefanie Marilies von Greve-Dierfeld.* 113,40 EUR

623: Untersuchungen an 43 Jahre im Nordseeklima ausgelagerten Betonbalken.
Von *Kai Osterminski und Christoph Gehlen.*
Bemessung auf Dauerhaftigkeit mit Teilsicherheitsbeiwerten und mit qualifiziert abgesicherten deskriptiven Regeln.
Von *Stefanie Marilies von Greve-Dierfeld und Christoph Gehlen.* 74,85 EUR

624: Stoffgesetz zur Beschreibung des Kriech- und Relaxationsverhaltens junger normal- und hochfester Betone.
Von *Isabel Anders.* 81,70 EUR

625: Zum Querkrafttragverhalten von einachsig gespannten Stahlbetonplatten ohne Querkraftbewehrung unter Einzellasten.
Von *Karin Reißen.* 112,90 EUR

626: Semiprobabilistisches Nachweiskonzept zur Dauerhaftigkeitsbemessung und -bewertung von Stahlbetonbauteilen unter Chlorideinwirkung.
Von *Amir Rahimi.* 116,20 EUR

627 (en): Shear Strength Models for Reinforced and Prestressed Concrete Members.
Von *Martin Herbrand.* 72,30 EUR

Heft

628: Zur Eignung und Wirkungsweise calcinierter Tone als reaktive Bindemittelkomponente im Zement.
Von *Nancy Beuntner.* 61,60 EUR

629: Zur einheitlichen Bemessung gegen Durchstanzen in Flachdecken und Fundamenten.
Von *Carsten Siburg.* 132,20 EUR

630: Bemessung nach DIN EN 1992 in den Grenzzuständen der Tragfähigkeit und der Gebrauchstauglichkeit.
98,80 EUR

631: Hilfsmittel zur Schnittgrößenermittlung und zu besonderen Detailnachweisen bei Stahlbetontragwerken. 89,90 EUR

632: Experimentelle Ermittlung der Korrelation der Druckfestigkeiten von Bohrkernen aus Bauwerksbeton und genormten Probekörpern.
Von *Jürgen Schnell und Michael Weber.* 62,37 EUR

633: (en): Steel Fiber Reinforced Concrete Under Concentrated Load.
Von *Fanbing Song.* 120,15 EUR

634: Vergleichende Untersuchungen zur Rückprallhammerprüfung bezogen auf R- und Q-Werte.
Von *Wolfgang Breit und Melanie Merkel.* 27,50 EUR

635-1 (en): ACI-DAfStb databases 2020 with shear tests on structural concrete members without stirrups Volume 1: Part 1 to Part 2.5.
Von *Karl-Heinz Reineck und Birol Fitik.* 190,40 EUR

635-2 (en): ACI-DAfStb databases 2020 with shear tests on structural concrete members without stirrups Volume 2: Part 2.6 to Part 7.
von *Karl-Heinz Reineck Birol Fitik.* 237,30 EUR

637: Sachstandbericht Frischbeton – Eigenschaften, Einflüsse und Prüfungen.
Von *Christoph Alfes, Olaf Aßbrock, Christoph Begemann, Rolf Breitenbücher, Amela Cokovik, Dario Cotardo, Eberhard Eickschen, Petra Fischer, Eugen Kleen, Hannes Krüger, Ludger Lohaus, Viktor Mechtcherine, Lars Meyer, Matthias Middel, Christoph Müller, Harald S. Müller, Tobias Schack, Patrick Schäffel, Egor Secrieru, Frank Spörel, Katja Voland, Andreas Westendarp und Bou-Young Youn-Ĉale*
86,40 EUR

638: Anwendungshilfe zur Technischen Regel Instandhaltung von Betonbauwerken des DIBt (TR IH) in Verbindung mit der DAfStb Richtlinie Schutz und Instandsetzung von Betonbauteilen (RL SIB). 115,00 EUR

Heft

639: Schlussberichte zum BMBF-Verbundforschungsvorhaben „R-Beton – Ressourcenschonender Beton – Werkstoff der nächsten Generation“ Schwerpunkt 1: Konzeptionierung der neuen Werkstoffe.
Von *Florian Knappe, Joachim Reinhardt, Stefanie Theis, Stephan Kresser, Julia Scheidt, Wolfgang Breit, Bernard Sachsenhauser, Klaus Lorenz, Christoph Müller, Katrin Severins, Johannes Haufe und Anya Vollpracht*
103,30 EUR

640: Schlussberichte zum BMBF-Verbundforschungsvorhaben „R-Beton – Ressourcenschonender Beton – Werkstoff der nächsten Generation“ Schwerpunkt 2: Praxisanforderungen an die neuen Werkstoffe.
Von *Aleksandar Pančić, Jürgen Schnell, Christoph Müller, Ingmar Borchers, Maik Seidel und Anya Vollpracht, Lia Weiler* 95,00 EUR

641: Schlussberichte zum BMBF-Verbundforschungs vorhaben „R-Beton – Ressourcenschonender Beton – Werkstoff der nächsten Generation“ Schwerpunkt 3: Ökobilanz, Praxistest und Transfer.
Von *Florian Knappe, Joachim Reinhardt, Stefanie Theis, Christoph Müller, Jochen Reiners und Raymund Böing*
75,80 EUR

642 (en): Influence of elevated temperatures up to 100 °C on the mechanical properties of concrete.
Von *Fernando Acosta Urrea*
88,00 EUR

644: Ermüdungsverhalten von Beton für unterschiedliche Probekörpergeometrien.
Von *Vivian Frei, Stephan Pirskawetz, Marc Thiele, Andreas Rogge*
68,80 EUR

645: Modellhafte Beschreibung des Ermüdungswiderstands von druckschwellbeanspruchtem Beton unter Berücksichtigung von energetischen und frequenzbedingten Materialeffekten.
Von *Sebastian Schneider, Matthias Bode, Steffen Marx* 63,20 EUR

646: Wasserinduzierte Ermüdungsschädigung von Beton
Von *Christoph Tomann, Ludger Lohaus*
84,40 EUR

647: Untersuchungen zum Ermüdungswiderstand von Beton im Bereich sehr hoher Lastwechselzahlen.
Von *Kerstin Willers, Lutz Gerlach, Nico Herrmann* 53,30 EUR

648: Zum festigkeitsabhängigen Ermüdungswiderstand von Beton. Teil 1: Koordinierte experimentelle Untersuchungen und Bewertung des Ermüdungswiderstands von normal- und hochfesten Betonen.
Von *Sebastian Schneider, Boso Schmidt, Steffen Marx*

Heft

Teil 2: Statistische Auswertungen zum Druckfestigkeitseinfluss auf den Ermüdungswiderstand von Beton.
Von *Marco Basaldella, Bianca Kern, Nadja Oneschkow, Ludger Lohaus*
52,80 EUR

649: Numerische Modellierung des Ermüdungsverhaltens von normal- und hochfestem Beton.
Von *Dennis Birkner, Steffen Marx, Abedulgader Baktheer, Josef Hegger, Rostislav Chudoba* 58,40 EUR

650: Ermüdung von biegebeanspruchten Betonbauteilen aus normal- und hochfesten Betonen.
Von *Dennis Birkner, Steffen Marx, David Ov, Rolf Breitenbücher*
40,50 EUR

651: Ultraschallprüfungen zur Erfassung der Schädigungsentwicklung unter verschiedenen Umweltbedingungen und unter zyklischer Druckschwellbelastung.
Von *Raúl Beltrán, Vivian Frei, Steffen Marx* 56,60 EUR

652: Ermüdungsverhalten von Betonstahl im Langzeitfestigkeitsbereich, bei Variation der Prüfmethodik sowie unter kombinierter Einwirkung von Korrosion.
Von *Stefan Rappl, Kai Osterminski, Christoph Gehlen* 37,70 EUR

653: Verbundverhalten unter Druck- und Zugschwellbeanspruchung von normal- und hochfesten Betonen
Von *Marc Koschemann, Manfred Curbach, Homam Spartali, Abedulgader Baktheer, Rostislav Chudoba, Josef Hegger* 54,20 EUR

Hinweis auf überarbeitete und ergänzte Hefte der Schriftenreihe des DAfStb:

Heft 220: 2. überarbeitete Auflage 1991
Heft 240: 3. überarbeitete Auflage 1991 (vergriffen)
Heft 400: 4. Auflage 1994 (3. berichtigter Nachdruck) vergriffen
Heft 425: 3. ergänzte Auflage 1997
Heft 525: 2. überarbeitete Auflage 2010
Heft 600: 2. überarbeitete Auflage 2020

DAfStb-Heft 649

Jetzt diesen Titel zusätzlich als E-Book downloaden und 70 % sparen!

Als Käufer dieses Buchtitels haben Sie Anspruch auf ein besonderes Kombi-Angebot: Sie können den Titel zusätzlich zum Ihnen vorliegenden gedruckten Exemplar für nur 30 % des Normalpreises als E-Book beziehen.

Der BESONDERE VORTEIL: Im E-Book recherchieren Sie in Sekundenschnelle die gewünschten Themen und Textpassagen. Denn die E-Book-Variante ist mit einer komfortablen Volltextsuche ausgestattet!

Deshalb: Zögern Sie nicht. Laden Sie sich am besten gleich Ihre persönliche E-Book-Ausgabe dieses Titels herunter.

In 3 einfachen Schritten zum E-Book:

❶ Rufen Sie die Website **www.dinmedia.de/e-book** auf.

❷ Geben Sie hier Ihren persönlichen, nur einmal verwendbaren E-Book-Code ein:

65909B6B186K796

❸ Klicken Sie das „Download-Feld" an und gehen dann weiter zum Warenkorb. Führen Sie den normalen Bestellprozess aus.

Hinweis: Der E-Book-Code wurde individuell für Sie als Erwerber dieses Buches erzeugt und darf nicht an Dritte weitergegeben werden. Mit Zurückziehung dieses Buches wird auch der damit verbundene E-Book-Code für den Download ungültig.